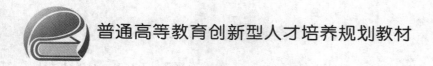

普通高等教育创新型人才培养规划教材

Java Web 编程技术

刘启文 编著

北京航空航天大学出版社

内容简介

《Java Web 编程技术》作为 Java Web 课程的教材，系统、全面地介绍了有关 Java Web 开发所涉及的各类知识。全书共分 6 章，内容包括 Web 基础知识、Web 开发的客户端技术（包括 HTML、CSS 和 JavaScript 语言）、JSP 技术（包括 JSP 基础知识、脚本元素、指令元素、动作元素和隐含对象）、JDBC 技术（主要包括 JDBC 基础知识、JDBC API、事务处理、分页处理、批处理、大对象处理和 DAO 模式）、MVC 模式（主要包括 JavaBean、自定义标签、EL 和 JSTL）、高级技术（包括 Servlet 过滤器、Servlet 监听器和 Ajax 技术）。书中所有知识都结合具体实例进行介绍。

本书适合作为计算机科学与技术专业、软件工程专业及相关专业的本科教材，也可作为 Java Web 编程技术的培训教材，还可供从事 Java Web 应用开发的技术人员学习参考。

图书在版编目(CIP)数据

Java Web 编程技术 / 刘启文编著. -- 北京：北京航空航天大学出版社，2016.7
 ISBN 978-7-5124-2145-5

Ⅰ. ①J… Ⅱ. ①刘… Ⅲ. JAVA 语言－程序设计 Ⅳ. ①TP312

中国版本图书馆 CIP 数据核字(2016)第 120776 号

版权所有，侵权必究。

Java Web 编程技术

刘启文　编著
责任编辑　梅栾芳

*

北京航空航天大学出版社出版发行

北京市海淀区学院路 37 号(邮编 100191)　http://www.buaapress.com.cn
发行部电话：(010)82317024　传真：(010)82328026
读者信箱：goodtextbook@126.com　邮购电话：(010)82316936
北京泽宇印刷有限公司印装　各地书店经销

*

开本：710×1 000　1/16　印张：19.25　字数：410 千字
2016 年 8 月第 1 版　2016 年 8 月第 1 次印刷　印数：2 000 册
ISBN 978-7-5124-2145-5　定价：42.00 元

若本书有倒页、脱页、缺页等印装质量问题，请与本社发行部联系调换。联系电话：(010)82317024

前　　言

　　Java Web 编程技术包含的知识点繁多，让许多初学者无所适从，不知道如何规划自己的学习路线。一般来说，掌握 Java Web 编程技术需要学习以下知识。

　　第一部分：Java 基础，包括 Java 语法、常见 API、集合框架、面向对象的概念等；数据库基础，尤其是 SQL 语言。

　　第二部分：Web 开发客户端技术，包括 HTML、CSS、JavaScript、DOM、Ajax 等；Java Web 开发技术，包括 Servlet、JSP、JDBC 等。

　　第三部分：常用框架技术，包括 Struts2、Spring 和 Hibernate；设计模式，包括 MVC 模式、DAO 模式、工厂模式等。

　　本书内容包含以上所说第二部分和第三部分知识，其中重点介绍第二部分知识，以及如何应用第三部分所介绍的设计模式。本书的内容承上启下，既可以引导初学者进入 Java Web 开发领域，又可以为学习各种框架技术和设计模式的开发者打下坚实基础。

　　全书分为 6 章：第 1 章介绍了 Web 基础知识，重点介绍 Web 客户端技术与服务器端技术的区别，以及 Tomcat 的安装与管理；第 2 章介绍了 Web 开发客户端技术，包括 HTML、CSS 和 JavaScript；第 3 章介绍了 JSP 技术相关知识，包括 Servlet 生命周期、JSP 生命周期、脚本元素、指令元素、动作元素和隐含对象；第 4 章介绍了 JDBC 技术，包括 JDBC 驱动程序、JDBC API、JDBC 基本开发流程、数据库连接池、事务处理、分页处理、批处理、大对象处理和 DAO 模式；第 5 章介绍了 MVC 模式，包括 JavaBean、自定义标签、EL、JSTL 以及基于 Servlet 的 MVC 模式开发流程；第 6 章介绍高级技术，包括 Servlet 过滤器、监听器和 Ajax 技术等。

　　本书从实战出发，采用案例教学，对所讲授的重要知识点，采用例子代码进行演示，图文并茂，一步一步地进行讲解，使读者能够快速掌握开发 Web 应用的方法。本书对 Java Web 技术的讲解不"浮于表面"，而是通过分析 Tomcat 自动生成的代码、Tomcat 的部分源代码讲解底层实现原理，例如 JSP 生命周期、JSP 语法、中文编码等。

　　本书适合作为计算机科学与技术专业、软件工程专业及相关专业的本科教材，也可作为 Java Web 编程技术的培训教材，还可供从事 Java

Web应用开发的技术人员学习参考。

第一次写书,感觉好像是孕育生命,过程是漫长的、痛苦的,但是当书稿终于大功告成的时候,又感觉一切付出都是值得的。在写作的过程中,要感谢很多人的支持,首先感谢计算机学院的领导,没有领导的支持,这本书的出版可能还要延后;其次要感谢北京航空航天大学出版社的编辑,没有编辑的辛勤劳动,这本书也无法这么快顺利出版;最后要感谢我的家人,尤其是我的妻子,为我做好后勤保障工作。

特别要感谢在写作过程中对样稿提出建议和错误纠正意见的同事和朋友——安云哲、李晓明和赵连喜,以及对书中例子进行调试的各位同学——王硕、梅林、孙洪宇和王新宇。

由于作者水平有限,书中难免存在不足之处,敬请读者批评指正。

作　者

2015 年 12 月

目 录

第1章 Web 基础知识 ……………………………………………………… 1

  1.1 Web 的核心技术 …………………………………………………… 1

    1.1.1 如何显示文档内容 …………………………………………… 1

    1.1.2 如何传递文档内容 …………………………………………… 2

    1.1.3 如何定位文档内容 …………………………………………… 3

  1.2 应用程序的开发模型 ……………………………………………… 5

    1.2.1 单层开发模型 ………………………………………………… 5

    1.2.2 两层开发模型 ………………………………………………… 5

    1.2.3 三层开发模型 ………………………………………………… 6

    1.2.4 N 层开发模型 ………………………………………………… 6

  1.3 Web 的开发技术 …………………………………………………… 6

    1.3.1 Web 的客户端技术 …………………………………………… 7

    1.3.2 Web 的服务器端技术 ………………………………………… 7

  1.4 Tomcat 安装与管理 ………………………………………………… 10

    1.4.1 Tomcat 的安装 ……………………………………………… 10

    1.4.2 Tomcat 的目录 ……………………………………………… 11

    1.4.3 Web 应用程序目录结构 …………………………………… 12

    1.4.4 Tomcat 的管理 ……………………………………………… 13

  1.5 习 题 ……………………………………………………………… 15

第2章 客户端技术 ………………………………………………………… 16

  2.1 HTML ……………………………………………………………… 16

    2.1.1 HTML 基础知识 …………………………………………… 16

    2.1.2 标题标签 …………………………………………………… 18

    2.1.3 文本格式化 ………………………………………………… 18

    2.1.4 超链接 ……………………………………………………… 20

    2.1.5 图像标签 …………………………………………………… 20

    2.1.6 表格标签 …………………………………………………… 21

    2.1.7 表单标签 …………………………………………………… 23

    2.1.8 框 架 ……………………………………………………… 26

2.2 CSS ··· 26
 2.2.1 CSS 基础知识 ··· 27
 2.2.2 CSS 选择器 ·· 29
 2.2.3 CSS 样式 ··· 32
 2.2.4 CSS 盒模型 ·· 35
 2.2.5 CSS 定位与浮动 ·· 38
2.3 JavaScript 语言 ·· 43
 2.3.1 JavaScript 基础知识 ·· 43
 2.3.2 基本语法 ·· 46
 2.3.3 对　象 ··· 53
 2.3.4 DOM ··· 73
 2.3.5 BOM ··· 79
2.4 习　题 ·· 88

第 3 章　JSP 技术 ··· 90

3.1 JSP 基础知识 ·· 90
 3.1.1 什么是 Servlet ··· 90
 3.1.2 JSP 的执行过程 ··· 97
 3.1.3 为什么需要 JSP ·· 102
3.2 脚本元素 ··· 102
 3.2.1 表达式 ·· 103
 3.2.2 声　明 ·· 104
 3.2.3 代码片段 ··· 107
 3.2.4 注　释 ·· 108
3.3 指令元素 ··· 110
 3.3.1 page 指令 ·· 110
 3.3.2 include 指令 ··· 113
 3.3.3 taglib 指令 ··· 116
3.4 动作元素 ··· 116
 3.4.1 forward 动作 ·· 117
 3.4.2 include 动作 ··· 120
3.5 隐含对象 ··· 123
 3.5.1 request 对象 ··· 125
 3.5.2 response 对象 ··· 128
 3.5.3 out 对象 ·· 134
 3.5.4 session 对象 ··· 137

3.5.5 application 对象 ································· 142
  3.5.6 pageContext 对象 ······························· 145
  3.5.7 page 和 config 对象 ····························· 149
  3.5.8 exception 对象 ·································· 151
 3.6 习　题 ··· 159

第 4 章　JDBC 技术 ·· 160

 4.1 JDBC 基础知识 ···································· 160
  4.1.1 JDBC 驱动程序 ································· 161
  4.1.2 JDBC API ······································ 162
  4.1.3 JDBC 基本开发过程 ···························· 167
  4.1.4 预编译语句 ······································ 176
  4.1.5 调用存储过程 ··································· 182
 4.2 JDBC 高级知识 ···································· 184
  4.2.1 数据源与连接池 ································ 184
  4.2.2 事务处理 ·· 188
  4.2.3 批量处理 ·· 191
  4.2.4 分页处理 ·· 193
  4.2.5 大对象处理 ······································ 196
 4.3 DAO 模式 ··· 203
 4.4 习　题 ··· 215

第 5 章　MVC 模式 ·· 216

 5.1 JavaBean ·· 216
  5.1.1 JavaBean 规范 ·································· 216
  5.1.2 JSP 与 JavaBean ······························· 218
 5.2 标签与 EL ··· 232
  5.2.1 自定义标签 ····································· 232
  5.2.2 EL ·· 239
  5.2.3 JSTL ··· 242
 5.3 基于 Servlet 的 MVC 模式 ························· 249
  5.3.1 从 Model 1 到 Model 2 ························ 250
  5.3.2 Model 2 开发流程 ····························· 251
 5.4 习　题 ··· 260

第6章 高级技术 ································· 261

6.1 Servlet 过滤器 ································ 261
6.1.1 过滤器原理 ································ 261
6.1.2 过滤器核心对象 ······························ 262
6.1.3 过滤器的开发与配置 ··························· 263
6.1.4 中文编码 ································· 267

6.2 Servlet 监听器 ································ 274
6.2.1 ServletContext 监听器 ························· 274
6.2.2 HttpSession 监听器 ·························· 277
6.2.3 HttpServletRequest 监听器 ······················ 284
6.2.4 配置监听器 ······························· 285

6.3 Ajax 技术 ··································· 286
6.4 习 题 ···································· 296

参考文献 ······································· 298

第 1 章　Web 基础知识

万维网(World Wide Web,WWW)是因特网(Internet)上的一个分布式应用,也是 Internet 上最流行的应用,万维网常被称为 Web。Web 的出现,促进了 Internet 的发展和普及,使 Internet 可以被广大的普通群众使用。

1989 年,英国人蒂姆·伯纳斯·李(Tim Berners Lee)在欧洲核子研究组织(European Organization for Nuclear Research,CERN)工作期间提出了 Web 的应用架构。1990 年,他在自己的机器上实现了第一个网站,1991 年 8 月 6 日,这个世界上的第一个网站正式发布。网站内容包括什么是 Web、如何使用浏览器以及如何建立一个 Web 服务器等。现在通过地址 http://info.cern.ch/还可以访问这个网站的快照。

1994 年,万维网联盟(World Wide Web Consortium,W3C)在麻省理工学院计算机科学实验室成立,建立者是蒂姆·伯纳斯·李。W3C(http://www.w3.org/)是 Web 技术领域最具权威和影响力的国际中立性技术标准机构,拥有来自全世界 40 个国家的 400 多个会员组织。1994 年成立后,至今已发布近百项有关万维网的标准,对万维网发展做出了杰出的贡献。

本章主要介绍 Web 的核心技术、开发模型、开发技术、Tomcat 的安装和管理等知识;重点要了解 Web 开发技术和相关原理,能够熟练安装和管理 Tomcat;难点是能够理解 Web 的客户端技术与服务器端技术的区别。

1.1　Web 的核心技术

Web 最初的目的是管理 CERN 中分散的文档数据,例如报告、实验数据、个人信息以及电子邮件地址等。为了创建这种管理分布文档数据的统一平台,必须解决三个问题:如何显示文档内容、如何传递文档内容以及如何定位文档内容。这三个问题的解决方案,也构成了 Web 的核心技术。

1.1.1　如何显示文档内容

采用超文本标记语言(HyperText Markup Language,HTML)来显示文档内容,HTML 是目前网络上应用最为广泛的语言,也是构成 HTML 文档的主要语言。HTML 文档是由 HTML 命令组成的描述性文本,HTML 命令可以说明文字、图形、动画、声音、表格、链接等。HTML 制作的文档,叫做网页或 HTML 页面。HTML 的核心概念有两个:超文本和标记语言。

1. 超文本

超文本是用超链接的方法,将各种不同空间的文字信息组织在一起的网状文本。Web 是一种超文本信息系统,它的一个主要概念就是超文本链接,通过 HTML 中的超级链接实现文档之间的跳转,把分布的文档链接在一起。它使得信息不再是线性的,而是可以非线性地存储、组织、管理和浏览信息。

2. 标记语言

HTML 文档包括标签和显示内容两部分,标签是一套由角括号包含的关键字,不同标签有不同的含义,标签由浏览器负责解释执行。HTML 文档不能直接执行,必须在浏览器中运行,因此①HTML 文档的显示效果由浏览器决定,不同的浏览器,显示效果可能有差异;②HTML 文档的运行环境是浏览器,与计算机操作系统无关,这消除了不同计算机之间信息交流的障碍。

1.1.2 如何传递文档内容

Web 是 Internet 上的分布式应用,每次交互都涉及客户端和服务器,文档从服务器传递到客户端需要通过网络协议。

Web 所采用的协议是超文本传输协议(HyperText Transfer Protocol,HTTP)。HTTP 协议采用了请求响应模型,HTTP 协议永远是客户端发起请求,然后服务器进行响应。因此使用 HTTP 协议,无法实现服务器主动将消息推送给客户端。

HTTP 的工作流程如图 1-1 所示,分为 4 步:①创建连接。一个 HTTP 客户端(通常是浏览器)与 Web 服务器的 HTTP 端口(默认为 80)建立一个 TCP 套接字连接。②发送 HTTP 请求。浏览器向 Web 服务器发送一个文本的请求报文,报文由请求行、请求头部、空行和请求数据 4 部分组成。③返回 HTTP 响应。Web 服务器解析请求,定位请求资源。Web 服务器读取资源内容,包装成 HTTP 响应返回浏览器。响应由状态行、响应头部、空行和响应数据 4 部分组成。④关闭连接。Web 服务器主动关闭 TCP 套接字,释放 TCP 连接。浏览器解析 HTTP 响应协议包,首先查看状态行是否是成功的状态代码。然后解析每一个响应头,根据响应头中文档类型以及文档长度,读取文档内容并在浏览器窗口中显示。大部分情况下,返回的文档

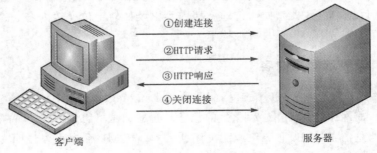

图 1-1 HTTP 工作流程

类型都是 HTML 文档。

Web 服务器需要面向全世界用户，因此可能需要同时处理百万、千万级客户端的网页访问，而且这种访问具有突发性和瞬时性，即两次访问请求的间隔会比较长，长时间保持网络连接，无法充分利用服务器资源，也无法适应大规模用户访问的特点。因此，HTTP 的设计者有意利用这种特点将协议设计为请求时创建连接、请求完释放连接，以尽快将资源释放出来服务其他客户端。HTTP 协议是一个无状态协议，即使是同一个客户端，每次发出的 HTTP 请求都是独立的，不同请求之间没有对应关系。

了解了 HTTP 协议的两个特点，即请求响应模型和无状态协议，以后做 Web 应用程序开发时，就知道哪些功能是能实现的，哪些功能是不能实现的。

1.1.3 如何定位文档内容

Web 所管理的文档在物理上是分布存储的，在逻辑上要求统一管理，所以这些文档需要统一命名，能够唯一识别。Web 中采用统一资源标识符（Uniform Resource Identifier，URI）对所有的文档进行标识。URI 有两种表示形式：统一资源定位符（Uniform Resource Locator，URL）、统一资源命名（Uniform Resource Name，URN）。URN 不依赖于位置，并且有可能减少失效连接的个数，但是需要更复杂软件的支持，无法在短期内广泛应用。目前广泛应用的是 URL，大部分情况下使用 URL 代替 URI。

通俗地说，URL 是 Internet 上用来描述信息资源的字符串，采用 URL 可以用一种统一的格式来描述各种信息资源。URL 的格式由三部分组成：协议、存有该资源的服务器地址（有时也包括端口号）和资源在服务器上的具体路径。第一部分和第二部分之间用"://"符号隔开，第二部分和第三部分之间用"/"符号隔开。第一部分和第二部分是不可缺少的，第三部分有时可以省略。

URL 的一般语法格式为（带方括号[]的为可选项）：

protocol :// hostname[:port] / path / [;parameters][? query]#fragment

其中，①protocol 表示使用的传输协议，最常用的是目前 Web 中应用最广泛的协议——HTTP 协议。②hostname 表示存放服务器的域名或 IP 地址，有些服务器连接时需要进行用户身份验证，例如某些 ftp 服务器，这时可以在主机名前增加连接到该服务器所需的用户名和密码：username:password@hostname。③port 表示服务器进程绑定的端口，省略时使用协议的默认端口，如表 1-1 所列，大部分传输协议都有默认的端口号。如果某个服务器进程绑定到非默认端口，那么访问该服务器进程时，需要输入端口号。在同一台物理主机中，一个端口号只能绑定一个服务进程，当有两个以上服务进程绑定到同一个端口号时，会出现端口冲突错误。④path 表示资源在服务器上的路径，是由零或多个"/"符号隔开的字符串，一般用来表示服务器上的一个目录或文件地址。⑤parameters 表示特殊参数,例如在 URL 中传递会话(Session)唯一编号,需要在这个部分设置。⑥query 表示传递参数列表,可有多个参数,用"&"符号隔开,每个参数的名和值用"="符号隔开。⑦fragment 表示用于指定网络资源中片断的字符串。例如一个显示一篇长文章的网页,每个小节可以设置一个片断名,访问这个网页时,可以直接定位到某一个片断。

表 1-1 传输协议

名 称	格 式	默认端口
访问本地文件资源	file:///	无
访问 Web 服务器资源	http://	80
通过安全协议访问 Web 服务器资源	https://	80
访问 FTP 服务器资源	ftp://	21
访问支持 mms 协议的流媒体服务器资源	mms://	1755
访问支持 ed2k 协议的 P2P 服务器资源	ed2k://	4662
访问支持 thunder 协议的 P2P 服务器资源	thunder://	3076

下面结合一个例子进行分析,假设服务器 IP 地址 202.199.24.17,域名 www.sau.edu.cn,服务器上的 Web 服务进程绑定端口 80,默认访问的文件为 index.jsp。网站的部分目录结构如图 1-2 所示,网站的主目录为 D:\\WebRoot,网站主目录又叫网站根目录,网站下的所有内容都存储在主目录或其中的子目录下,Images 即网站的子目录。如果要访问 index.jsp,则 URL 为 http://www.sau.edu.cn:80/index.jsp,因为 HTTP 的默认端口是 80,并且默认访问的文件是 index.jsp,因此访问 URL 也可以写成 http://www.sau.edu.cn。如果要访问 logo.jpg,则 URL 为 http://www.sau.edu.cn/Images/logo.jpg。当然,可以使用 IP 地址替代域名。

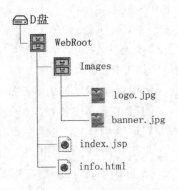

图 1-2 网站部分目录结构

下面是一个更复杂的 URL,要请求的资源是 index.jsp,本次 HTTP 请求所属会话的唯一编号为 5AC6268DD8D4D5D1FDF5D41E9F2FD960,同时向该资源传递的参数有两个,其中 w 参数值为 2,h 参数值为 3,则访问的 URL 如下:

http://www.sau.edu.cn/index.jsp;jsessionid=5AC6268DD8D4D5D1FDF5D41E9F2FD960?w=2&h=3

1.2 应用程序的开发模型

从逻辑上来说,大多数应用程序都由三部分组成:用户界面、应用逻辑和数据访问。用户界面是应用中直接面向用户的部分,主要完成数据的收集与展示,是应用程序中最贴近用户的部分,一般是与用户直接进行交互的界面。应用逻辑能实现应用业务流程处理,控制程序的执行路径,是应用程序中最复杂的部分。数据访问是应用中对数据进行管理的部分,主要完成应用程序对数据的增加、删除、修改、查询等工作。

随着应用需求的不断深化以及计算机技术的不断发展,应用程序的开发模型也在不断地发展和变化,先后出现了单层开发模型、两层开发模型、三层开发模型和N层开发模型等。前两种被称为传统的应用程序开发模型,后两种被称为Web开发模型。Web开发模型成为当今应用软件的首选开发方式,对传统应用软件开发产生了深远的影响,出现了越来越多的基于Web的应用系统。

1.2.1 单层开发模型

最初的应用软件是单机软件,不管从物理上还是从逻辑上看,应用程序都运行在单个主机上。用户界面、应用逻辑和数据访问在一个应用中,功能紧密耦合在一起。因此①代码复用性、代码可维护性、代码的修改都十分困难;②应用程序不具有可伸缩性,可扩展性差;③应用程序所管理的数据无法共享。

这种单层开发模型在20世纪70年代及80年代初非常流行,但随着计算机和网络技术的发展,以及企业决策的分散化和信息资源的多元化,这种集中模式越来越难以适应现代化的需要。

1.2.2 两层开发模型

随着网络技术的发展,尤其是Internet的流行,在20世纪80年代中期出现了两层开发模型,即客户端/服务器(Client/Server,C/S)模式,应用程序从逻辑上分为两个部分(也许物理上还是在一台机器上),处理代码分布在客户端和服务器端之间。通过将任务合理分配到客户端和服务器端,降低了系统的通信开销,可以充分利用两端硬件环境的优势。用户界面代码分配到客户端,数据访问代码分配到服务器端,而应用逻辑代码可以根据不同情况分配到客户或服务器端。如果应用逻辑代码只分配到客户端,则服务器端只是一个数据库管理系统,不需要编写处理代码;如果应用逻辑只分配到服务器端,那么需要编写一个专门的网络服务器,与客户端通信;如果应用逻辑分配到客户端和服务器端,那么既可以编写一个网络服务器,也可以在数据库管理系统中通过存储过程的方式实现应用逻辑。

不管采用哪种方式,当应用需求发生变化时,都需要对客户端程序进行升级。当客户端程序数量增多,部署范围增大时,维护成本会呈几何倍数增长。因此,虽然 C/S 模式因为其灵活性得到了极其广泛的应用,但对于大型软件系统而言,这种结构在系统的部署和扩展性方面还是存在着不足。

1.2.3 三层开发模型

在三层开发模型中,应用逻辑代码独立出来,分配到单独的业务服务器中,不再分配到各个客户端,降低了维护成本,提高了安全性。但是,因为客户端程序是定制开发的,当需要升级用户界面代码时,系统的维护成本还是随着客户端数量的增加而增加。

随着 Web 的发展,出现了浏览器/服务器(Browser/Server,B/S)模式。B/S 模式是一种特殊的 C/S 模式,即客户端固定为浏览器软件,服务器端固定为 Web 服务器。用户界面完全通过浏览器实现,Web 服务器中保存了用户界面、应用逻辑和数据访问代码,数据库服务器负责管理数据。

浏览器和 Web 服务器都是通用软件,不需要特别安装和维护。当用户访问 Web 应用程序时,通过浏览器向 Web 服务器发起 HTTP 请求,Web 服务器收到 HTTP 请求后,执行应用逻辑代码,然后返回执行结果,浏览器收到执行结果后进行显示。

所有的代码都保存在 Web 服务器上,因而系统维护非常容易,大大降低了系统的日常维护费用,并节约了开发成本。

1.2.4 N 层开发模型

从逻辑角度看,采用 N 层开发模型的系统,分成客户端、Web 服务器、应用服务器、数据库服务器四层;从物理角度看,应用服务器可以视用户并发数从 1 到 N 台进行扩充,以保证客户端用户的响应要求。

N 层开发模型中,每一层都可以被单独改变,而无需其他层的改变;降低了部署与维护的开销,提高了灵活性和可伸缩性;应用程序各部分之间松耦合,从而应用程序各部分的更新相互独立;业务逻辑集中放在服务器上由所有用户共享,使得系统的维护和更新变得简单,也更安全。

1.3　Web 的开发技术

Web 开发技术种类繁多,比较复杂。但是从 Web 开发模型来看,Web 是一种典型的分布式应用架构。Web 应用中的每一次信息交换都要涉及到客户端和服务器端两个层面,因此 Web 开发技术可以分为客户端技术和服务器端技术。Web 客户端是浏览器,所有在浏览器中运行的技术都是客户端技术;Web 服务器端是 Web 服务器,所有在 Web 服务器中运行的技术都是服务器端技术。但是单纯的 Web 服务器只支持 HTTP 协议的解析,如果要运行复杂的应用逻辑代码,必须对 Web 服务器进行扩展,不同的厂商有不同的解决方案,因此构成了不同的服务器端技术。

1.3.1 Web 的客户端技术

Web 客户端,即浏览器端,主要执行用户界面代码,是用户与 Web 应用程序进行交互的接口。Web 客户端技术主要由三部分组成:结构、表现和行为。结构化标准语言主要包括 HTML、可扩展超文本标记语言(eXtensible HyperText Markup Language,XHTML)和可扩展标记语言(eXtensible Markup Language,XML),这些语言主要负责搭建 Web 页面结构;表现标准主要包括层叠样式表(Cascading Style Sheets,CSS)技术,CSS 主要负责控制 Web 页面的显示,使界面更美观;行为标准主要包括文档对象模型(Document Object Model,DOM)、JavaScript 等,这些技术主要负责在浏览器中执行一些应用逻辑。

Web 的客户端技术与所采用的服务器端技术无关,不管服务器端采用哪种开发技术,客户端技术都是一致的。Web 的客户端技术将在后面为大家详细讲解。

1.3.2 Web 的服务器端技术

Web 的服务器端技术有很多,主要是通过对标准的 Web 服务器进行扩展,增加应用逻辑的运行环境,不同的技术采用不同的语言实现,制定不同的访问接口。本节介绍公共网关接口(Common Gateway Interface,CGI)、超文本预处理器(Hypertext Preprocessor,PHP)、动态服务器页面(Active Server Page,ASP)、ASP.Net、Java 服务器页面(Java Server Pages,JSP)等技术,目前较流行的三种技术是 PHP、ASP.Net 和 JSP。

1. CGI

CGI 是最早支持动态网页的服务器端技术,实现原理比较简单,应用逻辑代码由一个外部程序(CGI 程序)实现,然后由 Web 服务器与 CGI 程序进行数据交换。CGI 规定了 CGI 程序与 Web 服务器之间的接口标准,是在 CGI 程序和 Web 服务器之间传递信息的规范。CGI 规范允许 Web 服务器执行外部程序,并将它们的输出发送给 Web 浏览器。CGI 程序可以使用任何操作系统支持的编程语言进行编写,例如 Perl、Visual Basic、Delphi、C 或 C++语言等。

CGI 易于使用,但是有三个缺点:①编程效率比较低,因此 CGI 程序返回 HTML 文档,会在代码中混合大量的 Web 客户端技术(例如 HTML、CSS 和 JavaScript 代码等)。②维护升级复杂。如果采用需要编译执行的语言,例如 C 语言,那么每次修改程序后都必须重新将 CGI 程序编译成可执行文件。③Web 服务器根据用户发送的 HTTP 请求调用 CGI 程序,CGI 程序以进程的方式运行。因此,当多用户同时访问一个 CGI 程序时,会占用较多的服务器资源,造成服务器的响应速度下降。

2. PHP

PHP 早期其实是一个用 Perl 实现的 CGI 程序,于 1995 年由 Rasmus Lerdorf 创建,用来跟踪浏览其主页的访问者信息。经过多年不断的修改和版本升级,PHP 已经成为一种被广泛应用的、开放源代码的多用途脚本语言,可嵌入 HTML 文档中,尤其适合 Web 开发。PHP 可以完成任何 CGI 脚本可以完成的任务,与 CGI 相比,PHP 是将程序嵌入 HTML 文档中去执行,执行效率比完全生成 HTML 标记的 CGI 程序要高许多。

PHP 的优点:①语法简单,容易学习。PHP 独特的语法混合了 C、Java、Perl 以及 PHP 自创的语法。②开放源代码,便于扩展,并且有成熟的开源社区提供的技术支持。③跨平台,便于移植,支持 Linux、Unix 以及 Windows 等操作系统。④执行效率高,性能卓越。Web 网站开发中占有率比较高,例如淘宝网、新浪、雅虎、163 等大型门户网站,都选用 PHP 来作为服务器端技术。

PHP 的缺点:①对多线程支持不好;②对于 N 层开发模型支持不好。

3. ASP

ASP 是微软公司开发的一个 Web 服务器端的脚本编写环境,利用 ASP 可以开发和执行动态的、互动的、高性能的 Web 应用程序。使用 ASP 可以组合 HTML 文档、脚本命令和 ActiveX 组件以创建交互的 Web 页和基于 Web 的功能强大的应用程序。ASP 程序运行环境是 Internet 信息服务(Internet Information Services,IIS)。ASP 既不是一种程序语言,也不是一种开发工具,而是一种技术框架。运用 ASP 可将 VBScript、JScript(JScript 是微软的 JavaScript 实现)等脚本语言嵌入 HTML 文档中,即可快速完成 Web 应用程序,无需编译,就可在服务器端直接执行。

ASP 的优点:①ASP 中使用的默认脚本语言 VBScript 直接来源于 Visual Basic,简单易学,容易上手;②开发和部署更加容易;③可以通过 ActiveX 组件实现更强大的功能,例如通过 ADO 组件可轻松访问数据库。

ASP 的缺点:①ASP 页面在服务器端是解释执行,运行效率不高;②ASP 只能在 Windows 系统中运行。

4. ASP.NET

ASP.NET 是.NET 框架的一部分,是一项微软公司的技术,可用于在服务器上生成功能强大的 Web 应用程序,与其他服务器端开发技术相比,ASP.NET 具有以下几个优点:

(1) 更高的执行性能

与传统 ASP 解释运行方式不同,ASP.NET 是编译后执行的,并且可利用早期绑定、实时编译、本机优化和盒外缓存服务等技术,使执行性能更高。

(2) 更高的开发效率

Visual Studio 集成开发环境中增加了大量的工具箱和设计器,利用可视化编辑、拖放服务器控件和自动部署等技术,使 ASP.NET 的开发效率更高。

(3) 更强大的支持

ASP.NET 可以获得来自.NET 平台的强大支持,Web 应用程序开发人员可以利用整个平台的威力和灵活性。①可以直接访问.NET 类库、消息处理和数据访问解决方案等;②ASP.NET 页面支持多语言,例如 C♯、VB.NET、J♯、JScript,所以可以选择最适合应用程序的语言,常用的语言是 C♯ 和 VB.NET;③.NET 平台是一个企业级应用平台,ASP.NET 可以通过.NET 平台的功能方便地进行系统扩展和升级,更好地支持 N 层开发模型。

5. JSP

JSP 是由 Sun 公司倡导、许多公司参与一起建立的一种动态网页技术标准。JSP 页面由 HTML 代码和 Java 代码组成,HTML 代码主要负责描述信息的显示方式,而 Java 代码则用来描述处理逻辑。

JSP 的执行过程如图 1-3 所示,①用户通过浏览器向 Web 服务器发起 HTTP 请求,Web 服务器中的 HTTP 引擎接收并对 HTTP 请求协议包进行分析,如果访问的资源是 JSP 页面,则把这个请求转给 JSP 引擎处理;②如果是第一次访问该 JSP 页面,则对 JSP 页面进行预处理,把 JSP 页面转成 Java 源文件,即 Servlet;③把 Java 源文件编译成可在 Java 虚拟机中执行的字节码(class 文件);④由 Java 虚拟机执行 class 文件,并把运行结果返回给 HTTP 引擎;⑤HTTP 引擎把运行结果封装成 HTTP 响应包,发送给浏览器。JSP 只有第一次被访问时才执行第②、③步,因此 JSP 的执行方式是编译执行,执行效率比较高。

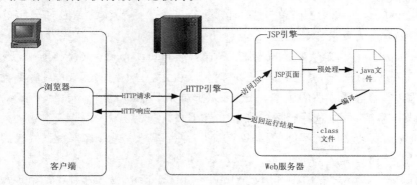

图 1-3 JSP 执行过程

JSP 与 PHP、ASP.NET 是当前最流行的三种 Web 开发技术,JSP 与 PHP 相比,①JSP 编译执行,执行效率比解释执行方式高;②JSP/Servlet 是 Java 的 Web 开发技术,是 Java 企业版本(Java Platform Enterprise Edition,Java EE)的 Web 层解决方案,能够很好地支持 N 层开发模型。

JSP 与 ASP.NET 相比,①JSP 可以运行在不同的操作系统上,例如 Linux、Unix、Windows 等;②JSP 有开源社区的强大支持,有许多开源软件包可以使用。

1.4　Tomcat 安装与管理

　　Tomcat 是一个开源的、支持 Java Web 开发的应用服务器，是 Apache 软件基金会 Jakarta 项目中的一个核心项目。Tomcat 免费、性能稳定，并且对 Java Web 新技术的支持比较好，经常被应用在中小型系统和并发访问用户不是很多的场合中，因此成为目前比较流行的 Web 应用服务器。

1.4.1　Tomcat 的安装

　　Tomcat 是 JSP 的运行环境，而 JSP 运行时需要转换成 Java 源文件，并且需要把 Java 源文件编译成 class 文件还需要执行 class 文件。因此安装 Tomcat 之前，首先需要下载 Java 的开发和运行环境——Java 标准版本（Java Platform Standard Edition，Java SE）。

　　在选择 Java SE 版本时需要注意：①不要选择 Java 运行环境（Java Runtime Environment，JRE），要选择 Java 开发工具（Java SE Development Kit，JDK），因为编译 Java 源文件时需要开发工具支持，而且 JDK 里面也带了 JRE，因此只下载 JDK 即可；②不同的 Tomcat 版本对应不同的 Java SE 版本，新的 Tomcat 8.0 要求 Java SE 7 以上版本；③Java 支持多平台操作系统，要选择与自己操作系统配套的 Java SE 版本；④Java 同时支持 32 位和 64 位机器，要选择与自己操作系统配套的 Java SE 版本。JDK 的安装过程比较简单，按照向导执行即可。需要注意的是，安装分两步走，先安装 JDK，接着安装 JRE。

　　Tomcat 软件可以从 Apache 网站（http://tomcat.apache.org/）下载，选择 2015 年新版 Tomcat8.0。选择 Tomcat 软件时需要注意：①不同的 Tomcat 版本支持不同的 JSP 版本，要选择合适的版本，一般可以选择最新版本的 Tomcat；②Tomcat 支持不同的操作系统，可以选择合适的安装文件下载。

　　Tomcat 安装文件有不同的格式：①zip 文件不需要安装，解压后直接放到某个目录中即可，任何操作系统都可以用，tar.gz 和 zip 内容一样，只是压缩方式不同；②32bit Windows zip 是专门为 32 位 Windows 提供的 zip 包；③64bit Windows zip 是为 64 位 Windows 提供的 zip 包，而 64bit Itanium Windows zip 是为 Itanium 处理器提供的 zip 包；④32bit/64bit Windows Service Installer 是可以用于 32/64 位 Windows 的安装包，是可执行的安装程序，安装后可自动安装 Windows 服务。

　　在 Linux 上运行需要下载压缩文件，在 Windows 上运行可以下载最后的安装版本。在 Windows 系统安装 Tomcat，可双击下载的可执行程序，安装过程不复杂，但有以下几个地方需要注意。

　　（1）默认不安装 Web 管理工具和例子，如果要安装，需要选择 Host Manager 和 Examples。

(2) 安装过程中可以修改绑定端口,默认端口是 8080。可以修改 HTTP/1.1 Connector Port 为 80,这样当访问 Tomcat 时,URL 上可以不指定端口号,否则需要指定端口号为 8080,但是修改端口时,要注意如果本地已经安装了其他 Web 服务器,则可能出现端口冲突错误。

(3) 安装 Tomcat 软件之前,必须已经安装了 Java 开发和运行环境,包括 JDK 和 JRE。如果没有安装,则会报错;如果已经安装了则会显示已经安装 JRE 的路径;如果系统中有多个 JRE 版本,可以选择其他可用的 JRE 所在的路径,但是不建议修改。

(4) 安装后,启动浏览器,在地址栏中输入 http://localhost:8080/,如果出现如图 1-4 所示画面,则表示 Tomcat 安装成功。

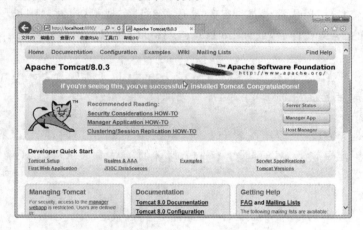

图 1-4 Tomcat 首页

1.4.2 Tomcat 的目录

管理 Tomcat,需要对 Tomcat 的目录结构比较熟悉,了解每个目录以及某些特殊文件的作用。不同版本的 Tomcat 有不同的目录结构,这里以 Tomcat 8.0 为例进行说明。

Tomcat 安装目录下有几个重要的子目录:bin、conf、lib、logs、webapps 和 work。

1. bin

该目录存放了 Tomcat 的执行文件,包括各种系统(Windows、Linux 和 Unix)启动和关闭 Tomcat 的脚本文件,以及 Windows 的可执行程序等。如果是 Tomcat 8.0 以前的版本,安装文件是 32bit/64bit Windows Service Installer 时,则只有 exe 可执行程序,不会有脚本文件。

如果通过 startup.bat 脚本文件或 tomcat8.exe 启动 Tomcat,则会出现一个 cmd 窗口,启动过程中的信息会输出到这个窗口中;如果通过 tomcat8w.exe 启动

Tomcat,则不会出现 cmd 窗口,这种情况下,启动过程中的信息会输出到日志文件中。

2. conf

该目录存放了各种配置文件,其中最重要的配置文件是 server.xml,例如更换 Tomcat 服务绑定的端口号,就需要修改 server.xml 文件。需要注意的是:①修改配置文件后,必须重新启动 Tomcat,配置才能生效;②修改配置文件要谨慎,因为如果有语法错误,Tomcat 将无法启动。

3. lib

该目录存放了 Tomcat 服务器和所有 Web 应用程序需要访问的 Java 类库,Java 类库以 JAR 文件的形式存在。因为 Java 有很多开源的项目,在进行开发时,如果需要实现某些功能,可以去搜索是否已经有开源项目实现了该功能。只要下载这些开源项目提供的 JAR 文件后,放到 lib 目录内,就可以使用该项目的功能了。

4. logs

该目录存放了 Tomcat 的日志文件,当 Tomcat 以系统服务方式运行时,要查找错误信息或者程序输出的调试信息,需要到该目录内查找相应的日志文件。

5. webapps

该目录是 Web 应用程序的发布目录,当发布 Web 应用时,默认情况下把 Web 应用文件放于此目录下。该目录下有一个特殊的子目录 ROOT,这是 Tomcat 的默认主目录。

6. work

Tomcat 把由 JSP 生成的 Servlet 文件放于此目录下。

1.4.3 Web 应用程序目录结构

一个 Tomcat 服务器可以包括多个 Web 应用程序,默认时 Web 应用程序都部署到 webapps 目录中,其中 ROOT 是默认的主目录,访问 ROOT 目录中的文件,不需要加前缀,例如访问 ROOT 目录内的 listuser.jsp 文件,则 URL 为 http://localhost:8080/listuser.jsp。

其他 Web 应用程序需要有访问前缀,默认为该 Web 应用程序的主目录名,例如访问主目录为 mysite 的 Web 应用中的文件 listuser.jsp,则 URL 为 http://localhost:8080/mysite/listuser.jsp。

一个 Web 应用程序目录结构除了包括各种静态资源以及 JSP 文件等之外,还需要包括一个特殊的目录 WEB-INF,该目录包含三部分:①classes 目录。存放 Java 源文件编译后的 .class 文件,例如 Servlet 以及各种过滤器等。②lib 目录。存放各种第三方软件提供的 JAR 文件,这个目录与 Tomcat 安装目录中的 lib 目录区别在于,本目录内的 JAR 文件只能被本 Web 应用程序调用,其他 Web 应用程序无法访问。③web.xml 文件。这是本 Web 应用程序的配置文件,例如 Servlet、过滤器、会话等相关设置都可以在这个文件中设置,注意这个文件尽量不要手工修改。

WEB-INF 目录内的资源不能通过 URL 直接访问,例如该目录内有一个文件 conf.jsp,在浏览器地址栏中输入 http://localhost:8080/WEB-INF/conf.jsp,会返回 404 错误,表示资源未找到。

1.4.4 Tomcat 的管理

Tomcat 可以通过 Web 方式进行日常管理,安装 Tomcat 时必须选择安装管理工具,另外需要设置管理用户和密码。管理入口在 Tomcat 首页,点击按钮进入,或者直接输入 URL 进行管理。

1. 用户登录

进入管理页面前需要登录,登录所需的用户名和密码是在 Tomcat 安装时设置的,如果安装时未设置,则可以通过修改配置文件＜Tomcat 安装目录＞/conf/tomcat-users.xml,在＜/tomcat-users＞标记前增加一行设置管理用户和权限,其中,manager-gui 和 admin-gui 为用户角色,表示了不同的权限。

```
<? xml version = '1.0' encoding = 'utf-8'? >
<tomcat - users>
    ...
    <user username = "sau" password = "sau123" roles = "manager - gui,admin - gui"/>
</tomcat - users>
```

2. 查询服务器状态

输入 URL:http://localhost:8080/manager/status,进入查询服务器状态页面,显示服务器的各种状态,需要访问用户具有角色 manager-gui。

3. 管理 Web 应用程序

输入 URL:http://localhost:8080/manager/html,进入管理 Web 应用程序页面,可以查看所有 Web 应用程序状态、发布、启动和停止 Web 应用程序,需要访问用户具有角色 manager-gui。

4. 管理虚拟主机

输入 URL:http://localhost:8080/host-manager/html,进入管理虚拟主机页面,显示各个虚拟主机的状态,增加虚拟主机,需要访问用户具有角色 admin-gui。

例 1-1 设计一个 Web 页面,分别显示客户端和服务器端的当前时间。目的是通过这个例子,熟悉客户端技术和服务器端技术,尤其是 JavaScript 和 JSP 两种技术之间的区别。

文件 1-1.jsp 代码如下:

```
<%@ page contentType = "text/html" pageEncoding = "UTF-8" import = "java.util.Date" %>
<! doctype html>
```

```
<html>
    <head>
        <meta http-equiv = "Content-Type" content = "text/html; charset = UTF-8" />
        <title>客户端和服务器端时间对比</title>
    </head>
    <body>
        <h1>
            <script>
                var dclient = new Date();
                document.write("客户端时间:" + dclient);
            </script>
        </h1>
        <h1>
            <%
                Date dserver = new Date();
                out.write("服务器端时间:" + dserver);
            %>
        </h1>
    </body>
</html>
```

文件1-1.jsp中用到了两个脚本语言,所谓脚本语言是嵌入HTML文档中执行的语言。<script></script>标记包含的代码是JavaScript语言,属于客户端技术,在浏览器中执行,返回的是浏览器所在操作系统的时间,即客户端时间。

<%%>标记包含的代码是Java语言,属于JSP技术,是服务器端技术,在Web服务器中执行,返回给浏览器的执行结果是Web服务器所在操作系统的时间,即服务器端时间。

为了测试方便,把文件1-1.jsp部署到ROOT目录内,输入http://localhost:8080/1-1.jsp,显示如图1-5所示页面,因为服务器是在本机上,所以两个时间是一样的。

在页面上右击,选择查看源代码,查看Web服务器返回给浏览器的内容,弹出如

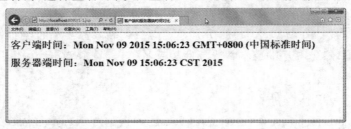

图1-5　运行结果

图 1－6 所示的编辑器，通过返回内容可以看出直接返回 JavaScript 代码，因为这部分代码需要在浏览器中执行，Web 服务器没有执行这部分代码；而 JSP 相关的标记＜%%＞没有返回，只返回了具体的时间，说明 JSP 是在 Web 服务器中执行的，只是把执行结果返回给浏览器。

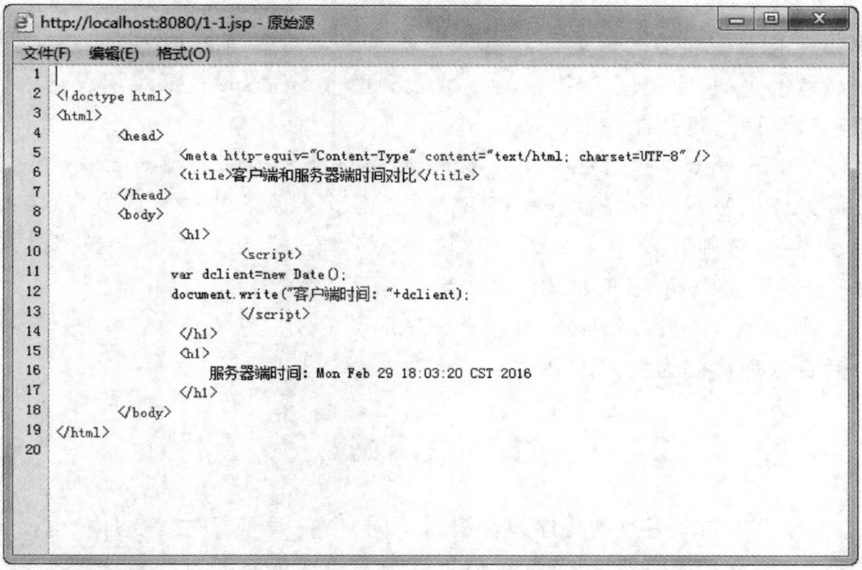


```

<!doctype html>
<html>
        <head>
                <meta http-equiv="Content-Type" content="text/html; charset=UTF-8" />
                <title>客户端和服务器端时间对比</title>
        </head>
        <body>
                <h1>
                        <script>
              var dclient=new Date();
              document.write("客户端时间: "+dclient);
                        </script>
                </h1>
                <h1>
                    服务器端时间: Mon Feb 29 18:03:20 CST 2016
                </h1>
        </body>
</html>

```

图 1－6　源文件

1.5　习　题

1. HTTP 协议的特点是什么？对 Web 应用程序的开发有什么影响？
2. 描述 JSP 页面的执行过程，并说明这种执行过程有什么优点？
3. 说明客户端技术与服务器端技术的区别。
4. 通过 Web 管理界面，停止、启动 Tomcat 例子应用，并查看服务器状态。

第 2 章 客户端技术

Web 应用开发可以分成客户端和服务器端两部分。客户端主要用来编写在浏览器中显示的页面、收集用户输入信息，以及利用 JavaScript 技术对用户输入信息进行校验和对页面进行控制。

随着 JavaScript 技术的发展以及异步 JavaScript 和 XML(Asynchronous JavaScript and XML,Ajax)技术的出现，Web 客户端逐渐向富客户端方向发展，Web 客户端技术在 Web 应用开发中占据越来越重要的地位。常用的客户端技术主要包括 HTML、CSS、JavaScript、DOM 和 Ajax 等。

本章将主要介绍 HTML、CSS、JavaScript 和 DOM 等技术，Ajax 技术将在第 6 章结合后台处理代码为大家讲解。

2.1 HTML

HTML 语言和学习过的程序设计语言不同，没有循环、分支等结构，也没有逻辑处理能力。HTML 是一种标记语言，通过标记来描述页面上的文字、影像、图片等内容。现在 HTML 语言正处于从 HTML4 向 HTML5 过渡的阶段。移动端设备浏览器对 HTML5 支持比较好，PC 端浏览器对 HTML5 支持的力度有差异，因此本章主要介绍 HTML4，这也是目前业界支持最好、应用最广泛的 HTML 版本之一。

2.1.1 HTML 基础知识

HTML 是用来描述网页的一种语言。HTML 不是一种编程语言，而是一种标记语言，它定义了一套标记标签，HTML 使用标签来描述网页。

HTML 文档包含 HTML 标签和纯文本。Web 浏览器的作用是读取 HTML 文档，并以网页的形式显示。浏览器不会显示 HTML 标签，而是使用标签来解释页面的内容。

1. 网页基本结构

网页基本结构分为 4 个部分：①文档类型。<!doctype>不是 HTML 标签，作用是帮助浏览器正确地显示网页，Web 中存在许多不同的文档，只有了解了文档的类型，浏览器才能正确地显示文档。如果不设置文档类型，则由浏览器按自己的方式解析页面，不同的浏览器显示的效果不同。文档类型必须在<html>标签前，<!doctype html>表示 HTML5 文档类型。②<html>标签指明了文档的范围，包括文档的头部和主体。③<head>标签用于定义文档的头部，描述文档的各种属性和信息,头部的内容不会在浏览器中显示。④＜body＞标签定义文档的主体内容,显示在浏览器窗口中。

2. HTML 元素

HTML 标记标签通常被称为 HTML 标签,HTML 标签不区分大小,W3C 推荐小写。HTML 标签是由尖括号包围的关键词,比如 ＜html＞。标签通常是成对出现的,比如 ＜b＞ 和 ＜/b＞。标签对中的第一个标签是开始标签,第二个标签是结束标签,开始和结束标签也被称为开放标签和闭合标签。

开始标签到结束标签的所有代码,叫做 HTML 元素,HTML 元素包括开始和结束标签、标签对包含的内容以及标签中设置的属性。没有内容的 HTML 元素被称为空元素。空元素是在开始标签中关闭的,例如定义换行的标签＜br/＞。开始标签中可以定义属性,属性以值对的方式出现,不同的 HTML 元素有不同的属性定义。表 2-1 列出了大多数 HTML 元素支持的属性。

表 2-1 通用的 HTTP 属性

属性	例子	描述
class	class="btnEdit"	规定元素的 CSS 类名
id	id="userpwd"	规定元素的唯一标识
style	style="color:red;font-size:12px"	规定元素的行内 CSS 样式
title	title="提示信息."	规定元素的提示信息

3. 字符实体

如表 2-2 所列,字符实体有两种表示形式:实体名称(&entity_name;)和实体编号(&#entity_number;),使用实体名称的优点是容易记忆,缺点是兼容性不好,并不是所有浏览器都能很好地支持。

表 2-2 常用的字符实体

显示	实体名称	实体编号	说明
			空格
＜	&lt;	&#60;	小于号
＞	&gt;	&#62;	大于号
©	&copy;	&#169;	版权
®	&reg;	&#174;	注册商标
&	&amp;	&#38;	& 符号
×	&times;	&#215;	乘号
÷	&divide;	&#247;	除号
1/4	&frac14;	&#188;	分数 1/4

使用字符实体的原因:①有些字符有特殊含义,浏览器不会按字符本义显示。例

如"＜"和"＞"，浏览器会认为是标签，所以如需显示"＜"，必须这样写成"<"或"<"。②浏览器总是会截短 HTML 页面中的空格，不管文本中写多少个空格，浏览器只会显示一个。因此如果需要浏览器中显示多个空格，可以使用字符实体" "或" "表示空格。

下面介绍一些常用的 HTML 标签，有些标签会在后面结合 CSS 技术一起介绍，例如列表标签、＜div＞标签和＜span＞标签。

2.1.2 标题标签

HTML 标题是通过＜h1＞~＜h6＞等标签进行定义的，＜h1＞定义最大的标题，＜h6＞定义最小的标题。浏览器会自动地在标题的前后添加空行。语法格式：

＜hn＞标题文字＜/hn＞　　　　n 为 1~6

不同标题级别，显示的文字大小粗细不同。但是不要为了控制文字大小或粗细而滥用标题标签，因为标题标签是有语义的。建议在一个网页里只出现一个＜h1＞标签，因为＜h1＞标签表示了网页的主题。合理使用标题标签，方便搜索引擎使用标题分析网页结构，为网页内容创建索引。

2.1.3 文本格式化

控制文本显示格式的标签包括段落标签、换行标签、预格式文本等。

（1）段落是通过＜p＞标签定义的，浏览器会自动地在段落的前后添加空行。段落标签需要有尾标签＜/p＞，当然，没有尾标签，浏览器也能显示，但是不建议用这种写法，因为显示效果有可能不正确。语法格式：

＜p＞段落文字＜/p＞

（2）换行标签为＜br /＞，为单标签。语法格式：

文字换行＜br/＞

（3）预格式文本标签为＜pre＞，为双标签。＜pre＞标签包含的文本，通常会保留空格和换行符。语法格式：

＜pre＞预格式文本＜/pre＞

例 2-1　演示段落标签和预格式标签中加入换行以及空格时的显示效果。
文件 2-1.html 代码如下：

```
<! doctype html>
<html>
    <head>
        <meta http-equiv = "Content-Type" content = "text/html; charset = UTF-8" />
        <title>文本格式化</title>
```

```
        </head>
        <body>
            <p> public class TUser{
                int i,j;
                }
            </p>
            <p> public class TUser{<br/>
                  int i,j;<br/>
                }<br/>
            </p>
            <pre>    public class TUser{
                int i,j;
                }
            </pre>
        </body>
</html>
```

显示效果如图 2-1 所示。

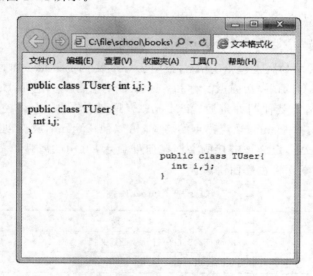

图 2-1　文本格式化

　　第一个段落，所有代码显示在一行，不符合要求。原因是无法通过在 HTML 代码中增加额外的空格或换行来控制文本显示效果，因为浏览器会移除源代码中多余的空格和空行，所有连续的空格或空行都会被算作一个空格。第二个段落，显示效果符合要求。因为浏览器网页中文本的显示格式是由标签控制的，浏览器通过解析标签控制文本的显示效果。换行标签
表示换行，字符实体" "表示空格。第三个段落，显示效果不符合要求，因为<pre>标签内的所有文本都会被保留，包括空格和换行符,而 HTML 代码中空格过多,造成代码块在浏览器中的显示偏右。

2.1.4 超链接

超链接是一个网站的灵魂,是最重要的 HTML 元素之一。Web 中有海量的网页,网页之间通过超链接确定相互的导航关系。超链接设置比较简单,超链接使用<a>标签来表示:

<a href = "url">链接内容</a>

其中,href 属性规定链接的目标,开始标签和结束标签之间的文字作为超级链接来显示。作为超链接显示的内容,可以是文本,也可以是图像或其他 HTML 元素。鼠标指针移动到网页中的某个链接上时,箭头会变为一只小手,点击则访问 href 属性设置的 URL 所代表的资源。

<a>标签可以用来设置超链接,也可以用来设置锚点(anchor)。

设置超链接语法格式:

<a href = "链接 URL♯锚点名" target = "目标">链接内容</a>

设置锚点语法格式:

<a name = "锚点名">提示内容</a>

<a>标签常用的属性包括①href,指向另一个文档的链接。可以是任何有效文档的相对或绝对 URL,包括锚点名称和 JavaScript 代码段。绝对 URL 包含域名等全部信息,一般指向其他网站资源;相对 URL,只包含 URL 中路径部分内容,一般指向本站内资源。②name,规定锚点的名称,可以使用 name 属性创建 HTML 页面中的书签。③target,定义被链接的文档在何处显示,可用的属性值如表 2-3 所列,表中涉及的框架概念将在后面讲解。

表 2-3 target 属性

属性值	描 述
_blank	在新浏览器窗口中打开被链接文档
_self	默认。在当前窗口打开被链接文档
_parent	在上一级窗口打开被链接文档,一般用在框架中
_top	在浏览器整个窗口中打开被链接文档,忽略任何框架
框架名	在指定名字的框架中打开被链接文档

2.1.5 图像标签

图像标签为 <img>,<img>是单标签,只包含属性,没有尾标签。语法格式:

<img src = "图像 URL" alt = "替代文本" width = "图像宽" height = "图像高" />。

图像标签的属性如表 2-4 所列,其中 src 属性是必需的。

表 2-4　图像标签属性

属性值	描述
src	图像文件的 URL,也就是引用该图像文件的绝对路径或相对路径
alt	规定在图像无法显示时的替代文本
width	设置图像的尺寸,宽度
height	设置图像的尺寸,高度

<img>标签创建的是被引用图像的占位空间,然后根据 src 属性设置的 URL,从 Web 服务器上下载图像文件,下载后在<img>指定位置显示图像。如果无法显示图像,则在<img>位置显示 alt 所指定的文本。为图像指定 height 和 width 属性是一个好习惯。如果设置了这些属性,就可以在页面加载时为图像预留空间。如果没有这些属性,浏览器无法了解图像的尺寸,也无法为图像保留合适的空间,因此当图像加载时,页面的布局就会发生变化。

2.1.6　表格标签

HTML 中的表格设计之初,是为了显示数据列表,作为数据表格出现的。不过早期表格标签还有一个重要作用,即用来对网页进行排版设计。随着 CSS 的发展,表格标签的排版功能逐渐弱化了,现在主要用来进行数据列表显示。

语法格式如下:

```
<table>
        <caption></caption>
        <colgroup></colgroup>
        <col />
        <tr><th></th></tr>
        <tr><td></td></tr>
</table>
```

表格标签主要由七个标记来表示,其中<table>表示表格整体;<caption>表示表格主题,显示为标题;<col>设置某一列的显示;<colgroup>设置一组列的显示;<tr>表示表格的一行;<th>表示列头,内容自动加粗;<td>表示单元格。

例 2-2　演示表格中各个标签以及属性的用法。

文件 2-2.html 代码如下:

```
<! doctype html>
```

```
<html>
    <head><meta http-equiv = "Content-Type" content = "text/html; charset = UTF-8" />
        <title>用户列表</title>
    </head>
    <body>
        <table cellpadding = "2" cellspacing = "5" border = "1">
            <caption>注册用户列表</caption>
            <colgroup align = "center" span = "3">
                <col width = " 40 "/>              <col width = " 40 "/><col width = "80"/>
            </colgroup>
            <col align = "center" width = "100"/>
            <tr><th>序号</th><th>姓名</th><th>真实姓名</th><th>备注</th></tr>
            <tr><td>01</td><td>admin</td><td>张三</td><td rowspan = "3">占三行</td></tr>
            <tr><td>02</td><td>guest</td><td></td></tr>
            <tr><td>03</td><td>test</td><td> </td></tr>
            <tr><td colspan = "2" align = "right">合计</td><td colspan = "2" align = "left">3 人</td></tr>
        </table>
    </body>
</html>
```

该网页运行后,显示界面如图 2-2 所示,结合上面的例子,分析如下。

1. 表格属性

例子中使用的表格属性有三个 border、cellpadding 和 cellspacing。其中,border 表示表格边框;cellpadding 表示单元格内容距离单元格边框的大小;cellspacing 表示相邻单元格之间距离的大小。

2. 表格标题

使用 caption 设置表格标题,默认这个标题位于表格上方。W3C 建议使用 caption 设置表格标题,方便搜索引擎程序对网页语义进行分析,caption 元素的内容表示表格内数据的语义。

3. 列样式统一设置

<colgroup>和<col>标签可以对表格内多个列设置统一的样式,这样就不需要对各个单元和各行重复应用样式。一般的样式包括对齐方式(align)和宽度(width),更丰富的样式可以通过 CSS 来设置。

<colgroup>中的 span 属性表示可以管理的列的个数,在<colgroup>中可以通过<col>对单个列进行个性化定制,<colgroup>标签可以在 table 元素中使用。

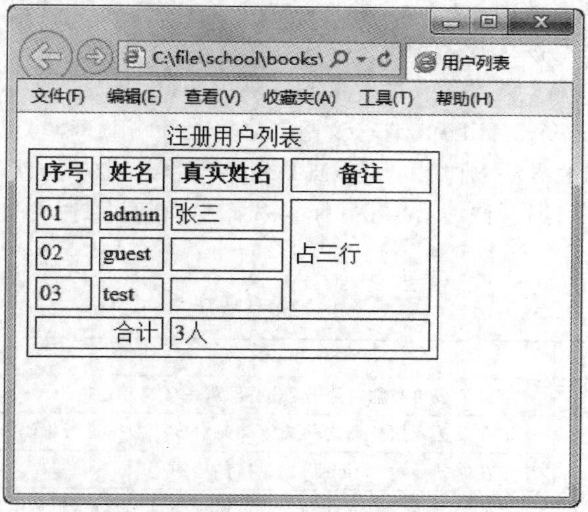

图 2-2 表格例子

<col>标签为表格中一个或多个列定义属性值,可以在 table 或 colgroup 元素中使用<col>标签。

文件中的代码表示前三个列的内容居中对齐,第一个列宽度 40,第二个列宽度 40,第三个列宽度 80。最后一个列居中对齐,宽度 100。

4. 列头标签

<tr>表示一行,<td>表示单元格,<th>表示列头。<td>和<th>都包含在<tr>中,二者的区别:①从显示效果来看,<th>的内容加粗显示;②从语义上来看,<th>是列头,表示该列数据的语义,<td>的内容是数据。W3C 推荐列头使用<th>标签,这样方便搜索引擎分析页面语义。

5. 单元格属性

colspan 设置单元格可横跨的列数,rowspan 属性规定单元格可跨越的行数。

2.1.7 表单标签

HTML 表单是用来与服务器端交换数据的主要方式,用于搜集用户输入的不同类型数据。表单必须有服务器端配合才可以,表单收集的数据最后发送给服务器端进行处理。

1. 表 单

表单标签<form>,表单是一个容器,可以看作一个窗口,表单内可以包含各种控件,由控件负责收集数据。语法格式:

<form action = "数据处理 URL" method = "方法" enctype = "编码" target = "目标">   </form>

表单的属性如表 2-5 所列，表单数据默认编码为 application/x-www-form-urlencoded，如果要上传文件，则需要设置编码为 multipart/form-data。target 属性与超链接元素的 target 属性含义是一致的。表单的提交过程与点击超链接本质上是相同的，都是发起了一次 HTTP 请求。不同之处是 HTTP 请求的方法不同，HTTP 请求时可以有不同的方法，常用的是 POST 和 GET。点击超链接的方式，是以 GET 方式提交。表单可以通过修改 method 属性选择不同的提交方法，默认时是 GET 方式提交。

表 2-5 表单属性

属性值	描述
action	规定处理表单数据的服务器端资源，一般是动态网页
enctype	规定在发送到服务器之前应该如何对表单数据进行编码
target	规定在何处显示 action 属性指定的资源
method	规定如何发送表单数据到 action 属性指定的资源，默认 GET

采用 GET 方法提交数据时，浏览器会将数据直接附在表单 action 属性指定的 URL 之后；而用 POST 方法提交数据时，浏览器会将数据加到 HTTP 请求的数据体中。采用 GET 方法时，参数会显示在地址栏上，并且传送的数据量较小，不能大于 2 KB；采用 POST 方法时，参数不会显示在地址栏上，并且可以传送大数据，一般被默认为不受限制。

2. 输入域

输入标签为 ＜input＞，用于搜集用户信息。如表 2-6 所列，根据不同的 type 属性值，输入标签拥有多种形式，例如单行编辑、复选框、密码框、单选按钮、按钮等。

语法格式：

＜input type = "类型" name = "参数名" value = "初始值" /＞

表 2-6 输入标签 type 属性

属性值	描述
text	默认设置，定义单行编辑控件
password	定义密码框，字符被掩码
hidden	定义隐藏的输入字段，浏览器不显示，用来传递数据
image	定义图像形式的提交按钮
file	文件上传控件
radio	定义单选按
checkbox	定义复选框
button	定义可点击按钮（可调用 JavaScript 脚本）
reset	定义重置按钮，重置按钮会清除表单中的所有数据
submit	定义提交按钮，提交按钮会把表单数据发送到服务器

除了 type 属性，input 元素还有两个重要属性：属性 name 规定了传递给服务器的参数名；属性 value 规定了传递给服务器的参数值，也是控件的初始值。单选框或复选框的属性 checked 表示按钮选中状态。

3. 文本区域

语法格式：

<textarea name = "参数名">初始值</textarea>

文本区域可以收集用户输入的多行文本，向服务器传递数据时，name 属性规定了参数名，而<textarea>标签包含的内容表示参数值，这个标签内容也是初始值，与输入域的 value 属性类似。

4. 标　注

语法格式：

<label for = "绑定的元素 id">标注文字</label>

<label>标签为 input 元素定义标注，单独存在没有意义。点击 label 元素内的标注文字，浏览器会自动将焦点转到绑定的表单元素上。label 元素的 for 属性应当与绑定表单元素的 id 属性相同。

5. 分　组

语法格式如下：

<fieldset>
　　<legend>标题</legend>
　　包含的表单元素
</fieldset>

<fieldset>标签将表单内的相关元素分组，浏览器会以特殊方式来显示，<legend>标签为 fieldset 元素定义标题。

6. 下拉列表

语法格式如下：

<select multiple = "multiple" size = "显示选项数" name = "参数名">
　　<optgroup label = "分组名">
　　　　<option value = "选项值">选项名</option>
　　</optgroup>
</select>

select 元素的属性 multiple 表示是否可以多选；size 表示可以显示的选项条数；name 表示传递给服务器的参数名。optgroup 元素表示选项分组显示，该元素可以设置多个，也可以不设置。

option 元素表示选项，可以有多个，也可以不包含在 optgroup 元素中。option 元素的属性 value 表示传递给服务器的参数值，如果没有设置 value 属性，则参数值

Java Web 编程技术

是显示的选项名。

2.1.8 框 架

通过使用框架,可以在同一个浏览器窗口中显示多个页面。每个框架里显示一个独立的 HTML 文档,并且每个框架都独立于其他的框架。

语法格式如下:

<frameset cols = "列大小及数目" rows = "行大小及数目">
    <frame src = "框架文件 URL" />
</frameset>

frameset 元素可以包含框架 frame 元素,也可以包含框架集 frameset 元素。属性 rows 或者 cols 必须设置一个,但是二者不能同时设置。rows 定义了所包含的框架或框架集行的大小及数目。cols 定义了所包含的框架或框架集列的大小及数目。<frame>标签定义了一个特定的窗口,属性如表 2-7 所列。

表 2-7 框架属性

属性值	描 述
src	规定在框架中显示的文档的 URL
name	规定框架的名称,超链接或表单的 target 属性可以设置为某个框架名称
frameborder	规定是否显示框架周围的边框
noresize	规定无法调整框架的大小
scrolling	yes,no,auto 规定是否在框架中显示滚动条
marginheight	定义框架的上方和下方的边距
marginwidth	定义框架的左侧和右侧的边距

2.2 CSS

HTML 标签原本设计为用于定义文档内容,每个标签都有自己的语义,例如<h3>标签表示标题 3,<caption>表示表格的标题。但是随着应用需求的变化,对网页的显示效果提出了更高的要求,因此浏览器厂商不断加入一些控制显示效果的标签(例如字体、颜色等),这也造成了网页中表示内容的标签和控制显示效果的标签混合在一起,站点的维护也越来越困难。

为了解决这个问题,W3C 推出了 CSS,CSS 是一组显示样式的设置规则,用于控制 Web 页面的外观。通过使用 CSS 样式设置页面的格式,可将页面的内容与表现形式分离。页面内容存放在 HTML 文档中,而用于定义表现形式的 CSS 可以存放在另一个文件中或 HTML 文档的某一部分,通常为文件头部分。将内容与表现形式分离，不仅可使站点的外观维护更加容易，而且还可以使 HTML 文档代码更加简练，缩短浏览器的加载时间。

2.2.1 CSS 基础知识

CSS 的中文名叫层叠样式表，样式表的含义是设置 HTML 元素的显示样式。层叠的含义是对同一个 HTML 元素可以多次设置样式，这些样式的显示效果叠加在一起，相同属性的定义最近定义的值生效，不同属性的定义同时生效。

CSS 设置样式时，会涉及颜色和长度单位设置，这些设置在 HTML 元素的属性中也可以使用，但是 HTML 元素的属性中不能进行太精细的设置。

1. 颜　色

网页上经常需要设置颜色的地方，包括字体颜色、超链接颜色、网页背景颜色、边框颜色等，常用的颜色模型是 RGB 模式。本节主要介绍 RGB 模式，因为 RGB 模式兼容性好，所有的浏览器都支持。

RGB 颜色是通过对红、绿和蓝光的组合来显示的，设置方式包括十六进制颜色、颜色名和 RGB 颜色值设置三种。

（1）十六进制颜色

所有浏览器都支持十六进制颜色值，设置规则：♯RRGGBB，其中 RR（红色）、GG（绿色）、BB（蓝色），所有值必须介于 0 与 FF 之间。举例说，♯00ff00 值显示为绿色，因为绿色被设置为最高值 FF，而其他颜色设置为 0。颜色可以简写为♯RGB，例如♯FFFFFF 简写为♯FFF，♯FF4455 简写为♯F45。

（2）CSS 颜色名

所有浏览器都支持的颜色名。HTML 和 CSS 颜色规范中定义了 147 种颜色名（17 种标准颜色加 130 种其他颜色）。17 种标准色是 aqua、black、blue、fuchsia、gray、green、lime、maroon、navy、olive、orange、purple、red、silver、teal、white、yellow。

（3）RGB 颜色值

所有浏览器都支持 RGB 颜色值。RGB 颜色值是这样规定的：rgb(red, green, blue)。每个参数（red、green 以及 blue)定义颜色的强度，可以是 0~255 之间的整数，或者是百分比值（0%～100%）。

举例说，rgb(0,255,0)值显示为绿色，这是因为 green 参数被设置为最高值 255，而其他颜色设置为 0。同样，rgb(0%,100%,0%)和 rgb(0,255,0)一样，都显示为绿色。

2. 长度单位

常用长度单位如表 2-8 所列，%是相对单位，相对当前 HTTP 元素的第一个设置了绝对单位长度的父元素，如果没有这样的父元素，则为相对浏览器窗口的长度。

em 是非常有用的单位，特别在移动终端的开发中，因为它可以自动适应用户所使用的字体。em 和%类似，从直接父元素开始向上寻找，找到第一个设置了绝对单位的字体尺寸,如果没有任何 HTML 元素设置了绝对单位的字体尺寸,则为相对浏览器设置的字体尺寸。1 em 等于找到的字体尺寸,2 em 表示找到的字体尺寸 2 倍,例如找到的字体为 12 pt、2 em 表示 24 pt。

pt 为绝对单位,固定为 1/72 in。px 是屏幕上的一个像素点,和系统的每英寸点数(Dots Per Inch,DPI)设置有关,DPI 默认是 96,因此一个 px 为 1/96 in。如果把系统的 DPI 修改为 72,则 1 px 和 1 pt 相等。

表 2-8 常用长度单位

单位	描述	单位	描述
%	百分比	em	最近一个设置了绝对单位的字体尺寸
in	英寸	ex	字体的 x-height,通常是字体尺寸的一半
cm	厘米	pt	磅,1 pt 等于 1/72 in
mm	毫米	px	像素,计算机屏幕上的一个点

3. 引入 CSS

在 HTML 中引入 CSS 的方法主要有三类:内联样式、内部样式表、外部样式表,其中外部样式表又分为导入式和链接式。

(1) 内联样式

内联样式是在 HTML 元素的 style 属性中设定 CSS 样式,这种方式只能控制本 HTML 元素的显示效果,不推荐使用。

语法格式:

<标签名 style="CSS 样式">红色文字</标签名>

(2) 内部样式表

内部样式表采用标签<style>来表示,该标签要添加在 head 元素内部。内部样式表控制本网页的 HTML 元素的显示效果,但是如果很多网页都需要同一种样式时,修改比较麻烦。

语法格式如下:

<style type="text/css">
    CSS 样式
</style>

(3) 导入式

引入外部样式表的一种方法,使用 CSS 规则引入外部 CSS 文件,同样需写在 style 元素中,该标签也写在 head 元素中。

语法格式如下:

<style type="text/css">
    @import "外部 CSS 文件";

</style>

采用导入式时,浏览器是先下载 HTML 页面,整个页面下载结束后,再去下载 CSS 文件,在 CSS 文件下载之前,HTML 页面中的 CSS 样式无法应用。因此当网页比较大、下载时间比较长时,会出现先显示无样式的页面,闪烁一下之后,再出现网页的样式,影响用户体验。

（4）链接式

也是引入外部样式表的一种方法,与导入式不同的是、链接式使用 HTML 规则引入外部 CSS 文件,在网页的 head 元素中使用＜link＞标签来引入外部样式表文件。

语法格式：

<link href = "外部 CSS 文件" rel = "stylesheet" type = "text/css" />

采用链接式,浏览器是装载完 HTML 页面前,先下载 CSS 文件,因此显示出来的网页是带显示样式的网页,用户体验比较好。

综上所述,推荐采用外部样式表,可以对整个网站的显示效果进行控制,达到"换肤"的目的。外部样式表中,推荐采用链接式,其用户体验、浏览器支持度以及性能都比较好;而导入式一般用来在 CSS 文件中引入其他的 CSS 文件,或通过 JavaScrip 动态引入 CSS 文件。

4. CSS 语法

语法格式：

选择器 1,…,选择器 2｛属性名 1:"值 1";…;属性名 2:"值 2"｝

CSS 规则由两个主要的部分构成:选择器以及一条或多条属性定义。选择器可以有多个,用逗号分隔。每条属性定义由一个属性名和一个值组成,属性名和值之间用冒号分隔,值两侧建议用引号。可以有多个属性定义,属性定义之间用分号分隔,最后一个属性后面可以不写分号。为了增加可读性,可以在每个属性定义之后增加换行符。

2.2.2 CSS 选择器

选择器指明了样式的作用对象,即样式作用于网页中的哪些元素。本小节介绍一些常用的选择器。

1. 通用选择器

通用选择器用" * "来表示,一般在 CSS 开头应用该选择器,设置一些默认样式。

语法格式：

* ｛CSS 样式｝

例子代码：

```
* { font-size: 12px; color: blue }
```

表示所有元素内的文字都是红色、12 px 大小。

2. 元素选择器

元素选择器是最常见的 CSS 选择器。其实，文档的元素就是最基本的选择器。一个完整的 HTML 页面由很多不同的元素组成，元素选择器决定哪些元素采用相应的 CSS 样式。元素选择器设置简单，不需要修改 HTML 元素的属性，但是对于同一个元素只能设置同样的样式。

语法格式：

标签名{ CSS 样式 }

例子代码：

```
p { font-size: 12px; color: blue }
```

页面中所有 p 元素内的文字都是红色，12 px 大小。

3. 类别选择器

类别选择器通过 class 属性筛选要控制样式的 HTML 元素。定义类别选择器时，需要在类别名称前加符号"."，要使用该样式的 HTML 元素，需要设置 class 属性的值为该类别名称，此时不需要带"."。

语法格式：

.类别名{ CSS 样式 }

例子代码：

```
.mytitle { font-size: 12px; color: blue }
<p class = "mytitle">蓝色文字</p>    <h3 class = "mytitle">蓝色标题</h3>
```

p 元素和 h3 元素内的文字都是蓝色，12 px 大小，因为二者的 class 属性值是一样的，由同一个类别选择器控制。

4. ID 选择器

ID 选择器通过 id 属性筛选要控制样式的 HTML 元素。定义 ID 选择器时，需要在 ID 名称前加符号"#"，要使用该样式的 HTML 元素，需要设置 id 属性的值为该 ID 名称，此时不需要带"#"。

语法格式：

#ID 名{ CSS 样式 }

例子代码：

```
#titleid { font-size: 24px; color: red }
<p id = "titleid">红色文字</p>    <h3 id = "titleid">红色标题</h3>
```

p 元素和 h3 元素内的文字都是红色,24 px 大小,因为二者的 id 属性值是一样的,由同一个 ID 选择器控制。

在一个网页内,每一个 HTML 元素的 id 属性必须是唯一的,不能重复。所以从理论上来说,ID 选择器只能作用到一个 HTML 元素。实际应用中,当设置重复 id 属性时,这些相同 id 属性值的 HTML 元素同时受 ID 选择器的控制。但是,HTML 元素 id 属性值重复,会影响通过 id 属性值获取元素对象的准确性,因此建议大家为 HTML 元素设置唯一的 id 值。

ID 选择器和类别选择器相比有两点区别:ID 选择器只能作用一个 HTML 元素,类别选择器可以作用多个 HTML 元素;作用同一个 HTML 元素时,ID 选择器优先级高于类别选择器。

5. 后代选择器

后代选择器也称为包含选择器,用来选择特定元素或元素组的后代,将对父元素的选择放在前面,对子元素的选择放在后面,中间加一个空格分开。后代选择器中的元素可以不止有两个,对于多层祖先后代关系,可以有多个空格加以分开。

语法格式:

选择器 1 选择器 2…选择器 n{ CSS 样式}

例子代码:

p a { font-size: 12px; color: blue}

p 元素内所有 a 元素的文字显示为蓝色,12 px 大小。不在 p 元素内的 a 元素不受这个选择器的影响。后代选择器是一种很有用的选择器,使用后代选择器可以更加精确地定位元素。

6. 子选择器

子选择器的语法格式与后台选择器类似,只不过分隔符用">"代替空格。与后代选择器相比,子选择器控制更精细,只能选择作为某元素直接的后代元素。

语法格式:

选择器 1 > 选择器 2…> 选择器 n{ CSS 样式}

例子代码:

p > a { font-size: 24px; color: red}

p 元素的直接后代 a 元素内的文字显示为红色,24 px 大小。

7. 伪类选择器

CSS 伪类用于向某些选择器添加特殊的效果,一般用在超链接元素中,链接应用的伪类定义语法格式如下:

a:link {CSS 样式}　　　　　　未访问的链接

a:visited {CSS 样式}	已访问的链接
a:hover {CSS 样式}	鼠标移动到链接上
a:active {CSS 样式}	选定的链接

四个伪类定义要注意顺序,a:hover 必须置于 a:link 和 a:visited 之后,a:active 必须被置于 a:hover 之后,这样才是有效的。

2.2.3 CSS 样式

CSS 中的样式属性非常多,下面介绍几类常用的样式。

1. 背景

CSS 允许应用单色作为背景,也允许使用背景图像创建相当复杂的效果。CSS 对背景的控制更精细,具体可用的属性如表 2-9 所列。

表 2-9 背景属性

属性	描述
background-color	背景颜色
background-image	背景图像,指定图像文件的 URL
background-position	背景图像的起始位置
background-repeat	背景图像是否重复及如何重复
background-attachment	背景图像是否固定或者随着页面的其余部分滚动

background-repeat 属性值可设置为 repeat-x,背景图像将在水平方向重复;设置为 repeat-y,背景图像将在垂直方向重复;设置为 no-repeat,背景图像不重复;默认为 repea,背景图像将在垂直方向和水平方向重复。

background-attachment 属性值可设置为 fixed,当页面滚动时,背景图像不移动;默认为 scroll,背景图像会随着页面的滚动而移动。

background-position 属性设置的方式如表 2-10 所列有三种:关键词定位、百分比定位、数值定位。默认情况下背景图像位于元素的左上角。

表 2-10 背景图像位置

属性	描述
top bottom center left right	top 表示上边,left 表示左边,center 表示中间,right 表示右边,bottom 表示下边。如果只设置了一个关键词,则第二个值认为是 center。例如 top left:表示左上角;top 与 top center 等价,表示上面中间
x% y%	第一个值是水平位置,第二个值是垂直位置。左上角是 0% 0%,右下角是 100% 100%。如果只设置了一个值,则另一个值将是 50%
xpos ypos	第一个值是水平位置,第二个值是垂直位置。左上角是 0 0。单位是像素(0px 0px)或任何其他的 CSS 单位。如果设置了一个值,另一个值将是 50%。可以混合使用 % 和 position 值

background 属性是背景设置的简写形式,可以设置所有的背景属性,而且可以只设置其中的几个属性。推荐使用这个属性,不要设置单个属性。

例子代码:

background: #00ffff url(logo.gif) no-repeat fixed top;
background: #ffff00 url('logo.gif');

2. 文本

CSS 文本属性可设置文本的外观,通过如表 2-11 所列的文本属性,可以改变文本的颜色、字符间距、对齐文本、装饰文本并对文本进行缩进等。

表 2-11 文本属性

属性	描述
color	设置文本颜色
direction	设置文本方向。ltr,文本方向从左到右;rtl,文本方向从右到左。默认 ltr
line-height	设置行高
letter-spacing	设置字符间距。增加或减少字符间的空白,负数表示减少字符间距
text-align	水平对齐元素中的文本。left 左对齐,right 右对齐,center 中间对齐,justify 两端对齐
text-decoration	向文本添加修饰。underline 文本下一条线,overline 文本上一条线,line-through 穿过文本下的一条线,blink 定义闪烁的文本,默认 none 无修饰效果
text-indent	缩进元素中文本的首行

line-height 属性有三种设置方式,例子代码如下:

p.line1{line-height: 200%}
p.line2{line-height: 2}
p.line3{line-height: 30px}

第一种方式设置百分比,行高等于当前字体尺寸乘以该百分比,默认标准行高为 110%~120%;第二种方式设置数字,行高等于当前字体尺寸乘以该数字,默认标准行高为 1;第三种方式设置行高的具体数值,默认标准行高约为 20 px。

3. 字体

CSS 字体属性如表 2-12 所列,定义文本的字体系列、大小、加粗等显示样式,CSS 字体属性完全替代了 HTML 中的字体标签。通过 font 简写字体属性,设置所有字体属性,也可以不设置其中的某个值,未设置的属性使用默认值。

例子代码:

font:italic sans-serif;   font:italic bold 10px sans-serif;

表 2-12 字体属性

属性	描述
font-family	设置字体系列
font-size	设置字体的尺寸
font-style	设置字体风格。italic,斜体;oblique,倾斜的字体样式;默认为正常字体,normal
font-weight	设置字体的粗细。bold,粗体;bolder,更粗的字符;lighter,更细的字符;默认标准字符normal。还可以设置数值 100、200、300、400、500、600、700、800、900,其中 400 等同 normal,700 等同 bold

4. 列 表

CSS 列表属性允许修改列表项标志,或者将图像作为列表项标志等操作。在网页中,列表应用比较广泛,例如导航菜单、产品展示等。

在 HTML 中,有三种类型的列表:无序列表、有序列表和自定义列表。

(1) 无序列表是一个项目的列表,列表项用特殊图形进行标记,默认为粗体圆点。无序列表始于 <ul> 标签。每个列表项始于 <li> 标签。

语法格式:

<ul> <li>列表项 1</li>…<li>列表项 n</li> </ul>

(2) 有序列表也是一个项目的列表,列表项用数字或字母进行标记,默认为阿拉伯数字。有序列表始于 <ol> 标签。每个列表项始于 <li> 标签。

语法格式:

<ol> <li>列表项 1</li>…<li>列表项 n</li> </ol>

(3) 自定义列表不仅仅是一个项目的列表,而且是项目及其注释的组合。自定义列表以 <dl> 标签开始。每个自定义列表项以 <dt> 开始,每个自定义列表项的定义以 <dd> 开始。其中,dt 和 dd 元素是多对多的,一个 dt 元素可以对应多个 dd 元素,一个 dd 元素也可以对应多个 dt 元素。

语法格式:

<dl>　<dt>标题 1</dt>　<dd>内容 1-1</dd>　<dd>内容 1-2</dd>
　　　　　…
　　　<dt>标题 n</dt>　<dd>内容 n-1</dd>　<dd>内容 n-2</dd>
</dl>

HTML 列表可以使用如表 2-13 所列的 CSS 属性进行更精细的控制。list-style 一次性定义所有的列表属性。定义的顺序如下:type、position、image。如果某一属性空缺,则自动用其默认值取代。

例子代码:

```
list-style:none inside url('tree.gif');
```

表 2-13　CSS 列表属性

属　性	描　述
list-style-image	将图象设置为列表项标志,图像文件的 URL
list-style-position	设置列表中列表项标志的位置。inside 列表项目标记放置在文本以内;默认 outside 列表项目标记放置在文本以外
list-style-type	设置列表项标志的类型,默认 disc。 disc,实心圆;circle,空心圆;square,实心方块;decimal,数字;decimal-leading-zero,0 开头的数字标记,例如 01、02 等;lower-roman,小写罗马数字;upper-roman,大写罗马数字;lower-greek,小写希腊字母;lower-latin,小写拉丁字母;upper-latin,大写拉丁字母;none,无标记

2.2.4　CSS 盒模型

每个 HTML 元素都被浏览器看成是一个矩形盒子,如图 2-3 所示,盒子由元素的内容、填充、边框和边界四部分组成。盒子里面的内容到盒子的边框之间的距离即内边距(padding),也叫填充;盒子本身有边框(border);而盒子边框外和其他盒子之间,还有外边距(margin)。默认情况下,盒子没有边框,透明背景色,所以在默认情况

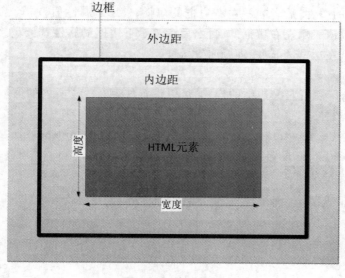

图 2-3　盒子模型

下看不到盒子。

在 CSS 中，width 和 height 指的是内容区域的宽度和高度。增加内边距、边框和外边距不会影响内容区域的尺寸，但是会增加元素框的总尺寸。假设框的每个边上有 5 个像素的外边距和 10 个像素的内边距。如果希望这个元素框达到 100 个像素，就需要将内容的宽度设置为 70 像素。

1. 内边距

padding 属性定义元素的内边距，可以使用整数或百分比，但不允许使用负值。可以使用 padding 一次设置，也可以单独设置四个方向的内边距。其中 padding-top 设置上内边距；padding-right 设置右内边距；padding-bottom 设置下内边距；padding-left 设置左内边距。

padding 设置属性可以是 2 个、3 个或 4 个，具体含义：①2 个属性值，前者表示上下内边距的属性，后者表示左右内边距的属性；②3 个属性值，前者表示上内边距的属性，中间的数值表示左右内边距的属性，后者表示下内边距的属性；③4 个属性值，依次表示上、右、下、左内边距的属性，即顺时针排序。每个内边距的单位可以不同。

例子代码：

p｛padding: 10px 5em 2em 10％;｝
p｛padding-top: 10px; padding-right: 5em; padding-bottom: 2em; padding-left: 10％;｝

2. 边　框

border 属性定义元素的边框，可以定义边框的样式、宽度以及颜色。这三个属性的设置规则与内边距类似，可以是 2 个、3 个或 4 个，具体含义：①2 个属性值，前者表示上下边框的属性，后者表示左右边框的属性；②3 个属性值，前者表示上边框的属性，中间的数值表示左右边框的属性，后者表示下边框的属性；③4 个属性值，依次表示上、右、下、左边框的属性，即顺时针排序。

（1）样　式

border-style 属性定义边框的样式，可以设置如表 2-14 所列的值。可以为元素的所有边框设置样式，也可以单独地为各边边框设置样式。其中 border-top-style 设置上边框样式；border-right-style 设置右边框样式；border-bottom-style 设置下边框样式；border-left-style 设置左边框样式。

例子代码：

p｛　border-style: solid; border-left-style: none;｝

表 2-14 常用边框样式

属性	描述	属性	描述
none	无边框	groove	3D 凹槽边框
dotted	点状边框	ridge	3D 垄状边框
dashed	虚线	inset	3D inset 边框
solid	实线	outset	3D outset 边框
double	双线	—	—

（2）宽　度

border-width 属性定义边框的宽度，可以设置如表 2-15 所列的值。可以为元素的所有边框设置宽度，也可以单独地为各边边框设置宽度。其中 border-top-width 设置上边框宽度；border-right-width 设置右边框宽度；border-bottom-width 设置下边框宽度；border-left-width 设置左边框宽度。当边框样式不是 none 时宽度属性才起作用，如果边框样式是 none，则边框宽度实际上会重置为 0。

例子代码如下：

```
p{border-style:solid;border-width:thin 20px;}
p{border-style:solid;border-top-width:thin;border-right-width:20px;border-bottom-width:thin;border-left-width:20px;}
```

表 2-15 常用边框宽度

属性	描述	属性	描述
thin	细框	thick	粗框
medium	默认值，中等的边框	length	自定义边框的宽度，不允许指定负长度值

（3）颜　色

border-color 属性定义边框的颜色，可以为元素的所有边框设置颜色，也可以单独地为各边边框设置颜色。其中 border-top-color 设置上边框颜色；border-right-color 设置右边框颜色；border-bottom-color 设置下边框颜色；border-left-color 设置左边框颜色。当边框样式不是 none 时颜色属性才起作用。

例子代码：

```
p {border-style:solid;border-color:blue rgb(50%,25%,45%) #900090 red;}
p {border-style:solid;border-bottom-color:#ffff00;}
```

3. 外边距

margin 属性定义元素的外边距，可以使用整数或百分比，也允许使用负值。可以使用 margin 一次性设置，也可以单独设置四个方向的外边距。其中 margin-top 设置上外边距；margin-right 设置右外边距；margin-bottom 设置下外边距；margin-left 设置左外边距。

margin 设置属性可以是 2 个、3 个或 4 个,具体含义:①2 个属性值,前者表示上下外边距的属性,后者表示左右外边距的属性;②3 个属性值,前者表示上外边距的属性,中间的数值表示左右外边距的属性,后者表示下外边距的属性;③4 个属性值,依次表示上、右、下、左外边距的属性,即顺时针排序。每个外边距的单位可以不同。

例子代码:

```
p {margin: 10px 5em 2em 10%;}
p {margin-top: 10px; margin-right: 5em; margin-bottom: 2em; margin-left: 10%;}
```

2.2.5 CSS 定位与浮动

利用 CSS 定位与浮动属性可以对网页进行排版,传统网页排版是通过大小不一的表格和表格嵌套来排版网页内容,而 CSS 排版主要是通过 CSS 定义的大小不一的盒子和盒子嵌套来排版网页内容。盒子模型、CSS 定位与浮动是 CSS 排版的核心概念。

1. 定位

如表 2-16 所列,有四种类型定位:静态定位、相对定位、绝对定位和固定定位。

表 2-16 常用定位属性

属性	描述
position	类型。absolute,绝对定位;fixed,固定定位;relative,相对定位;static,静态定位,默认 static
top	定位元素的上外边距边界与其包含块上边界之间的距离
right	定位元素右外边距边界与其包含块右边界之间的距离
bottom	定位元素下外边距边界与其包含块下边界之间的距离
left	定位元素左外边距边界与其包含块左边界之间的距离
overflow	定义溢出元素内容区的内容会如何处理,默认 visible。 visible,内容会显示在元素框之外;hidden,内容会被裁剪,超出元素框的内容不可见;scroll,元素边框有滚动条框,如果内容被裁剪,可以滚动查看其余的内容;auto,如果内容被裁剪,自动出现滚动条,否则不出现滚动条
z-index	堆叠顺序,数值大的在上面,可设置负数

(1) 静态定位

静态定位是指 position 属性设置为 static,也是 HTML 元素的默认设置,所有 HTML 元素都是在标准流中定位。标准流中元素的位置由元素在 HTML 文档中的位置决定,与 top、bottom、left、right 或者 z-index 这些属性无关。

HTML 元素都是盒子,分为两类:

① 块级元素,在浏览器显示时,块级元素会在新行显示,例如 h1、p、ul、table。有

一个特殊的块级元素 div,div 元素没有特别语义,一般可作为组合其他 HTML 元素的容器,可与 CSS 结合做网页排版。

② 内联元素,内联元素在显示时不会以新行开始,例如 b、td、a、img。有一个特殊的内联元素 span,span 元素也没有特定的含义,可用作文本的容器。

HTML 元素在标准流下的定位方式,浏览器按从上向下、从左到右的顺序读取 HTML 文档中的元素。读到块级元素时直接换行,在新行显示该元素。读到内联元素时,如果当前行可以显示下该元素,则不换行,否则换行显示。基本上,块级元素在页面中竖向排列,内联元素在同一行内横向排列,元素不会移动到其他地方去,对于嵌套的元素盒子也是嵌套的关系。

内联元素的盒子永远只能在浏览器中得到一行高度的空间,内联元素的高度由行高 line-height 属性决定,如果没有设置该属性,则是内容的默认高度。如果设置内联元素边框、外边距和内边距的上下值,导致其盒子的高度超过行高,那么该元素盒子上下部分将和其他元素的盒子重叠。因此,不推荐对行内元素直接设置盒子属性,一般先设置行内元素以块级元素显示,再设置它的盒子属性。

可通过 display 属性修改元素的盒子类型,语法格式如下:

```
display: inline;            设置为内联元素
display: none;              元素不显示
display: block;             设置为块级元素
```

(2) 相对定位

相对定位是指 position 属性设置为 relative,相对定位实际上是标准流定位模型的一部分,因为元素没有脱离标准流,只是相对自己在标准流中的位置进行微调,并且原来在标准流中的位置仍然保留。因此,移动元素会导致和其他元素的盒子重叠,可通过 z-index 属性调整堆放次序。元素移动的距离通过 left、top、right 以及 bottom 属性进行规定。例子代码如下:

```
#relBox {position: relative;left: 40px;top: 40px;}
```

如图 2-4 所示,id 属性值为 relBox 的 HTML 元素会相对原来位置左上角向下移动 40 像素,向右移动 40 像素,并且仍然保留原来在标准流中的位置,不会被后面的元素占用。

(3) 绝对定位

绝对定位是指 position 属性设置为 absolute,绝对定位元素会脱离标准流,与元素在标准流中的原位置无关,并且在标准流中的原位置不会保留。

绝对定位元素的位置是相对于最近的已定位祖先元素,所谓已定位的祖先元素,是指 position 属性设置不是 static 的元素。如果没有任何已定位祖先元素,那么它的位置则是相对于浏览器窗口。绝对定位的元素与标准流无关,因此会导致和其他元素的盒子重叠,可通过 z-index 属性调整堆放次序。元素移动的位置通过 left、

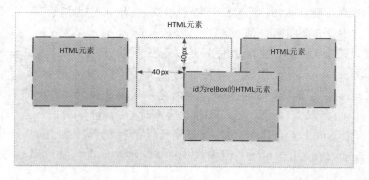

图 2-4 相对定位

top、right 以及 bottom 属性进行规定。例子代码如下：

```
#absBox {position: absolute;left: 40px;top: 40px;}
```

如图 2-5 所示，id 属性值为 absBox 的 HTML 元素会相对已定位父元素的左上角向下移动 40 像素，向右移动 40 像素，并且原来在标准流中的位置不保留，被后面的元素占用。

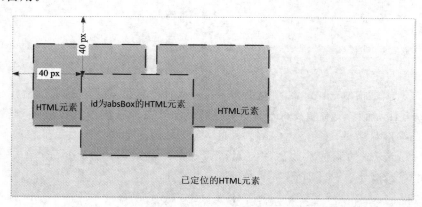

图 2-5 绝对定位

（4）固定定位

固定定位是指 position 属性为 fixed，是一种特殊的绝对定位，固定相对于浏览器窗口进行定位。

2. 浮　动

浮动的元素可以左右移动，直到它的边缘碰到父元素的边缘或另一个浮动元素的边缘。

语法格式如下：

```
float:left;              向左浮动
float:right;             向右浮动
```

float:none;   不浮动

例 2-3 通过链接不同的 CSS 文件，演示浮动元素的不同效果。

文件 2-3.html 代码如下：

```
<!doctype html>
<html>
    <head>
        <meta http-equiv="Content-Type" content="text/html; charset=UTF-8" />
        <title>浮动元素</title>
        <link href="2-3/1.css" rel="stylesheet" type="text/css" />
    </head>
    <body>
        <div id="div1">第一个块元素</div>
        <div id="div2">第二个块元素</div>
        <div id="div3">第三个块元素</div>
        <p id="msg">浮动的元素可以左右移动,直到它的边缘碰到父元素的边缘或另一个浮动元素的边缘。
            语法格式:float:left; 向左浮动;float:right;向右浮动;float:none;不浮动
        </p>
    </body>
</html>
```

文件 1.css 代码如下：

```
*{ margin:0; color:#fff;}
#div1{ background:red;}
#div2{ background:green;}
#div3{ background:blue;}
#msg{ background:#000;}
```

文件 2.css 代码如下：

```
*{ margin:0; color:#fff;}
#div1{ background:red;  float:right;  margin:10px;}
#div2{ background:green;}
#div3{ background:blue;}
#msg{ background:#000;}
```

文件 3.css 代码如下：

```
*{ margin:0; color:#fff;}
#div1{ background:red;  float:right;  margin:10px;}
#div2{ background:green;  float:right;  margin:10px;}
```

```
#div3{    background:blue;    float:right;    margin:10px;}
#msg{     background:#000;}
```

图 2-6 是使用 1.css 的运行结果,三个 div 和一个 p 元素都是块级元素,每个都在新行上显示。如果想实现多个块级元素在一行显示,则可以使用浮动元素。图 2-7 是使用 2.css 的运行结果,第一个 div 元素设置向右浮动,同时设置了外边距 10 像素。浮动的 div 直到父元素右边框停止,而且浮动元素脱离标准流,不占据空间,实际上覆盖住了第二和第三个 div。图 2-8 是使用 3.css 的运行结果,三个 div 都设置向右浮动,同时设置了外边距 10 像素。第一个 div 直到父元素右边框停止,第二个 div 碰到浮动元素(第一个 div)停止,第三个 div 碰到浮动元素(第二个 div)停止。

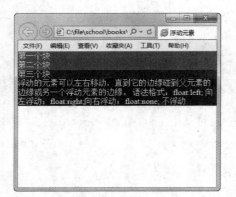

图 2-6　浮动演示 1

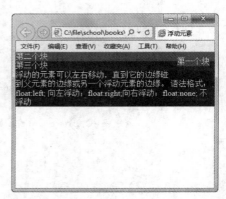

图 2-7　浮动演示 2

图 2-8　浮动演示 3

如图 2-8 所示,文字会环绕浮动元素,可以使用 clear 属性消除浮动元素对文字等元素的影响。clear 属性语法格式如下:

```
clear:left;                        在左侧不允许浮动元素
```

```
clear:right;              在右侧不允许浮动元素
clear:both;               在左右两侧均不允许浮动元素
clear:none;               默认值,允许浮动元素出现在两侧
```

文件 4.css 代码如下:

```
*{ margin:0;  color:#fff;}
#div1{ background:red;   float:right;  margin:10px;}
#div2{ background:green; float:right;  margin:10px;}
#div3{ background:blue;  float:right;  margin:10px;}
#msg{  background:#000;  clear:right;}
```

图 2-9 为运行结果,文字段落设置 clear 属性为 right,表示段落元素的右侧不允许浮动元素。

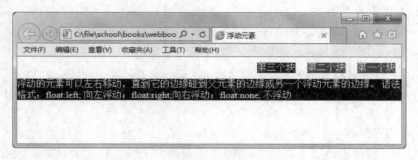

图 2-9 消除浮动元素影响

2.3 JavaScript 语言

JavaScript 是一个通用的、跨平台的、基于对象和事件驱动的解释型脚本语言。随着互联网以及移动互联网的发展,应用 JavaScript 的领域越来越多,除了传统的 Web 客户端开发,还扩展到 Web 服务器端、移动 App、桌面应用以及插件开发等多个领域。JavaScript 已经成为世界上最流行的编程语言之一。

JavaScript 的实现包括了三部分:基本语法和对象(ECMAScript)、DOM 以及浏览器对象模型(Browser Object Model,BOM)。本节主要介绍 JavaScript 在 Web 客户端开发所涉及的相关知识,包括基础知识、基本语法、对象、DOM、BOM 等。

2.3.1 JavaScript 基础知识

1. JavaScript 与 Java

JavaScript 和 Java 除了名字相似外,只有语法类似,因为它们的语法都与 C 语言很相似。JavaScript 和 Java 完全就是不同的语言,区别很大。

(1) 开发公司不同

Java 是由 Sun 公司开发的。而 JavaScript 是由网景(Netscape)公司开发的,原名叫 LiveScript。因为 Netscape 与 Sun 合作,Netscape 管理层希望能借助 Java 的东风,因此正式推出前更名为 JavaScript。

(2) 对象模型不同

Java 是一种完全面向对象的编程语言,采用的是常见的基于类的对象模型。而 JavaScript 采用的是基于原型的对象模型,没有类的概念,类型的对象之间没有区别,通过原型继承机制,可以动态地添加任何对象的属性和方法,基于原型的模型提供了动态继承。

(3) 变量声明不同

Java 采用的是静态类型,变量的数据类型必须声明。而 JavaScript 采用的是动态类型,变量的数据类型不需要声明。

(4) 执行方式不同

Java 是编译执行的,需要编译成字节码后在 Java 虚拟机(Java Virtual Machine,JVM)中运行。而 JavaScript 是解释执行的,可以在浏览器中运行。

2. JavaScript 与 ECMAScript

20 世纪 90 年代,网景公司在自己的浏览器 Navigator 中发布了 JavaScript,并且大获成功。后来,微软进军浏览器市场,在自己的浏览器 IE 3.0 也实现了一个 JavaScript 的克隆版——JScript。

这导致了多种不同版本的客户端脚本语言同时存在,为了建立语言的标准化,1997 年 JavaScript 1.1 作为草案提交给欧洲计算机制造商协会(European Computer Manufactures Association,ECMA),目的是标准化一个通用的、跨平台的、中立于厂商的脚本语言的语法和语义标准。

最后在网景、Sun、微软、Borland 等公司的参与下制订了 ECMA-262,该标准定义了叫做 ECMAScript 的全新脚本语言。而 JavaScript、JScript、ActionScript(运用在 Flash 上)等脚本语言都是基于 ECMAScript 标准实现的。

3. JavaScript 在 Web 客户端的作用

Web 客户端开发主要涉及三种技术:HTML、CSS 和 JavaScript,HTML 主要编写网页的基本结构,CSS 用于编写网页的显示样式,而 JavaScript 主要用于编写网页中的处理逻辑。

在 Web 客户端使用 JavaScript 语言可以有效地增强用户体验,主要作用包括:①用户输入数据的格式验证。用户的输入数据可以分为语义校验和格式校验,语义校验需要发送到服务器端,根据服务器端保存的数据,判断输入的数据语义是否有效;而格式判断可以在客户端进行,提高效率。②与用户实时交互。可以响应用户操作,动态调整网页中的 HTML 元素,例如显示或隐藏某些区域、弹出提示信息等。③定制化显示。获取浏览器、屏幕分辨率等信息,动态调整网页排版,适应用户桌面。

4. 引入 JavaScript

JavaScript 嵌入 HTML 文档中的方法有三种：嵌入 JavaScript 代码、嵌入外部文件和嵌入 HTML 元素属性中。

（1）嵌入 JavaScript 代码

在 HTML 文档中嵌入 JavaScript 代码，可以把 JavaScript 代码写在＜script＞标签中。script 元素可以出现在 HTML 文档任何地方，可以出现多次。不过大部分情况下，script 元素都写在 HTML 文档的头部元素中。语法格式如下，type 属性和 HTML 注释可省略：

```
<script  type="text/javascript">
  <!--
        JavaScript 代码
  -->
</script>
<noscript>脚本未执行的说明</noscript>
```

在 script 元素中，加上 HTML 注释的目的是适应早期不识别＜script＞标签的浏览器。因为 JavaScript 代码包含在注释中，对于不识别＜script＞标签的浏览器，即使不会执行 JavaScript 代码，但是也不会显示 JavaScript 代码，破坏 HTML 页面的显示效果。现在的浏览器都支持＜script＞标签，所以现在不需要加上 HTML 注释。

noscript 元素用来定义在脚本未被执行时的替代说明文字，对于那些识别＜script＞标签，但无法支持其中脚本的浏览器，可以显示 noscript 元素内的替代说明文字。

（2）嵌入外部文件

当 Web 应用程序中多个页面都需要运行相同的 JavaScript 代码时，不需要重复编写相同的脚本，可以把一些通用的、可复用的代码，写到一个单独的文件中。然后使用＜script＞标签中的 src 属性引用该文件即可。语法格式：

```
<script type="text/javascript" src="JavaScript 文件 URL"></script>
```

src 属性值是外部 JavaScript 文件的 URL，既可以是相对 URL，又可以是绝对 URL。在＜script＞标签的内部不允许写 JavaScript 代码，而在外部的 JavaScript 文件中不允许出现＜script＞标签。

（3）嵌入 HTML 元素属性中

在一些 HTML 元素的属性中可以直接嵌入 JavaScript 代码，只要在 JavaScript 代码前加上"javascript:"。这些属性包括各种事件句柄属性和超链接的 href 属性，事件处理会在后面介绍。例子代码：

```
<a href="javascript:alert('点击了超链接')">超链接</a>
```

2.3.2 基本语法

JavaScript 语言是区分大小写的,换行符是语句的结束符,多个语句在同一行时用分号分割。虽然分号不是语句必要的结束符,但建议即使一行只有一个语句也要在结束处添加分号。JavaScript 脚本的源文本由浏览器按从上到下、从左到右顺序执行,因此在 HTML 文档中添加 JavaScript 代码时要注意调用顺序,保证要调用的 JavaScript 函数在调用前已经定义。

JavaScript 语言与 Java、C 的语法类似,不过有一些自己独特的地方,本小节主要是介绍 JavaScript 的基本语法。

1. 数据类型

JavaScript 数据类型包括三种基本数据类型:布尔型、字符型和数值型,一种复合数据类型:对象,两种特殊数据类型:undefined 和 null。

(1) 布尔型

布尔型也叫逻辑型,布尔型数据只能有两个值:true 或 false,分别表示逻辑真和逻辑假。

(2) 字符型

字符型数据的值是以单引号或双引号括起来的任意长度的一连串字符,也叫字符串。字符串可以由 Unicode 字符、数字、标点符号等字符组成,可以在字符串中使用引号,只要不匹配包围字符串的引号即可。也就是说双引号包含的字符串内可以直接用单引号,而单引号包含的字符串内可以直接用双引号。

对于一些无法显示的字符,或者 JavaScript 语法上已经有了特殊用途的字符,可以在字符开头加上"\"进行转义,这样的字符叫转义字符。常见的转义字符如表 2-17 所列。

表 2-17 常用转义字符

转义字符	描述	转义字符	描述
\'	单引号	\"	双引号
\&	& 符	\\	反斜杠
\n	换行符	\r	回车符
\t	制表符	\b	退格符
\f	换页符	—	—

(3) 数值型

数值型数据包括整数和浮点数。整数可以是十进制数、八进制数和十六进制数,八进制值以 0 开头,十六进制值以 0x 开头。极大或极小的数字可以通过科学(指数)计数法来书写。

(4) undefined

undefined 表示未定义,如果变量未初始化,则自动采用 undefined 值。

(5) null

null 表示空,可以看作一种特殊的值,可以把变量赋值成 null。注意,JavaScript 是区分大小写的,所以 Null 和 null 是不一样的。null 与 undefined 的区别是,null 表示一个变量被赋值为 null,而 undefined 表示变量没有被赋任何值。

2. 变 量

变量是存储信息的容器,变量的命名规则:①变量必须以字母开头;②变量也能以 $ 和 _符号开头(不推荐这么做);③变量名称对大小写敏感(x 和 X 是不同的变量);④不能用如表 2-18 所列的 JavaScript 保留关键字作变量名称。

表 2-18 保留关键字

abstract	arguments	boolean	break	byte	case	catch
char	class *	const	continue	debugger	default	delete
do	double	else	enum *	eval	export *	extends *
false	final	finally	float	for	function	goto
if	implements	import *	in	instanceof	int	interface
let	long	native	new	null	package	private
protected	public	return	short	static	super *	switch
synchronized	this	throw	throws	transient	true	try
typeof	var	void	volatile	while	with	yield

在 JavaScript 中,使用变量前需要先声明变量,有两种声明方式:①显式声明,使用关键字 var,声明时可以直接为变量赋值;②隐式声明,不需要使用 var,使用赋值语句声明变量。

例子代码如下:

```
var x = 10, y = null, z;
X = 12;
alert(Y);
```

变量 x 显式声明并设置初始值为 10,变量 y 显式声明并设置初始值为 null,变量 z 显式声明没有设置初始值,因此 z 的初始值为 undefined。JavaScript 变量区分大小写,所以变量 X 与 x 不同,是一个隐式声明的新变量,并且初始值设置为 12。而 Y 是未声明的新变量,因此语句"alert(Y);"会出现错误:"Y 未定义"。

JavaScript 是一种动态类型语言,不需要在变量声明时指定数据类型,JavaScript 会在脚本执行期间,根据需要自动转换数据类型,变量的数据类型可以随着赋值内容而变化。

例子代码如下:

```
var x = 10;                    //x 为数值型
x = "hello";                   //此时,x 变成字符型
x = null;                      //此时,x 变成 null
x = true;                      //此时,x 变成布尔型
```

使用操作符 typeof 来判断变量的数据类型,返回字符串。其中数值型返回"number",字符型返回"string",null 返回"object",布尔型返回"boolean",undefined 返回"undefined"。

3. 运算符

JavaScript 的运算符分为:字符串运算符、算术运算符、赋值运算符、比较运算符、逻辑运算符和位运算符等。

(1) 字符串运算符

在 JavaScript 中,可以用字符串运算符"+"将两个字符串连接起来,形成一个新的字符串。当表达式中存在字符串常量时,则"+"为字符串运算符,其他的数字型和布尔型变量都会转换成字符型,然后进行字符串连接;如果表达式中不存在字符串常量,则"+"为一种算术运算符。

字符串运算符支持组合运算,如"+="用来连接两个字符串,并将结果赋值给第一个变量。

例子代码如下:

```
var s1 = "hello ",f = true,d = 12;
var r1 = s1 + f;               //r1 值为"hello true"
var r2 = s1 + d;               //r2 值为"hello 12"
r1 + = r2;                     //r1 值为"hello truehello 12"
var r3 = f + d;                //r3 值为 13
```

适用于"+"的字符串、数值和布尔值的强制转换规则:①数值+字符串,则该数值会强制转换为字符串;②布尔值+字符串,则该布尔值会强制转换为字符串,true 转换为"true",false 转换为"false";③数值+布尔值,则该布尔值会强制转换为数值,true 转换为 1,false 转换为 0。

(2) 算术运算符

算术运算符用于执行变量或常量之间的算术运算。假设 $x=15$,表 2-19 解释了各种算术运算符。

注意参与算术运算符的变量必须可以转换为数值,除了"+"可以作为字符串运算符,其他的算术运算符要求参与运算的字符型变量必须可以转换成数值型,否则返回 NaN。NaN 是一个特殊的值,表示非数值型。布尔型变量会强制转换为数值,true 转换为 1,false 转换为 0。

表 2-19 算术运算符

运算符	说明	例子	结果
＋	加	$y=x+5$	$y=20$
－	减	$y=x-5$	$y=10$
＊	乘	$y=x*5$	$y=75$
／	除	$y=x/5$	$y=3$
％	求余	$y=x\%5$	$y=0$
＋＋	累加	$y=++x$	$y=16$
－－	递减	$y=--x$	$x=14$

例子代码如下：

```
var s1 = "hello ",s2 = "10",s3 = "5",f = true,d = 12;
var r1 = s1 * f;              //r1 值为 NaN
var r2 = s2 * s3;             //r2 值为 50
var r3 = d - f;               //r3 值为 11
```

因为字符串变量 s1 无法转换成数值，因此变量 r1 的值为 NaN，只要在算术表达式中出现一个 NaN，则结果就是 NaN。字符串变量 s2、s3 转换成数值相乘，结果 50 赋值给变量 r2。布尔变量 f 转换成数值 1，因此变量 r3 的值为 11。

（3）赋值运算符

赋值运算符用于给 JavaScript 变量赋值，最基本的赋值运算符是"＝"。假设 $x=15, y=10$，表 2-20 解释了各种赋值运算符。

表 2-20 赋值运算符

运算符	例子	等价于	结果
＝	$x=y$		$x=10$
＋＝	$x+=y$	$x=x+y$	$x=25$
－＝	$x-=y$	$x=x-y$	$x=5$
＊＝	$x*=y$	$x=x*y$	$x=150$
／＝	$x/=y$	$x=x/y$	$x=1.5$
％＝	$x\%=y$	$x=x\%y$	$x=5$

（4）比较运算符

比较运算符用于数值、字符串值的比较，返回比较判断的结果，比较运算符的结果是布尔值 true 或 false。常用的比较运算符包括：等于（＝＝）、绝对等于（＝＝＝）、不等于（！＝）、不绝对等于（！＝＝）、大于（＞）、小于（＜）、大于等于（＞＝）、小于等于（＜＝）。

其中，等于与绝对等于的区别：等于运算符只要两个操作数值相同就返回 true；

绝对等于运算符必须两个操作数的值和数据类型都相同才返回 true。不等于和不绝对等于的区别也是这样。

例子代码如下：

```
var s2 = "12",d = 12;
var r1 = d == s2;           //r1 值为 true
var r2 = d === s2;          //r2 值为 false
var r3 = d != s2;           //r3 值为 false
var r4 = d !== s2;          //r4 值为 true
```

（5）逻辑运算符

逻辑运算符有三种：逻辑与（&&）、逻辑或（||）、非（!）。逻辑与的两个操作数都是 true 时，结果为 true，否则为 false；逻辑或的两个操作数只要有一个为 true，则结果为 true，否则为 false；非运算符是一个一元运算符，放在操作数前，对操作数的结果取反。

（6）位运算符

位运算的过程，是先将操作数转换成二进制，然后进行相关运算，最后输出十进制的结果。JavaScript 整数有两种类型，即有符号整数和无符号整数。有符号整数使用 31 位表示整数的数值，用第 32 位表示整数的符号，0 表示正数，1 表示负数。

假设 $x=100,y=35$，表 2-21 解释了七种位运算符，其中两个右移运算符，">>"会保留数值的符号，而">>>"符号位会修改为 0，负数也变成了正数。例如"-100>>>2"的结果是 1073741799。

表 2-21 位运算符

运算符	说明	例子	结果
&	按位"与"	$y=x\&y$	$y=32$
|	按位"或"	$y=x|y$	$y=103$
^	按位"异或"	$y=x\textasciicircum y$	$y=71$
~	按位取反	$y=\sim x$	$y=-101$
<<	左移	$y=x<<2$	$y=400$
>>	带符号右移	$y=x>>2$	$y=25$
>>>	填 0 右移	$y=x>>>2$	$y=25$

4. 函　数

函数是一组可被重复利用的语句，一般是完成了某个功能的代码块。函数需要声明，然后在需要的时候进行调用。浏览器解析到声明的函数体时，不会执行函数里面的语句，而是把函数体保存到一个变量里。当调用该函数时，才会结合传入的参数执行函数体里的语句。因此，函数的声明必须在调用该函数语句之前。函数声明的语法格式如下：

```
function 函数名(参数名 1,参数名 2,…,参数名 n){
    语句
    [return 返回值]
}
```

函数分为有返回值和无返回值的函数,有返回值的函数,在函数体中使用 return 语句返回值。函数调用时,使用函数名后加小括号的方式。函数调用的语法格式:var ret=函数名(参数值 1,参数值 2,…,参数值 n);

如果函数无明确的返回值,或调用了没有参数的 return 语句,那么返回的值是 undefined。JavaScript 不会验证传递给函数的参数个数是否等于函数定义的参数个数。函数可以接受任意个数的参数(最多可接受 255 个),缺少的参数值为 undefined,多余的参数值函数不会处理。JavaScript 中有一个特殊对象 arguments 保存了传递给函数的参数信息,通过该对象的属性 length 可以获得参数个数,可以对缺少的参数设置默认值。

例 2-4 演示 JavaScript 函数参数传递的用法。

文件 2-4.html 部分代码如下:

```
<script>
    function testArg(arg1, arg2, arg3) {
        var argcount = arguments.length;
        switch (argcount) {
            case 0: arg1 = "arg1";
            case 1: arg2 = "arg2";
            case 2: arg3 = "arg3";  break;
            default:
        }
        return arg1 + arg2 + arg3;
    }
    document.write("<p>testArg is " + testArg + "</p>");
    document.write("<p>testArg() is " + testArg() + "</p>");
    document.write("<p>testArg('值1') is " + testArg('值1') + "</p>");
    document.write("<p>testArg('值1','值2') is " + testArg('值1','值2') + "</p>");
    document.write("<p>testArg('值1','值2','值3') is " + testArg('值1','值2','值3') + "</p>");
    document.write("<p>testArg('值1','值2','值3',4) is " + testArg('值1','值2','值3', 4) + "</p>");
</script>
```

运行结果如图 2-10 所示,第一行直接写函数名 testArg,这不是函数调用,直接

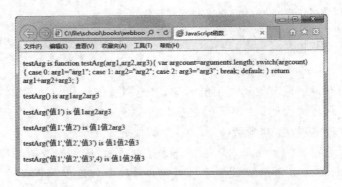

图 2-10　函数传递参数

获取 testArg 这个变量值,即函数体内容,从这点可知,函数名其实就是一个变量名,内容就是函数体;第二行,调用函数但没有传参数,这样参数个数为 0,三个参数都使用缺省值;最后一行,调用函数传递的参数个数比函数声明时的参数个数多一个,但是不影响函数调用,并返回了正确的结果。

函数内部可以声明变量,在函数内部显式声明的变量属于局部变量,只在本函数内部有效。在函数外部显式或隐式声明的变量、在函数内部隐式声明的变量都属于全局变量,在 HTML 文档中有效。当局部变量和全局变量同名时,在函数内部,局部变量有效。

例 2-5　演示变量作用域。

文件 2-5.html 部分代码如下:

```
<script>
    var x = 100;
    y = 10;
    function testArg() {
        var x;
        x = 120;
        y = 30;
        z = 40;
        document.write("<p>函数内部 x 值是 " + x + ",y 值是" + y + ",z 值是" + z + "</p>");
    }
    document.write("<p>调用 testArg 前 x 值是 " + x + "</p>");
    document.write("<p>调用 testArg 前 y 值是 " + y + "</p>");
    testArg();
    document.write("<p>调用 testArg 后 x 值是 " + x + "</p>");
    document.write("<p>调用 testArg 后 y 值是 " + y + "</p>");
```

```
document.write("<p>调用 testArg 后 z 值是 " + z + "</p>");
</script>
```

运行结果如图 2-11 所示，在函数内部通过 var 显示声明了变量 x，相当于声明了一个新的局部变量，在函数内部覆盖了全局变量 x，因此在函数内部 x 的值是 120。但是局部变量的作用域只是函数内部，因此，在该函数外部，x 的值还是原来的值 100。

函数内部直接修改了 y 的值，并没有新声明局部变量，因此函数内部对全局变量 y 的修改，也影响到了函数外部。变量 z 是比较容易出错的，这个变量是在函数内部第一次出现的，但是因为没有通过 var 声明，是通过赋值语句声明的，也就是隐式声明。这样这个变量 z 就变成了全局变量，因此在函数外部显示 z 也是 40。

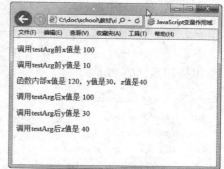

图 2-11 变量作用域

2.3.3 对 象

JavaScript 是基于原型的面向对象编程语言，在 JavaScript 中一切都可以看作对象，不管是变量，还是 HTML 元素，甚至浏览器窗口等，都是对象。JavaScript 中的对象分为内置对象和自定义对象，JavaScript 提供了大量的内置对象，用户可以利用内置对象完成绝大部分功能；而自定义对象为用户提供了扩展的接口，用户可以根据自己应用的业务特点，创建自己的对象。

对象也是一种数据类型，是一种带有属性和方法的特殊的数据类型，有些对象还有事件（JavaScript 的事件处理机制会在后面介绍），对象是由属性、方法和事件三个基本元素构成的。

1. 自定义对象

对象是无序属性的集合，属性可以是任何类型的值，包括其他的对象或函数。当函数作为属性值时称作"方法"，即对象的行为。

（1）创建对象

JavaScript 的对象可以动态添加属性，即创建对象后，再添加属性。在 JavaScript 中没有 Java 中的类，创建对象时都是创建 Object 的实例，然后添加各种属性。JavaScript 创建自定义对象有两种方法。

1) 直接创建对象实例

创建自定义对象的例子代码如下：

```
var obj = new Object();
obj.name = "admin";
```

```
obj.pwd = "123";
```

更简洁的写法：

```
var obj = {name:"admin",pwd:"123"}
```

上面的例子创建了对象的一个新实例，并添加了两个属性。推荐第二种写法，因为更加简洁。

2）使用构造器

JavaScript 中没有构造函数，使用普通函数加上关键字 this 来完成构造函数的功能。关键字 this 一般用在对象的方法中，表示调用该方法的当前对象实例。

使用构造器代码如下：

```
function TUser(uname,upwd){
  this.uname = uname;
  this.upwd = upwd;
  this.showUser = function(){
     return "用户名:" + this.uname + "   密码:" + this.upwd;
  }
}
```

创建对象实例，并调用方法，注意如果调用方法后不加小括号，则直接显示该方法的定义体。例子代码如下：

```
var u1 = new TUser("admin","123");   //创建一个对象实例 u1,并为属性赋值
var u2 = new TUser("guest","456");   //创建一个对象实例 u2,并为属性赋值
document.write(u1.showUser());       //显示   用户名:admin      密码:123
document.write(u2.showUser());       //显示   用户名:guest      密码:456
document.write(u1.showUser);         //显示   function(){     return "用户名:" + this.
                                     //uname + "   密码:" + this.upwd;   }
```

(2) 销毁对象

JavaScript 拥有垃圾回收机制，自动回收无用的对象（没有任何指向该对象的引用）。当函数执行结束时，所有局部变量会被销毁，所在资源自动释放。

可以通过把对象的引用设置为 null 强制使对象无用。例子代码如下：

```
var o1 = new Object;
...
o1 = null;
```

当变量 o1 设置为 null 后，对第一个创建对象的引用就不存在了。这意味着下次运行垃圾回收程序时，该对象将被销毁。推荐每用完一个对象后，就将其设置为无用对象。

2．对象操作语句

JavaScript 提供了两种用于操作对象的语句:for ... in 和 with。

(1) for…in

for…in 语句循环遍历对象(或数组)的属性,循环中的代码块将针对每个属性执行一次。

语法格式:

for (变量 in 对象实例) {要执行的代码}

对象是无序属性的集合。该语句执行时,从对象(或数组)的第一个属性开始,遍历所有属性,每获得一个属性都执行一次循环体。与 for 循环语句相比,该循环语句不需要计数器,也不需要知道属性的个数,编程更加简洁。

例子代码如下:

```
var tuser = {uname:"admin",upwd:"123",age:20};
var msg = "";
for (x in tuser) {  msg + = tuser[x]; }
document.write(msg);            //显示  admin12320
```

(2) with

在调用对象的属性或方法时,需要加上对象实例变量的名,当要调用对象的很多属性时,要重复写多次变量的名。使用 with 语句,则可以省略对象实例变量名称,简化对象调用的写法。

语法格式:

with(对象实例变量){操作对象属性的代码}

例子代码:

```
with(u1){ document.write(uname);  document.write(upwd); document.write(showUser());}
```

变量 u1 是 TUser 对象的实例,在 with 语句块内,不需要写 u1,可以直接写属性名来完成调用。with 语句的执行效率不高,因此要谨慎使用。

3. 字符串对象

字符串对象提供了对字符串进行处理的各种操作。

(1) 创建字符串对象

创建字符串对象有两种方式:使用 new 创建对象实例和赋值字符串常量。

语法格式:

var 变量名 = new String(初始字符串);   //初始字符串可省略
var 变量名 = 字符串常量;

例如:

var uname1 = new String("管理员");var uname2 = "管理员";

两种方式创建字符串对象后,都可以在变量名后加上"."调用字符串对象的各种方法和属性。二者区别在于 typeof 的返回值不同,第一种方式返回 object,而第二种方式返回 string。

(2) length 属性

该属性用于获取字符串的长度,只计算字符的个数,不管是中文还是英文。

例子代码如下:

```
var uname = new String("admin");        //实例化 String 对象
var fullname = "管理员(admin)";          //字符串常量
var c1 = uname.length;                   //c1 = 5
var c2 = fullname.length;                //c2 = 10
```

(3) charAt()

charAt()方法可返回指定索引位置处的字符,即长度为 1 的字符串。

语法格式:

字符串.charAt(索引)

索引表示字符串中某个位置的数字,即字符在字符串中的下标。字符串中第一个字符的下标是 0。如果索引数值无效,则返回空字符串。

例子代码如下:

```
var uname = new String("admin 管理员");   //实例化 String 对象
var s1 = uname.charAt(0);                 //s1 内容是"a"
var s2 = uname.charAt(7);                 //s2 内容是"员"
var s3 = uname.charAt(12);                //12 无效索引,s3 内容是""
var s4 = uname.charAt(-1);                //-1 无效索引,s4 内容是""
```

(4) charCodeAt()

charCodeAt()方法可返回指定索引位置处字符的 Unicode 编码,一个 0~65535 之间的整数。

语法格式:

字符串.charCodeAt(索引)

索引表示字符串中某个位置的数字,即字符在字符串中的下标。字符串中第一个字符的下标是 0。如果索引数值无效,则返回 NaN。

例子代码如下:

```
var uname = new String("admin 管理员");   //实例化 String 对象
var s1 = uname.charCodeAt(0);             //s1 内容是 97
var s2 = uname.charCodeAt(7);             //s2 内容是 21592
var s3 = uname.charCodeAt(12);            //12 无效索引,s3 内容是 NaN
var s4 = uname.charCodeAt(-1);            //-1 无效索引,s4 内容是 NaN
```

（5）大小写转换

toLowerCase()返回一个字符串,该字符串中的所有字母被转换为小写字母。toUpperCase()返回一个字符串,该字符串中的所有字母都被转化为大写字母。

例子代码如下：

```
var uname = new String("admin 管理员");      //实例化 String 对象
var s1 = uname.toLowerCase();                //s1 内容是 admin 管理员
var s2 = uname.toUpperCase();                //s2 内容是 ADMIN 管理员
```

（6）concat()

concat()方法用于连接多个字符串,一般是连接两个。

语法格式：

字符串.concat(参数 1,参数 2,…,参数 n)

参数不只限于字符型,也可以是数值型、布尔型等。首先将所有参数转换成字符串,然后按顺序连接到字符串的尾部,字符串本身没有改变,所以需要把 concat 方法的返回值赋值给一个变量。concat 方法和字符串运算符"＋"作用一致,不过字符串运算符更简便一些。

例子代码如下：

```
var uname = new String("admin 管理员");              //实例化 String 对象
var s1 = uname.concat("[","电话",13999999999,"]");
                                //s1 内容是   "admin 管理员[电话 13999999999]"
```

（7）indexOf()

indexOf()方法可返回 String 对象内第一次出现子字符串的字符位置。

语法格式：

字符串.indexOf(子字符串,[开始索引])

参数开始索引的有效范围是 0 到字符串长度－1,如果这个参数不设置,则开始索引的位置是 0,即从头开始。检索子字符串时,要区分大小写。没有搜索到,则返回－1。

例子代码如下：

```
var uname = new String("admin 管理员 admin");   //实例化 String 对象
var s1 = uname.indexOf("admin");               //s1 内容是 0
var s2 = uname.indexOf("Admin");               //区分大小写,没有找到则返回－1,s2 内容是－1
var s3 = uname.indexOf("admin",1);             //s3 内容是 8
var s4 = uname.indexOf("员");                   //s4 内容是 7
```

（8）lastIndexOf()

lastIndexOf()方法可返回 String 对象内最后一次出现子字符串的字符位置,与 indexOf()的不同之处在于搜索的顺序不同,是从后向前搜索,返回第一个符合条件的子字符串的位置。

语法格式:

字符串.lastIndexOf(子字符串,[开始索引])

参数开始索引的有效范围是 0 到字符串长度-1,如果这个参数不设置,则开始索引的位置是字符串长度-1,即从尾开始。检索子字符串时,要区分大小写。没有搜索到,则返回-1。

例子代码如下:

```
var uname = new String("admin管理员 admin");   //实例化 String 对象
var s1 = uname.lastIndexOf("admin");          //s1 内容是 8
var s2 = uname.lastIndexOf("Admin");          //区分大小写,没有找到则返回-1,s2 内容是-1
var s3 = uname.lastIndexOf("admin",1);        //从第二个字符开始向左搜索,s3 内容是 0
var s4 = uname.lastIndexOf("员");             //s4 内容是 7
```

(9) slice()

slice()方法从字符串中获取指定范围的子字符串,通过开始和结束索引位置指定范围。

语法格式:

字符串.slice(开始索引,结束索引)

开始索引表示子字符串开始的字符位置。如果是负数,则表示从字符串的尾部开始算起的位置,即-1 指字符串的最后一个字符,-2 指倒数第二个字符,以此类推。结束索引表示子字符串结束的字符位置。如果没有设置,则表示字符串最后的位置。如果是负数,则表示从字符串的尾部开始算起的位置,即-1 指字符串的最后一个字符,-2 指倒数第二个字符,以此类推。

返回的字符串包括从开始索引开始(包括开始索引)到结束索引(不包括结束索引)为止的所有字符。如果结束索引的值小于开始索引的值,则返回空串,注意如果是负数,则比较之前先加上字符串的长度。例子代码如下:

```
var uname = new String("admin管理员");   //实例化 String 对象,长度 8
var s1 = uname.slice(1);                //s1 内容是"dmin管理员"
var s2 = uname.slice(-1);               //-1 加 8 等于 7,s2 内容是"员"
var s3 = uname.slice(2,5);              //s3 内容是 min
var s4 = uname.slice(-3,-1);
            //负数加长度 8 后,开始索引 5,结束索引 7,s4 内容是"管理"
var s5 = uname.slice(-1,-3);
            //负数加长度 8 后,开始索引 7,结束索引 5,返回空串,s5 内容是""
```

(10) substring()

substring()方法从字符串中获取指定范围的子字符串,通过开始和结束索引位置指定范围。

语法格式:

字符串.substring(开始索引,结束索引)

开始索引表示子字符串开始的字符位置,如果是负数或 NaN,则为 0。结束索引表示子字符串结束的字符位置。如果没有设置,表示字符串最后的位置;如果是负数或 NaN,则为 0。

返回的字符串,包括从开始索引开始(包括开始索引)到结束索引(不包括结束索引)为止的所有字符。使用开始索引和结束索引两者中的较小值作为子字符串的起始点。例子代码如下:

```
var uname = new String("admin 管理员");    //实例化 String 对象
var s1 = uname.substring(1);               //s1 内容是"dmin 管理员"
var s2 = uname.substring(-1);              //负数设置为 0,s2 内容是"admin 管理员"
var s3 = uname.substring(2,5);             //s3 内容是 min
var s4 = uname.substring(3,1);             //索引小的为开始位置,1 到 3,s4 内容是 dm
var s5 = uname.substring(1,3);             //索引小的为开始位置,1 到 3,s5 内容是 dm
```

(11) substr()

substr()方法可在字符串中抽取从开始索引开始的指定数目的字符。

语法格式:

字符串.substr(开始索引,字符数目)

开始索引表示子字符串开始的字符位置,如果是负数,表示从字符串的尾部开始算起的位置,即-1 指字符串的最后一个字符,-2 指倒数第二个字符,以此类推。字符数目如果不设置表示,从开始索引一直到字符串结尾的所有字符。例子代码如下:

```
var uname = new String("admin 管理员");    //实例化 String 对象
var s1 = uname.substr(1);                  //s1 内容是"dmin 管理员"
var s2 = uname.substr(-1);                 //s2 内容是"员"
var s3 = uname.substr(2,5);                //s3 内容是"min 管理"
var s4 = uname.substr(3,1);                //s4 内容是 i
var s5 = uname.substr(1,3);                //s5 内容是 dmi
```

4. 正则式对象

正则式对象是对字符串执行模式匹配的强大工具,完成有关正则表达式的操作和功能,每一条正则表达式模式对应一个对象实例。

(1) 创建正则式对象

有两种方式可以创建正则式对象的实例。

显式构造语法格式为：

new RegExp("模式文本"[,"标志"])

隐式构造语法格式为：

/模式文本/[标志]

1) 模式文本

该参数是要使用的正则表达式模式文本，在隐式构造中，嵌套在两个"/"之间，不能使用引号。模式文本由普通字符、如表2-22所列的字符范围、如表2-23所列的元字符和如表2-24所列的限定词构成。

表 2-22 字符范围

表达式	说 明	表达式	说 明
[abc]	查找方括号之间的任何字符	[^abc]	查找任何不在方括号之间的字符
[0—9]	查找任何从 0~9 的数字	[a—z]	查找任何从小写 a~z 的字符
[A—Z]	查找任何从大写 A~Z 的字符	[A—z]	查找任何从大写 A 到小写 z 的字符
[adgk]	查找给定集合内的任何字符	[^adgk]	找给定集合外的任何字符
(op1|op2)	查找任何指定的选项	[op1|op2]	查找任何指定的选项

表 2-23 元字符

表达式	说 明	表达式	说 明
.	查找单个字符，除了换行和行结束符	\w	查找单词字符
\W	查找非单词字符	\d	查找数字
\D	查找非数字字符	\s	查找空白字符
\S	查找非空白字符	\b	匹配单词边界
\B	匹配非单词边	\0	查找 NUL 字符
\n	查找换行符	\f	查找换页符
\r	查找回车符	\t	查找制表符
\v	查找垂直制表符	\xxx	查找以八进制数 xxx 规定的字符
\xdd	查找以十六进制数 dd 规定的字符	\uxxxx	查找以十六进制数 xxxx 规定的 Unicode 字符

表 2-24 限定词

表达式	说明	表达式	说明
n+	匹配任何包含至少一个 n 的字符串	n*	匹配任何包含零个或多个 n 的字符串
n?	匹配任何包含零个或一个 n 的字符串	n{X}	匹配包含 X 个 n 的序列的字符串
n{X,Y}	匹配包含 X 或 Y 个 n 的序列的字符串	n{X,}	匹配包含至少 X 个 n 的序列的字符串
n$	匹配任何结尾为 n 的字符串	^n	匹配任何开头为 n 的字符串
?=n	匹配任何其后紧接指定字符串 n 的字符串	?!n	匹配任何其后没有紧接指定字符串 n 的字符串

2) 标　志

标志信息是可选项,可以是以下标志字符的组合。

g 是全局标志,对某个文本执行搜索和替换操作时,将对文本中所有匹配的部分起作用。否则仅搜索和替换最早匹配的内容。

i 是忽略大小写标志,进行匹配比较时,将忽略大小写。

m 是多行标志。如果不设置这个标志,那么元字符"^"只与整个被搜索字符串的开始位置相匹配,而元字符"$"只与被搜索字符串的结束位置相匹配。如果设置了这个标志,"^"可以与下一行的行首相匹配,而"$"可以与下一行的行尾相匹配。

(2) 正则式对象属性

正则式对象属性如表 2-25 所列。

表 2-25　正则式对象属性

属性	说明
global	是否具有标志 g
ignoreCase	是否具有标志 i
multiline	是否具有标志 m
source	正则表达式的源文本
lastIndex	标示开始下一次匹配的字符位置,只有当设置了 g 标志时才有效。应用在循环处理代码块中

(3) 正则式对象方法

正则式对象方法如表 2-26 所列。

表 2-26　正则式对象方法

方法	说明
test	检索字符串中指定的值。返回 true 或 false
exec	检索字符串中指定的值。返回找到的值,并确定其位置。返回 null 表示没有找到
compile	编译正则表达式,可以修改正则表达式

例子代码如下：

```
var r = new RegExp("[a-z]","g");         //创建一个正则式对象,允许搜索出所有的小写字母
var uname = new String("u 管理员 admin");  //实例化 String 对象
//lastIndex 属性值 0,匹配位置从 0 开始
var s1 = r.test(uname);                  //找到匹配字符 u,s1 内容是 true
//lastIndex 属性值为 1,上次匹配字符 u 的索引+1,匹配位置从 1 开始
var s2 = r.exec(uname);                  //s2 内容是 a
//lastIndex 属性值为 5,上次匹配字符 a 的索引+1,匹配位置从 5 开始
r.compile("/[A-Z]/g");                   //修改匹配模式为所有的大写字母
//lastIndex 属性值重置为 0,匹配位置从 0 开始
var s3 = r.test(uname);                  //s3 内容是 false
//lastIndex 属性值为 0,匹配位置从 0 开始
var s4 = r.exec(uname);                  //s4 内容是 null
//lastIndex 属性值为 0,匹配位置从 0 开始
```

(4) 字符串对象方法

字符串对象中支持正则表达式的有 search()、match()、replace()和 split()四个方法。

1) search()

search()方法用于字符串,检索与正则表达式相匹配的子字符串。

语法格式：

字符串.search(子字符串)

参数子字符串可以是一个正则表达式,也可以是一个常量字符串。即使正则表达式对象设置标志为 g,search()方法也不执行全局匹配,同时 lastIndex 属性值一直为 0。因此,search()总是返回第一个匹配的子字符串起始位置。如果没有找到任何匹配的子字符串,则返回-1。

例子代码如下：

```
var r = new RegExp("admin");             //创建一个正则式对象
var uname = new String("管理员 Admin");   //实例化 String 对象
var s1 = uname.search("管理员");          //s1 内容是 0
var s2 = uname.search(r);                //s2 内容是-1
var s3 = uname.search(/admin/i);         //不区分大小写,s3 内容是 3
```

search()方法与 lastIndex()方法类似,主要区别在于,search()方法只能从字符串第一个位置开始,还可以按正则表达式搜索匹配的子字符串。

2) match()

match()方法用于字符串,检索与正则表达式相匹配的子字符串,返回匹配结果的数组,而不是字符串的位置。

语法格式：

字符串.match(字符串常量|正则式对象)

参数是子字符串常量时，如果搜索到该子字符串，则返回一个数组对象，否则返回 null。返回的数组对象存放了匹配子字符串的相关信息，第一个元素是匹配的子字符串。另外还含有两个对象属性，index 属性是匹配子字符串的起始位置，input 属性是原字符串的引用。

参数是正则表达式对象时，如果没有标志 g，则 match()方法只执行一次匹配，没有匹配文本时返回 null，有匹配文本时，返回一个数组，数组的第一个元素存放的是匹配文本。另外还含有两个对象属性，index 属性是匹配文本的起始位置，input 属性是对原字符串的引用。

如果具有标志 g，则 match()方法将执行全局检索，找到所有匹配子字符串。若没有找到任何匹配的子串，则返回 null。如果找到了一个或多个匹配子串，则返回一个数组，数组元素中存放所有的匹配子串，而且也没有 index 属性或 input 属性。

例子代码如下：

```
var r = new RegExp("admin");              //创建一个正则式对象
var uname = new String("admin 管理员 Admin");  //实例化 String 对象
var s1 = uname.match("管理员");
        //s1 内容是"管理员",s1.input 内容是"admin 管理员 Admin",s1.index 是 5;
var s2 = uname.match(r);
        //s2 内容是 admin,s2.input 内容是"admin 管理员 Admin",s2.index 是 0;
var s3 = uname.match(/admin/gi);
                //s3 内容是 admin,Admin s3 的 input 和 index 都是 undefined
var s4 = uname.match("管理员 1");           //s4 内容是 null
```

3) replace()

replace()方法用一个子串替换指定字符串中的某子串(或匹配模式)，返回替换后的新字符串。

语法格式：

字符串.replace(字符串常量|正则式对象,替换字符串)

replace()方法执行的是查找并替换的操作。如果正则式对象具有全局标志 g，那么 replace()方法将替换所有匹配的子串；否则，只替换第一个匹配子串。例子代码如下：

```
var r = new RegExp("admin");              //创建一个正则式对象
var uname = new String("admin 管理员 admin");  //实例化 String 对象
var s1 = uname.replace("管理员","guest");   //s1 内容是  adminguestadmin
```

```
var s2 = uname.replace(r,"guest");              //s2 内容是"guest 管理员 admin"
var s3 = uname.replace(/admin/g,"guest");       //s3 内容是"guest 管理员 guest"
```

替换字符串可以是常量字符串,还可以包含如表 2-27 所列的特殊符号。例子代码如下:

```
var uname = new String("admin 管理员 admin");         //实例化 String 对象
var s1 = uname.replace("管理员","guest");              //s1 内容是 adminguestadmin
var s3 = uname.replace(/admin/g,"$'" + "$&" + "$'");
//s3 内容是"admin 管理员 admin 管理员 admin 管理员 admin"
```

替换字符串中的"$'"+"$&"+"$'"相当于原来的字符串,因此把符合匹配条件的子字符串替换成原来的字符串。

表 2-27　替换字符串中的特殊字符

字　符	说　明
$1、$2、…、$n	正则式对象标志设置为 g,表示第 1~n 个匹配的文本
$&	相匹配的子串
$`	位于匹配子串左侧的文本
$'	位于匹配子串右侧的文本
$$	转义为 $

另外,替换字符串还可以使用函数,对要替换的字符串进行格式化控制。例子代码如下:

```
var uname = new String("admin 管理员 admin");         //实例化 String 对象
var s3 = uname.replace(/admin/g,function(str){ return str.toUpperCase();});
                                                       //s3 内容是"ADMIN 管理员 ADMIN"
```

4) split()

split() 方法用于把一个字符串分割成字符串数组。

语法格式:

字符串.split(字符串常量|正则式对象,返回元素个数)

第一个参数是必需的,为字符串或正则表达式,从该参数指定的地方分割字符串;第二个参数是可选的,可指定返回数组的最大长度。如果没有设置,则整个字符串都会被分割,不考虑它的长度。

例子代码如下:

```
var r = new RegExp("\\$");                            //创建一个正则式对象
var uname = new String("admin$管理员$admin");          //实例化 String 对象
var s1 = uname.split(/\$/);                           //s1 内容是"admin,管理员,admin"
```

```
var s2 = uname.split("$",2);              //s2 内容是"admin,管理员"
var s3 = uname.split(r);                  //s3 内容是"admin,管理员,admin"
```

注意如果要在正则表达式中使用一些有特殊含义的字符时,需要转义。

5. 数组对象

(1) 创建数组对象

数组对象用于在单个变量中存储多个值,是一组元素的集合。数组的每个元素都有一个下标,即索引值,表示在数组中的位置,下标从 0 开始计数。

创建数组对象的语法格式:var 数组名＝new Array();

这样定义了一个空数组,以后可以添加数组元素:

数组名[下标]＝元素值;

创建数组对象时指定数组长度的语法格式:var 数组名＝new Array(长度);

这样定义了一个包含指定数目元素的数组,每个元素的值是 undefined,以后可以通过赋值修改。

创建数组对象时直接赋值的语法格式:var 数组名＝new Array(元素值1,元素值2,…,元素值 n);

这样定义了一个包含 n 个元素的数组,并且为每个元素设置了初始值。

最后一种可以通过赋值语句直接创建一个数组对象,语法格式:var 数组名＝[元素值1,元素值2,…,元素值 n];

同样定义了一个包含 n 个元素的数组,并且为每个元素设置了初始值。

例子代码如下:

```
var a1 = [12,23,"hello"];              //a1[0]为12,a1[1]为23,a1[2]为hello
var a2 = new Array(12,23,"hello");     //a2[0]为12,a2[1]为23,a2[2]为hello
var a3 = new Array();
a3[0] = "hello";
var a4 = new Array(3);
a4[0] = 12;
a4[1] = 23;
```

(2) length 属性

length 即数组的长度,JavaScript 的数组长度是动态调整的,可以通过赋值增加长度,也可以直接修改 length 属性。例如:var arr ＝ new Array(3);arr.length＝5;

数组 arr 初始长度是 3,然后被修改成了 5。没有赋值的数组元素都是 undefined。

(3) concat()

concat()方法连接两个或多个数组,有两种使用方式:

①连接具体数据语法格式:数组名.concat(数据1,数据2,…,数据 n);

例子代码:

```
var arr = new Array("a","b","c");
var s1 = arr.concat("A",10);            //s1 内容是"a,b,c,A,10"
```

② 连接数组的元素语法格式:数组名.concat(数组1,数组2,…,数组n);例子代码如下：

```
var arr = new Array("a","b","c");
var arr1 = new Array(true,12,false);
var arr2 = new Array("A","B");
var s1 = arr.concat(arr1,arr2);         //s1 内容是"a,b,c,true,12,false,A,B"
```

(4) join()

join()方法把数组中的元素放入一个字符串,参数代表的是对生成字符串的分割方式,不设置参数表示用逗号作分隔符。

语法格式:数组名.join([分隔符]);

例子代码如下：

```
var arr = new Array("a","b","c");
var s1 = arr.join();                    //无参数,缺省分隔符逗号 s1 内容是"a,b,c"
var s2 = arr.join("|");                 //s2 内容是 a|b|c
```

(5) pop()

pop()方法用于删除数组的最后一个元素,把数组长度减1,并且返回它删除的元素的值。如果数组已经为空,则 pop()不改变数组,并返回 undefined 值。

语法格式:数组名.pop();

例子代码如下：

```
var arr = new Array("a","b","c");
var s1 = arr.pop();                     //s1 内容是 c
var s2 = arr.pop();                     //s2 内容是 b
var s3 = arr.pop();                     //s3 内容是 a
var s4 = arr.pop();                     //s4 内容是 undefined
```

(6) push()

push()方法可向数组的末尾添加一个或多个元素,并返回新的长度。如果参数为空,则返回数组原长度,不会对数组做任何修改。

语法格式:数组名.push([数据1,数据2,…,数据n]);

例子代码如下：

```
var arr = new Array("a","b","c");
arr.push();
var s1 = arr.join();                    //s1 内容是"a,b,c"
arr.push("d");
var s2 = arr.join();                    //s2 内容是"a,b,c,d"
```

```
arr.push("A","B","C",6);
var s3 = arr.join();              //s3 内容是"a,b,c,d,A,B,C,6"
```

(7) shift()

shift()方法用于删除数组的第一个元素,把数组长度减1,并且返回删除的元素的值。如果数组已经为空,则 shift() 不改变数组,并返回 undefined 值。

语法格式:

数组名.shift();

例子代码如下:

```
var arr = new Array("a","b","c");
var s1 = arr.shift();             //s1 内容是 a
var s2 = arr.shift();             //s2 内容是 b
var s3 = arr.shift();             //s3 内容是 c
var s4 = arr.shift();             //s4 内容是 undefined
```

(8) unshift()

unshift()方法可向数组的开头添加一个或多个元素,并返回新的长度。如果参数为空,则返回数组原长度,不会对数组做任何修改。

语法格式:

数组名.unshift([数据1,数据2,...,数据n]);

例子代码如下:

```
var arr = new Array("a","b","c");
arr.unshift();
var s1 = arr.join();              //s1 内容是"a,b,c"
arr.unshift("d");
var s2 = arr.join();              //s2 内容是"d,a,b,c"
arr.unshift("A","B","C",6);
var s3 = arr.join();              //s3 内容是"A,B,C,6,d,a,b,c"
```

(9) slice()

slice()方法可从已有的数组中返回选定的元素。

语法格式:

数组名.slice(开始位置,[结束位置]);

开始位置是开始元素的下标。结束位置是结束元素的下标,如果不设置,则认为是到数组结尾。返回从开始位置(包括开始位置的元素)到结束位置(不包括结束位置的元素)的所有元素。

如果不设置任何参数,则直接返回整个数组。开始位置和结束位置如果为负数,表示从数据尾部开始,例如-1表示最后一个元素,-3表示倒数第三个元素。如果开始位置大于结束位置,则返回空数组,注意如果是负数,比较之前先加上数组的长度。

例子代码如下:

```
var arr = new Array("a","b","c","d","A","B");    //数组长度 6
var s1 = arr.slice();                            //s1 内容是"a,b,c,d,A,B"
var s2 = arr.slice(1);                           //s2 内容是"b,c,d,A,B"
var s3 = arr.slice(-1);                          //负数加6变成5,s3 内容是 B
var s4 = arr.slice(1,3);                         //s4 内容是"b,c"
var s5 = arr.slice(-3,-1);    //负数加6,开始位置3,结束位置5,s5 内容是"d,A"
```

(10) splice()

splice()用于删除元素并向数组中添加元素,返回删除的元素。

语法格式:

数组名.splice(开始位置,删除数量,[数据1,数据2,…,数据n]);

参数开始位置规定从何处添加和删除元素,该参数是开始插入和删除的数组元素的下标,必须是数字。参数删除数量规定应该删除多少元素,必须是数字,当设置为0时,则表示不删除任何元素,言外之意就是只添加。如果未规定此参数,则删除从开始位置到原数组结尾的所有元素。数据1~n规定要添加到数组的新元素,从开始位置所指的下标处开始插入,可以插入多个。

splice()和slice()的区别在于,splice()是对原数组进行处理,修改了原数组的值,而slice()不会修改原数组的值。

例子代码如下:

```
var arr = new Array("a","b","c");
var s1 = arr.splice(1,0,"A","B","c",12);
                //删除元素数目为0,不删除只添加,s1 是删除的元素,内容是""
var sa = arr.join();                 //数组内容是"a,A,B,c,12,b,c"
var s2 = arr.splice(1,3);
                //只删除不添加,从下标1开始删除3个元素,s2 内容是"A,B,c"
sa = arr.join();                     //删除后,数组内容是"a,12,b,c"
var s3 = arr.splice(1,3,"e","f");
                //替换,从下标1开始删除3个元素,然后添加"e,f"。s3 内容是"12,b,c"
sa = arr.join();                     //替换操作后,数组内容是 a,e,f
```

(11) sort()

sort()对数组的元素进行排序,参数为一个规定了排序规则的函数,如果不设置参数,则排序规则为字母顺序。sort()返回对原数组的引用,不会生成新的数组,而是在原数组的基础上进行修改。

语法格式：

数组名.sort([排序函数]);

例子代码如下：

```
function mysort(a,b){
    if(a<b){ return -1; } else if(a>b){ return 1; } else{ return 0; }
}
 var arr = new Array(100,222222,303,104,2000);
 var s1 = arr.sort();          //s1 内容    100,104,303,2000,222222
 var s2 = arr.join();          //s2 内容    100,104,2000,222222,303
 var s3 = arr.sort(mysort);//s3 内容    100,104,303,2000,222222,此时 s1 的值与 s3 相同
 var s4 = arr.join();          //s4 内容    100,104,303,2000,222222
```

从代码结果分析，s2 是数组按缺省排序（字母顺序）排序后的数组元素顺序；s4 是数组按排序函数 mysort 排序后的数组元素顺序，mysort 按数值从小到大顺序排列；s1 和 s3 都是数组排序后对数组的引用，因此这两个值相同，并且都和目前数组的元素顺序一致，即 s4 的值。

(12) reverse()

reverse()方法用于颠倒数组中元素的顺序。该方法会改变原来的数组，而不会创建新的数组。返回对原数组的引用。

语法格式：

数组名.reverse();

例子代码如下：

```
 var arr = new Array(100,222222,303,104,2000);
 var s1 = arr.reverse();       //s1 内容    2000,104,303,222222,100
 var s2 = arr.join();          //s2 内容    2000,104,303,222222,100
```

6. 日期对象

日期对象用于处理日期和时间。

创建日期对象的语法格式：

 var 日期名 = new Date();   //表示当前日期

日期对象常用方法如表 2-28 所列。

表 2 – 28　日期对象的常用方法

方法	说明	方法	说明
getDate()	返回一个月的某一天(1～31)	setDate()	设置一个月的某一天(1～31)
getDay()	返回一周中的某一天(0～6)	parse()	返回 1970—1—1 到指定日期的毫秒数
getMonth()	返回月份(0～11)	setMonth()	设置月份(0～11)
getFullYear()	返回四位数字年份	setFullYear()	设置四位数字年份
getHours()	返回小时(0～23)	setHours()	设置小时(0～23)
getMinutes()	返回分钟(0～59)	setMinutes()	设置分钟(0～59)
getSeconds()	返回秒数(0～59)	setSeconds()	设置秒数(0～59)
getMilliseconds()	返回毫秒(0～999)	setMilliseconds()	设置毫秒(0～999)
getTime()	返回 1970—1—1 至今的毫秒数	setTime()	设置 1970—1—1 至今的毫秒数
toUTCString()	按世界时转换为字符串	toLocaleString()	按本地时间格式,转换为字符串
toLocaleTimeString()	按本地时间格式,把 Date 的时间部分转换为字符串	toLocaleDateString()	按本地时间格式把 Date 的日期部分转换为字符串

7. 数学对象

JavaScript 的数学对象提供了丰富的科学计算功能。其属性和方法的使用与其他对象不同,不需要创建对象实例,直接使用 Math 进行调用即可。

语法格式:

Math.属性名;　　Math.方法名();

表 2 – 29、表 2 – 30 分别介绍了数学对象常用的属性和方法。

表 2 – 29　Math 常用属性

属　性	说　明
E	返回算术常量 e,即自然对数的底数(约等于 2.718)
LN2	返回 2 的自然对数(约等于 0.693)
LN10	返回 10 的自然对数(约等于 2.302)
LOG2E	返回以 2 为底的 e 的对数(约等于 1.414)
LOG10E	返回以 10 为底的 e 的对数(约等于 0.434)
PI	返回圆周率(约等于 3.141 59)
SQRT1_2	返回 2 的平方根的倒数(约等于 0.707)
SQRT2	返回 2 的平方根(约等于 1.414)

表 2 – 30   Math 常用方法

属　性	说　明
abs(x)	返回数的绝对值
acos(x)	返回数的反余弦值
asin(x)	返回数的反正弦值
atan(x)	以介于 −PI/2～PI/2 弧度的数值来返回 x 的反正切值
atan2(y,x)	返回从 x 轴到点 (x,y) 的角度(介于 −PI/2～PI/2 弧度)
ceil(x)	对数进行上舍入
cos(x)	返回数的余弦
exp(x)	返回 e 的指数
floor(x)	对数进行下舍入
log(x)	返回数的自然对数(底为 e)
max(x,y)	返回 x 和 y 中的最高值
min(x,y)	返回 x 和 y 中的最低值
pow(x,y)	返回 x 的 y 次幂
random()	返回 0～1 之间的随机数
round(x)	把数四舍五入为最接近的整数
sin(x)	返回数的正弦
sqrt(x)	返回数的平方根
tan(x)	返回角的正切

8. 全局对象

通过使用全局对象可以访问所有预定义的全局函数和属性。访问全局函数和属性时,不需要写全局对象。

（1）parseInt()

parseInt()函数可解析一个字符串,并返回一个整数。

语法格式：

parseInt(字符串,基数)

参数基数表示进制,有效值范围 2～36,如果省略该参数或其值为 0,则会根据字符串格式来判断数字的基数。例如以 0x 开头,解析为十六进制的整数。如果该参数小于 2 或者大于 36,则 parseInt()将返回 NaN。

例子代码如下：

```
var s1 = parseInt("123.3abc");      //s1 内容 123
var s2 = parseInt(" 123 ",8);       //s2 内容 1*64+2*8+3 = 83
var s3 = parseInt("0xb1",0);        //s3 内容 11*16+1 = 177
```

```
var s4 = parseInt("a123b");        //s4 内容 NaN
var s5 = parseInt("123",1);        //s5 内容是 NaN
```

parseInt()函数不是整体转换,而是去掉两侧空格后,从字符串头部开始解析,直到非法字符为止。因此,s1 为 123(整数中"."是非法字符),s2 是八进制的 123,转换成十进制显示为 83。字符串的第一个字符不能被转换为数字,那么 parseInt()会返回 NaN。当第二个参数非法时(0、2~36 为合法),直接返回 NaN,例如 s5。

(2) parseFloat()

parseFloat()函数可解析一个字符串,并返回一个浮点数。

语法格式:

parseFloat(字符串)

例子代码如下:

```
var s1 = parseFloat("123.3abc");   //s1 内容  123.3
var s2 = parseFloat(" 123 ");      //s2 内容  123
var s3 = parseFloat("0xb1");       //s3 内容  0
var s4 = parseFloat("a123b");      //s4 内容  NaN
```

parseFloat()函数不是整体转换,而是去掉两侧空格后,从字符串头部开始解析,直到非法字符为止。

(3) Number()

Number()函数把对象的值转换为数字。

语法格式:

Number(字符串或日期对象)

如果参数是 Date 对象,则 Number()返回从 1970 年 1 月 1 日至今的毫秒数。如果对象的值无法转换为数字,那么 Number()函数返回 NaN。

例子代码如下:

```
var s1 = Number("123.3abc");       //s1 内容   NaN
var s2 = Number(" 123 ");          //s2 内容   123
var s3 = Number("0xb1");           //s3 内容   177
var s4 = Number("a123b");          //s4 内容   NaN
```

Number()与 parseInt()、parseFloat()的不同之处在于,Number()是对字符串进行整体校验,转换成数字,如果无法转换就返回 NaN。

(4) isNaN()

isNaN()函数用于检查其参数是否是非数字值。

语法格式:

isNaN(变量)

isNaN()函数可用于判断其参数是否是NaN,该值表示不是数字。NaN与任何值(包括其自身)比较得到的结果均是false,所以要判断某个值是否是NaN,只能用isNaN()函数。isNaN()函数通常用于检测变量是否是数字,isNaN()返回false表示是数字,true则表示不是数字。

2.3.4 DOM

DOM是W3C推荐的访问HTML和XML文档的标准,是中立于平台和语言的接口,允许程序和脚本动态地访问和更新文档的内容、结构和样式。

DOM是一种用于HTML和XML文档的编程接口,分为3部分:①核心DOM针对任何结构化文档的标准模型;②XMLDOM针对XML文档的标准模型;③HTML DOM针对HTML文档的标准模型。

本节主要介绍HTML DOM,定义了所有HTML元素的对象和属性,以及访问它们的方法,通过HTML DOM是可以获取、修改、添加或删除HTML元素的。

在HTML DOM中,HTML文档中的所有内容都是节点:整个文档是一个文档节点,每个HTML元素是元素节点,HTML元素内的文本是文本节点,每个HTML属性是属性节点,注释是注释节点。所有节点一起构成了一颗节点树,节点之间有双亲(parent)、孩子(child)和兄弟(sibling)三种关系。

1. 获取HTML元素

操作HTML元素前,必须要获取HTML元素,获取的方法有三种。

(1) getElementById()

getElementById()方法根据HTML元素的id属性获取HTML元素,返回单值。如果有多个HTML元素有相同的id属性,则返回第一个符合条件的HTML元素。

语法格式:

```
document.getElementById(id属性值);
```

例子代码:

```
var obj = document.getElementById("msgid");    //获取id属性为msgid的HTML元素
```

(2) getElementsByTagName()

getElementsByTagName()返回带有指定标签名的所有元素,返回多值。调用对象可以是document,也可以是某个HTML元素对象。如果是某个HTML元素对象,则搜索范围限定在这个元素的后代元素。

语法格式:

```
document或元素对象实例.getElementsByTagName(标签名字);
```

例子代码如下:

```
//获取所有 a 元素,obj[0]表示第一个 a 元素
var obj = document.getElementsByTagName("a");
//获取 id 属性为 msgid 的元素内的所有 a 元素,这种用法限制了搜索范围
var obj = document.getElementById("msgid").getElementsByTagName("a");
```

(3) getElementsByClassName()

getElementsByClassName()返回带有指定 CSS 类名的所有元素,返回多值。调用对象可以是 document,也可以是某个 HTML 元素对象。如果是某个 HTML 元素对象,则搜索范围限定在这个元素的后代元素。

语法格式:

document 或元素对象实例.getElementsByClassName(CSS 类名);

例子代码如下:

```
//获取所有 CSS 类名为 cls 的元素,obj[0]表示第一个元素
var obj = document.getElementsByClassName("cls");
//获取 id 属性为 msgid 的元素内的所有 CSS 类名为 cls 元素,这种用法限制了搜索范围
var obj = document.getElementById("msgid").getElementsByClassName("cls");
```

2. 修改 HTML 元素

(1) 修改 HTML 元素内容

使用 innerHTML 属性可以获取元素内容,常用来获取或替换 HTML 元素的内容。使用如表 2-31 所列的节点常用属性,可以获取 HTML 元素的文本节点,文本节点的值就是 HTML 元素的内容。

表 2-31 节点常用属性

属性	说明
nodeName	只读属性,规定节点的名称。元素节点名称为标签名,属性节点的名称为属性名,文本节点的名称始终是 #text,文档节点的名称始终是 #document
nodeValue	规定节点的值。元素节点的值是 undefined 或 null,文本节点的值是文本本身,属性节点的值是属性值
nodeType	只读属性,返回节点的类型。1 为元素节点,2 为属性节点,3 为文本节点,8 为注释节点,9 为文档节点
parentNode	以 Node 形式返回当前节点的父节点,如果没有这样的节点,则返回 null
childNodes	以 Node[]的形式存放当前节点的子节点,如果没有子节点,则返回空数组
firstChild	表示第一个节点,没有返回 null。注意属性和文本节点都算元素的子节点
nextSibling	以 Node 形式返回当前节点的下一个兄弟节点,如果没有这样的节点,则返回 null
lastChild	表示最后一个节点,没有返回 null。注意属性和文本节点都算元素的子节点

例子代码如下:

```
<p id = "msgid">欢迎信息</p>
<script>
    var msg1 = document.getElementById("msgid").innerHTML;        //方法1  欢迎信息
    var msg2 = document.getElementById("msgid").firstChild.nodeValue;
                                                                  //方法2  欢迎信息
</script>
```

方法1通过innerHTML属性获取元素内容，msg1为"欢迎信息"。方法2复杂一些，首先通过firstChild属性获取文本节点，然后通过nodeValue属性获取文本内容，msg2为"欢迎信息"。

为段落内的文本加上加粗标记，修改为：

```
<p id = "msgid"><b>欢迎信息</b></p>
```

msg1内容为"欢迎信息"。msg2内容为null，因为firstChild属性获取的不是文本节点，而是HTML加粗元素，而HTML元素的nodeValue属性值为null。原来的文本节点变成了加粗元素的第一个节点，需要修改方法2的代码如下：

```
var msg2 = document.getElementById("msgid").firstChild.firstChild.nodeValue;
```

（2）修改HTML元素属性

修改HTML元素属性的语法格式：

HTML元素对象实例.属性名=新属性值；

属性名与HTML元素相关。例子代码如下：

```
<img id = "img1" src = "red.gif">
<script>
document.getElementById("img1").src = "green.gif";    //修改图片元素的src属性
</script>
```

（3）修改CSS样式

HTML DOM允许JavaScript改变HTML元素的样式，HTML元素的style属性里设置了CSS样式。

改变HTML元素CSS样式的语法格式：

HTML元素对象实例.style.属性名=新属性值；

例子代码如下：

```
<p id = "msgid">欢迎信息</p>
<script>document.getElementById("msgid").style.color = "red";</script>
```

3. 管理HTML元素

（1）创建元素

创建元素首先需要新建节点,然后把节点加入到节点树中。有两种节点类型:元素节点和文本节点,分别由不同的方法创建。

创建元素节点的语法格式:

```
document.createElement(标签名);
```

创建文本节点的语法格式:

```
document.createTextNode(文本内容);
```

添加节点的语法格式:

```
父节点.appendChild(新建节点);
```

例子代码如下:

```
<ol id="olid"> <li>列表项一</li></ol>
<script>
  var liobj = document.createElement("li");          //创建一个 li 元素节点
  var litxt = document.createTextNode("动态项");      //创建一个文本节点
  liobj.appendChild(litxt);                          //设置文本节点为 li 元素节点的子节点
//设置 li 元素节点为 id 值为 olid 的 ol 元素节点的子节点
document.getElementById("olid").appendChild(liobj);
</script>
```

(2) 删除元素

如需删除 HTML 元素,首先要获得该元素的父元素,然后调用方法删除子元素。

语法格式:

```
父节点.removeChild(要删除的节点);
```

例子代码如下:

```
<ol id="olid"> <li id="L1">列表项一</li> <li id="L2">列表项二</li> <li id="L3">列表项三</li></ol>
<script>
var parent = document.getElementById("olid");
var child = document.getElementById("L1");
parent.removeChild(child);
</script>
```

大多数情况下,我们只知道要删除的元素,因此有一种更简便的写法,通过元素的 parentNode 属性获取父元素节点,然后调用 removeChild() 方法删除该元素节点。

例子代码如下:

```
var child = document.getElementById("L1");
```

```
child.parentNode.removeChild(child);
```

4. 事 件

HTML DOM 使 JavaScript 有能力对 HTML 事件做出反应。所谓事件指鼠标或键盘的动作,而对某个事件进行处理的 JavaScript 函数,称为事件处理函数。

事件处理的基本流程:用户操作浏览器或网页触发事件,如果有相应的事件处理函数,则执行对应的 JavaScript 语句。发送事件的对象一般是 DOM 中的 HTML 元素对象实例,事件处理函数包含了一组 JavaScript 语句,通过事件驱动机制可以把 HTML 元素与 JavaScript 代码有效地联系在一起。

(1) 绑定事件处理程序

不同的对象支持不同的事件,响应某个对象的事件,必须建立对象的事件句柄与事件处理函数之间的联系。传统绑定事件处理函数有两种方式。

1) JavaScript 中绑定

在 JavaScript 中绑定事件处理函数,则需要首先获得要发出事件的对象实例,然后将事件处理函数赋值给对应的事件句柄属性。例子代码如下:

```
var obj = document.getElementById("msgid");
obj.onclick = function(){
    alert("点击了信息段落!");
};
```

事件句柄属性名称必须小写,另外要获取的 HTML 元素,必须已经完全装载,否则会出现异常。

2) HTML 中绑定

直接把事件处理函数赋值给 HTML 元素的事件句柄属性。例子代码如下:

```
<p id = "msgid" onClick = "alert('点击了信息段落!')">段落</p>
```

这两种绑定事件处理程序的方式兼容性比较好,所有主流的浏览器都支持。二者比较,推荐使用第一种方式,因为第二种方式违背了将实现动态行为的代码与显示文档静态内容的代码相分离的原则,现在已经过时了。

(2) 事件列表

表 2-32 列出了常用的事件。

表 2-32 常用事件列表

事 件	说 明
onclick	单击时触发此事件
ondblclick	双击时触发此事件
onmousedown	按下鼠标时触发此事件
onmouseup	鼠标按下后松开鼠标时触发此事件

续表 2-33

事件	说明
onmouseover	当鼠标移动到某对象范围的上方时触发此事件
onmousemove	鼠标移动时触发此事件
onmouseout	当鼠标离开某对象范围时触发此事件
onkeypress	当键盘上的某个键被按下并且释放时触发此事件.
onkeydown	当键盘上某个按键被按下时触发此事件
onkeyup	当键盘上某个按键被放开时触发此事件
onabort	图片在下载时被用户中断
onbeforeunload	当前页面的内容将被改变时触发此事件
onerror	出现错误时触发此事件
onload	页面内容完成时触发此事件
onmove	浏览器的窗口被移动时触发此事件
onresize	当浏览器的窗口大小被改变时触发此事件
onscroll	浏览器的滚动条位置发生变化时触发此事件
onstop	浏览器的停止按钮被按下时触发此事件,或者正在下载的文件被中断
onunload	当前页面将被改变时触发此事件
onblur	当前元素失去焦点时触发此事件
onchange	当前元素失去焦点,并且元素的内容发生改变时触发此事件
onfocus	当某个元素获得焦点时触发此事件
onreset	当表单中 reset 的属性被激发时触发此事件
onsubmit	一个表单被提交时触发此事件

（3）事件对象

事件对象代表事件的状态,例如事件触发时的 HTML 元素、键盘按键的状态、鼠标的位置、鼠标按钮的状态等。事件对象通常在事件处理函数里使用。表 2-33 列出了事件对象的常用属性。

表 2-33 事件对象常用属性

属性	说明
altKey	返回当事件被触发时,ALT 是否被按下
button	返回当事件被触发时,哪个鼠标按钮被点击:0 左键,1 右键,2 中间键
clientX	返回当事件被触发时,鼠标指针在窗口客户区域中的水平坐标
clientY	返回当事件被触发时,鼠标指针在窗口客户区域中的垂直坐标
ctrlKey	返回当事件被触发时,CTRL 键是否被按下
metaKey	返回当事件被触发时,meta 键是否被按下

续表 2-33

属 性	说 明
relatedTarget	返回与事件的目标节点相关的节点
screenX	返回当某个事件被触发时,鼠标指针相对用户屏幕的水平坐标
screenY	返回当某个事件被触发时,鼠标指针相对用户屏幕的垂直坐标
shiftKey	返回当事件被触发时,SHIFT 键是否被按下
target	返回触发此事件的元素(事件的目标节点)

2.3.5 BOM

BOM 是 JavaScript 与浏览器交互的接口,主要包括窗口(window)、浏览器(navigator)、网址(location)、历史记录(history)、屏幕(screen)五种重要的对象,另外还有一个与 HTML DOM 进行联系的文档对象(document)。虽然 BOM 还没有统一的标准,但是主流浏览器都支持这些对象。

1. 窗口对象

窗口对象表示浏览器中打开的窗口。所有浏览器都支持窗口对象。所有 JavaScript 全局对象、函数以及变量均自动成为窗口对象的成员。BOM 的其他对象也是窗口对象的属性,调用窗口对象的属性、方法等,不需要写对象名 window。

当 HTML 文档中包含框架元素时,每个框架都是一个窗口对象,同时整个 HTML 文档也是一个窗口对象,通过该窗口对象的属性 frames[](窗口对象的数组)可以获得每个框架的窗口对象。窗口对象的常用属性如表 2-34 所列。

表 2-34 窗口对象常用属性

属 性	说 明	属 性	说 明
navigator	引用浏览器对象	opener	返回对创建此窗口的窗口的引用
document	引用文档对象	parent	返回父窗口
location	引用窗口或框架的网址对象	top	返回最顶层的窗口
history	引用历史记录对象	window	返回对当前窗口的引用
screen	引用屏幕对象	self	等价于 window 属性
name	设置或返回窗口的名称	status	设置窗口状态栏的文本
length	设置或返回窗口中的框架数量	defaultStatus	设置或返回窗口状态栏中的默认文本
closed	返回窗口是否已被关闭	—	—

窗口对象常用方法如表 2-35 所列。

Java Web 编程技术

表 2-35 窗口对象常用方法

方法	说明
alert()	显示带有一段消息和一个确认按钮的警告框
prompt()	显示可提示用户输入的对话框
confirm()	显示带有一段消息以及"确认"按钮和"取消"按钮的对话框
open()	打开一个新的浏览器窗口或查找一个已命名的窗口
close()	关闭浏览器窗口
print()	打印当前窗口的内容
moveBy()	可相对窗口的当前坐标把它移动指定的像素
moveTo()	把窗口的左上角移动到一个指定的坐标
resizeBy()	按照指定的像素调整窗口的大小
resizeTo()	把窗口的大小调整到指定的宽度和高度
scrollBy()	按照指定的像素值来滚动内容
scrollTo()	把内容滚动到指定的坐标
setInterval()	按照指定的周期(以毫秒计)来调用函数
clearInterval()	取消由 setInterval() 设置的定时对象
setTimeout()	在指定的毫秒数后调用函数
clearTimeout()	取消由 setTimeout() 方法设置的定时对象

例 2-6 演示打开新窗口以及两种定时方法的区别。

文件 2-6.html 部分代码如下:

```
<script>
    function openWin() {
        open("2-6/time.html", "_blank", "left = 300,top = 300,toolbar = no, location = no,"
            + "directories = no, status = no, menubar = no, scrollbars = no,"
            + "resizable = no, copyhistory = no, width = 200, height = 150");
    }
    window.onload = function() { document.getElementById("btnOpen").onclick = openWin; }
</script>
...
<button id = "btnOpen">打开新窗口</button>
```

文件 time.html 部分代码如下:

```
<script language = "JavaScript">
    function getTime() {
        var now = new Date();
```

```
            var hour = now.getHours();
            var min = now.getMinutes();
            var sec = now.getSeconds();
            var timeStr = " " + hour;
            timeStr + = ((min < 10) ? ":0" : ":") + min + ((sec < 10) ? ":0" : ":") +
sec + (hour > = 12) ? "下午" : "上午";
            return timeStr;
        }
        function onTime1() {document.getElementById("s1").innerHTML = getTime(); }
        function onTime2() {document.getElementById("s2").innerHTML = getTime();set-
Timeout(onTime2, 1000);}
        window.onload = function() {setInterval(onTime1, 1000); onTime2();  }
    </script>
```

访问文件 2-6.html 首先显示如图 2-12 所示的页面,单击"打开新窗口",弹出一个无菜单条、工具条等修饰部件的新窗口,如图 2-13 所示。

图 2-12　窗口对象方法

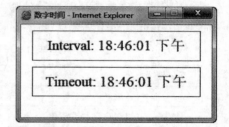

图 2-13　数字时间

例 2-6 涉及窗口对象的打开方法和两种定时方法,下面对这三个方法分别进行介绍。

open 方法的语法格式:

window.open(HTML 文档 URL,窗口名称,窗口特征,替换标志)

参数说明:HTML 文档 URL 如果不设置,则新窗口不显示内容;窗口名称指新窗口名字,可不设置;窗口特征是如表 2-36 所列属性的组合;替换标志如果为 true,则替换浏览历史中的当前记录。

表 2-36　窗口特征

属　性	说　明	属　性	说　明
left=pixels	窗口的 x 坐标	top=pixels	窗口的 y 坐标
width=pixels	窗口的文档显示区的宽度	height=pixels	窗口文档显示区的高度
location=yes|no|1|0	显示地址栏,默认是 yes	menubar=yes|no|1|0	显示菜单栏,默认是 yes

续表 2-36

属 性	说 明	属 性	说 明
toolbar=yes|no|1|0	显示工具栏，默认是 yes	titlebar=yes|no|1|0	显示标题栏，默认是 yes
status=yes|no|1|0	显示状态栏，默认是 yes	scrollbars=yes|no|1|0	显示滚动条，默认是 yes
resizable=yes|no|1|0	可调节窗口大小，默认是 yes	channelmode=yes|no|1|0	剧院模式，默认为 no
fullscreen=yes|no|1|0	全屏模式，默认是 no。如果是 yes，则同时处于剧院模式	directories=yes|no|1|0	目录按钮，默认为 yes

setInterval()方法设置多长周期调用一次函数，这个方法只需要执行一次，就可以周期调用指定的函数；而 setTimeout()方法是设置多长时间后调用指定函数，只调用一次，所以要达到周期调用的目的，需要在函数内部重新调用 setTimeout()方法。

2. 浏览器对象

浏览器对象包含了浏览器的相关信息，例如浏览名称、版本以及所在操作系统名称等，用 navigator 调用。浏览器对象的常用属性如表 2-37 所列。

表 2-37 浏览器对象常用属性

属 性	说 明	属 性	说 明
appName	浏览器的名称	appVersion	浏览器的平台和版本信息
appCodeName	浏览器的代码名	appMinorVersion	浏览器的次级版本
browserLanguage	当前浏览器的语言	cookieEnabled	是否启用 cookie
platform	运行浏览器的操作系统平台	systemLanguage	OS 使用的默认语言
userAgent	HTTP 请求中 user-agent 头部的值	userLanguage	OS 的自然语言设置

3. 网址对象

网址对象保存了当前的 URL 信息，并且可以通过修改属性达到访问新资源的目的。网址对象的属性和方法通过 location 访问。常用方法有三种：①assign()，加载新的文档；②reload()，重新加载当前文档；③replace()，用新的文档替换当前文档。网址对象的常用属性如表 2-38 所列。

表 2-38 网址对象常用属性

属 性	说 明	属 性	说 明
hash	设置或返回从"#"开始的 URL（锚点）	host	设置或返回主机名和当前 URL 的端口号
hostname	设置或返回当前 URL 的主机名	href	设置或返回完整的 URL
pathname	设置或返回当前 URL 的路径部分	port	设置或返回当前 URL 的端口号
protocol	设置或返回当前 URL 的协议	search	设置或返回从"?"开始的 URL

4. 历史记录对象

历史记录对象包含用户在浏览器窗口中访问过的 URL,通过 history 访问方法和属性。历史记录对象有一个属性 length,记录了览器历史列表中的 URL 数量。

历史记录对象有三种方法:back(),加载历史列表中的前一个 URL;forward(),加载历史列表中的下一个 URL;go(),加载历史列表中的某个具体页面,go()的参数输入负数表示加载前面的 URL。

例子代码如下:

```
history.back();          //与 history.go(-1)等价,与浏览器的"后退"按钮功能相同
history.go(-2);          //与点击两次"后退"按钮功能相同
```

5. 屏幕对象

屏幕对象中存放着客户端屏幕的相关信息,通过 screen 访问。JavaScript 程序可以利用这些信息对显示页面进行优化,来满足用户的要求。屏幕对象的常用属性如表 2-39 所列。

表 2-39　屏幕对象常用属性

属性	说明	属性	说明
width	返回显示屏幕的宽度	deviceXDPI	返回显示屏幕每英寸的水平点数
height	返回显示屏幕的高度	deviceYDPI	返回显示屏幕每英寸的垂直点数
avail-Height	返回显示屏幕的高度(Windows 任务栏除外)	colorDepth	返回当前颜色设置所用的位数,真彩色为 24/32
availWidth	返回显示屏幕的宽度(Windows 任务栏除外)	fontSmoothingEnabled	返回用户是否在显示控制面板中启用了字体平滑

例 2-7　完成一个用户注册页面,使用 CSS 文件进行排版,JavaScript 文件进行输入数据验证。

文件 2-7.html 代码如下:

```
<!doctype html>
<html>
    <head>
        <meta http-equiv="Content-Type" content="text/html; charset=UTF-8" />
        <title>用户注册</title>
        <link type="text/css" href="2-7/reguser.css" rel="stylesheet" />
        <script type="text/javascript" src="2-7/reguser.js"></script>
    </head>
    <body>
        <form id="myfrm" action="3-10.jsp">
```

```html
<fieldset id="fbase">
    <legend>基本信息</legend>
    <span>姓名:<input id="uname" name="uname" type="text"/></span>
    <span>密码:<input id="upwd" name="upwd" type="password"/></span>
    <span>确认密码:<input id="reupwd" name="reupwd" type="password"/></span>
</fieldset>
<fieldset id="fcontact">
    <legend>联系信息</legend>
    <span>手机号码:<input id="uphone" name="uphone" type="text"/></span>
    <span>电子邮件:<input id="umail" name="umail" type="text"/></span>
</fieldset>
<fieldset id="fhobby">
    <legend>业务爱好</legend>
    <select id="hobby" name="hobby" size="1">
        <option selected="selected">请选择</option>
        <optgroup label="体育">
            <option>篮球</option>
            <option>足球</option>
        </optgroup>
        <option>文学</option>
        <option>上网</option>
    </select>
</fieldset>
<fieldset id="fadvert">
    <legend>允许推送的新闻邮件</legend>
    <span>
        <input type="checkbox" id="local" name="advert" value="0"/><label for="local">本地新闻</label>
    </span>
    <span>
        <input type="checkbox" id="sport" name="advert" value="1"/><label for="sport">体育新闻</label>
```

```
                </span>
                <span>
                    <input type = "checkbox" id = "it" name = "advert" value = "2"/>
<label for = "it">IT新闻</label>
                </span>
                <span>
                    <input type = "checkbox" id = "entertainment" name = "advert" value = "3"/>
                    <label for = "entertainment">娱乐新闻</label>
                </span>
            </fieldset>
            <fieldset id = "fop">
                <legend>操作面板</legend>
                <input type = "submit" value = "注册"/>
                <input type = "reset" value = "重置"/>
            </fieldset>
        </form>
    </body>
</html>
```

HTML文件的主要作用是规划页面结构,为每个有管理必要的HTML元素设置id属性,为表单中的每个元素设置name属性。在HTML中通过以下代码引入外部CSS文件和JavaScript文件。

```
<link type = "text/css" href = "2 - 7/reguser.css" rel = "stylesheet"/>
<script type = "text/javascript" src = "2 - 7/reguser.js"></script>
```

CSS文件reguser.css中的代码主要是通过ID选择器对HTML元素的显示格式做设置,代码如下:

```
* {  font - size: 12px;}
body {  background: #eee;}
#myfrm { width: 400px; margin: 85px auto; background: #fff;  padding: 10px;
    border - top: 1px solid #c0d9d9; border - left: 1px solid #c0d9d9;
    border - right: 1px solid #defbf4; border - bottom: 1px solid #defbf4;
}
#fbase {   width: 90%;}
span{   display: block; float: left;   clear: left; width: 100%;   margin: 5px 0px;}
#fbase span {   text - align: right;}
#fbase input {   width: 70%;    height: 24px;}
```

```css
#fcontact {       width:90%;       text-align:right;}
#fcontact input { width:70%;       height:24px;}
#fadvert {        width:90%;       text-align:right;}
#fadvert span {   width:30%;       clear:none;}
#fhobby {         width:90%;       text-align:right;}
#fhobby select {  width:260px;     height:30px;}
#fop {            width:90%;       text-align:center;}
legend {          font-weight:bolder;}
```

文件reguser.js代码如下：

```javascript
function mySubmit() {
    var uname = document.getElementById("uname").value;
    var upwd = document.getElementById("upwd").value;
    var reupwd = document.getElementById("reupwd").value;
    var uphone = document.getElementById("uphone").value;
    var umail = document.getElementById("umail").value;
    if (uname === "") {
        alert("用户名必须填写!");
        return false;
    }
    if (upwd === "" || reupwd === "") {
        alert("用户密码必须填写!");
        return false;
    } else if (upwd !== reupwd) {
        alert("两次输出的密码必须相同!");
        return false;
    }
    if (uphone === "") {
        alert("手机号码必须填写!");
        return false;
    } else if (! /0?(13|14|15|17|18)[0-9]{9}/.test(uphone)) {
        alert("手机号码格式不合法!");
        return false;
    }
    if (umail === "") {
        alert("电子邮件必须填写!");
        return false;
```

```
} else if (! /\w+((-w+)|(\.\w+))*\@[\w]+((\.|-)[\w]+)*\.[\w]+/.
test(umail)) {
        alert("电子邮件格式不合法!");
        return false;
    }
    return true;
}
window.onload = function() {
    document.getElementById("myfrm").onsubmit = mySubmit;
};
```

在JavaScript文件中主要对用户输入的信息做格式上的校验。需要注意的是，访问单个元素通过ID属性获取，访问多个元素可以通过name属性获取，格式验证可以使用正则表达式，事件句柄的绑定可以直接写在JavaScript文件中。

用户注册页面如图2-14所示，如果用户输入数据不合法，则点击"注册"时会弹出如图2-15所示对话框，同时表单提交动作停止。

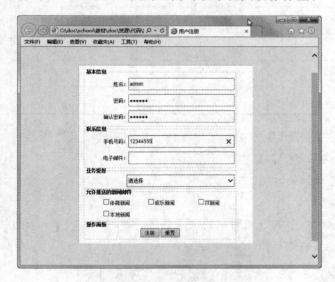

图2-14 用户注册页面　　　　　图2-15 错误提示信息框

JavaScript的前端验证关键就在于表单的提交事件，注意这个事件是属于表单元素的，事件句柄是onsubmit。当提交表单时会触发这个事件，提交表单有两种方法：①单击"提交"按钮；②获取表单DOM对象后，调用submit()方法。

这个事件的处理函数会返回一个布尔值，返回true则提交过程继续，返回false则提交过程停止。所以，JavaScript对用户输入数据格式的验证代码写在这个函数中，当发现有非法格式时，直接返回false，停止提交过程。

另外，为了增强用户的体验，可以在需要验证的 HTML 元素的失去焦点事件或内容改变事件中增加验证代码，这样用户每输入一个值，都可以知道是否正确。提示方法也可以不使用 alert()方法，可以自己设置一个提示信息的区域，然后通过修改 HTML 元素的 innerHTML 属性来动态修改提示信息。

不管采用什么方法，最后一定要在表单的提交事件里做验证，这是表单提交的最后一关。

2.4 习　题

1. 超链接的属性 target 可以设置为哪些值？都是什么含义？
2. 表单提交方法有哪两种？各有什么优缺点？
3. 利用表格标签实现一个如下所示的表格。

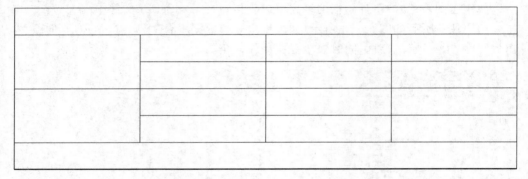

4. HTML 文件中引入 CSS 有哪几种方法？其中哪种方法不需要定义选择器？
5. 说明类别选择器和 ID 选择器的区别。
6. 说明后代选择器和子选择器的区别。
7. 说明几种定位类型的区别。
8. 使用 div 元素和 CSS 设计一个如下图所示的页面版式，上下层高 20 px，中间层高 100 px，左侧层占 29% 宽度，右侧层占 70% 宽度。

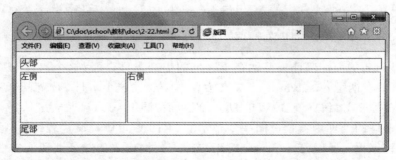

9. 说明 JavaScript 与 Java 的区别。

10. 使用 JavaScript 自定义一个学生对象，包括姓名、性别、年龄、专业四个属性和一个显示学生基本信息的方法。

11. 列出获取 HTML 元素对象的几种方法。

12. 在 JavaScript 中如何实现定时功能？

13. 设计一个信息显示区域和一个按钮，默认时显示该区域，按钮文本是"隐藏"，点击按钮，隐藏区域，并修改按钮文本为"显示"，两种状态可来回切换。

14. 用不使用正则式对象，只使用字符串对象的方法，验证电子邮件格式的有效性。

15. 实现一个对用户输入数据验证的页面，要求用户每输入一个数据，都对该数据的有效性进行检查，并把检查结果显示在页面的某个区域。

第 3 章　JSP 技术

从本章开始介绍 Java Web 服务器端技术，本章主要介绍 JSP 基础知识、脚本元素(Scripting Elements)、指令元素(Directive Elements)、动作元素(Action Elements)以及 JSP 的各种隐含对象(Implicit Objects)。

3.1　JSP 基础知识

在 JSP 技术出现之前，Servlet 是 Java 在 Web 服务器端的解决方案。事实上，JSP 最终也是转译成对应的 Servlet 运行。因此，了解 Servlet 的运行机制对学好 JSP 技术是很有帮助的。

3.1.1　什么是 Servlet

Servlet 是 Sun 公司于 1997 年推出的以 Java 技术为基础的服务器端应用程序组件。Servlet 不只限定在 Web 服务器端，其实开发人员可以通过自定义 Servlet 运行在任何支持 Java 的服务器，例如 FTP 服务器、邮件服务器或其他自定义的服务器等。

在 Web 服务器端技术中，Servlet 可以取代 CGI 程序，相比较而言，Servlet 具有以下优点：①良好的可移植性。Servlet 是以 Java 技术为基础的，因此可以运行在任何支持 Java 虚拟机的平台上。②良好的执行效率，Servlet 是以线程方式启动运行的，因此执行效率比 CGI 程序好。③强大的后台支持。Servlet 能够得到 Java 技术完整体系结构的支持，可以得到遍布各个领域的 Java 类库的支持。

1. 第一个 Servlet

第一个 Servlet 使用 NetBeans 编写，NetBeans 是一个集成开发工具，方便开发人员编辑、调试、运行和部署 Java Web 应用程序，使用 NetBeans 可以大大提高 Servlet 的开发效率。

首先，新建 Java Web 应用程序项目 project3-1，然后新建一个 Servlet，文件 InitServlet.java 代码如下：

```
package cn.edu.sau.web.ch3;
import java.io.*;
import javax.servlet.ServletException;
import javax.servlet.http.*;
public class InitServlet extends HttpServlet{
```

```java
    protected void processRequest(HttpServletRequest request, HttpServletResponse response)
            throws ServletException, IOException {
        response.setContentType("text/html;charset=UTF-8");
        try (PrintWriter out = response.getWriter()) {
            out.println("<!DOCTYPE html>");
            out.println("<html>");
            out.println("<head>");
            out.println("<title>Servlet InitServlet</title>");
            out.println("</head>");
            out.println("<body>");
            out.println("<h1>Servlet 名称为 InitServlet,Web 应用程序访问前缀:" + request.getContextPath() + "</h1>");
            out.println("</body>");
            out.println("</html>");
        }
    }

    @Override
    protected void doGet(HttpServletRequest request, HttpServletResponse response)
            throws ServletException, IOException {
        processRequest(request, response);
    }

    @Override
    protected void doPost(HttpServletRequest request, HttpServletResponse response)
            throws ServletException, IOException {
        processRequest(request, response);
    }
}
```

Servlet 其实就是一个特殊的 Java 类,特殊之处在于,Servlet 是 HttpServlet 的子类。代码第一行是 Servlet 这个类所在的 Java 包,每个 Java 类必须指定一个 Java 包。接着几行是导入语句,因为 Servlet 必须是 HttpServlet 的子类,所以要把 HttpServlet 相关的类导入。

Servlet 重新定义了 doGet() 和 doPost() 方法,同时在这两个方法里都调用了 processRequest() 方法。这样不管浏览器是以 GET 方法还是以 POST 方法发送请求时,都会调用这个方法,方法有两个参数:HttpServletRequest request 和 HttpServletResponse response。

服务器接收浏览器发送 HTTP 请求后,会解析协议包,同时创建 HttpServletRequest 类的实例 request 和 HttpServletResponse 类的实例 response,然后使用 HTTP 请求中的信息初始化 request,接着在调用 doGet 或 doPost 方法时,把 request 和 response 作为参数传入。在 processRequest()方法中,可以通过 request 的各种方法获取从浏览器传递的各种信息。而 response 代表的是对浏览器的响应,可以通过下面的语句设置返回的资源类型是 HTML 文档,并且编码方式是 UTF-8。

```
response.setContentType("text/html;charset=UTF-8");
```

接着,使用 getWriter()方法获取代表 HTTP 响应的输出流对象 PrintWriter out,最后调用 out 的方法 println()向浏览器输出响应的 HTML 文档。

InitServlet.java 需要编译后运行,编译后的 InitServlet.class 文件位于 Web 应用程序的 WEB-INF 目录内,具体的路径如下:

＜NetBeans 工作目录＞project3-1\build\web\WEB-INF\classes\cn\edu\sau\web\ch3\InitServlet.class

WEB-INF 目录内的文件无法直接访问,因此,要访问 Servlet 必须使用别名访问。配置 Servlet 部署有两种方法:配置文件定义和注解(Annotation)定义。从 Servlet 3.0 开始支持注解定义方式,使用 NetBeans 8.0 开发 Servlet 时,缺省使用注解定义,通过选中"将信息添加到部署描述符(web.xml)"使用配置文件定义。

如果采用配置文件定义方法,则所有关于 Servlet 的信息定义到 WEB-INF 目录内的 web.xml 文件中。生成 InitServlet 后,文件 web.xml 中关于 Servlet 的配置代码如下:

```
<servlet>
    <servlet-name>InitServlet</servlet-name>
    <servlet-class>cn.edu.sau.web.ch3.InitServlet</servlet-class>
</servlet>
<servlet-mapping>
    <servlet-name>InitServlet</servlet-name>
    <url-pattern>/InitServlet</url-pattern>
</servlet-mapping>
```

其中,＜servlet＞标签定义了 Servlet 实体,包括逻辑名和 Servlet 的全类名;＜servlet-mapping＞标签定义了 Servlet 的访问别名,包括 Servlet 实体的逻辑名和访问别名。

在 NetBeans 中运行 Web 应用程序 project3-1,启动浏览器后,可以通过在地址栏中输入 http://localhost:8084/project3-1/InitServlet 来访问 InitServlet 类。

如果采用注解定义方式,则 web.xml 不需要修改,直接修改 Servlet 源文件,多引入一个注解类,同时在 Servlet 类名前增加一行代码:

```
import javax.servlet.annotation.WebServlet;
@WebServlet(name = "InitServlet", urlPatterns = {"/InitServlet"})
public class InitServlet extends HttpServlet {
```

...
}

@WebServlet 表示对 Servlet 的配置信息,常用属性如表 3-1 所列,name 表示 Servlet 实体名,urlPattern 表示 Servlet 的访问别名。

表 3-1 @WebServlet 常用属性

属 性	类 型	描 述
name	String	指定 Servlet 的 name 属性,等价于 <servlet-name>,缺省为类全称
value	String[]	该属性等价于 urlPatterns 属性,两个属性不能同时使用
urlPatterns	String[]	指定一组 Servlet 的 URL 匹配模式,等价于<url-pattern>
loadOnStartup	int	指定 Servlet 的加载顺序,等价于<load-on-startup>
initParams	WebInitParam[]	指定一组 Servlet 初始化参数,等价于<init-param>
description	String	该 Servlet 的描述信息,等价于<description>
displayName	String	该 Servlet 的显示名,通常配合工具使用,等价于<display-name>

@WebInitParam 注解通常不单独使用,而是配合@WebServlet 使用。作用是为 Servlet 指定初始化参数,这等价于 web.xml 中 servlet 元素的<init-param>子标签,常用属性如表 3-2 所列。

表 3-2 @WebInitParam 常用属性

属 性	类 型	描 述
name	String	指定参数的名字,等价于<param-name>
value	String	指定参数的值,等价于<param-value>
description	String	关于参数的描述,等价于<description>

注解定义方式与配置文件定义方式二者各有优缺点:①在开发过程中,注解定义方式更有效率,因为不需要在类文件和配置文件之间来回切换,逻辑代码和配置代码都在类文件中编写,而且编写代码更简洁。②在部署之后,使用配置文件定义方式,所有配置信息放到一个文件中,修改更容易。如果采用注解定义方式,则修改配置信息后,需要重新编译类文件。③注解定义方式是 Servlet 3.0 以后开始支持的,所以必须运行在支持 Servlet 3.0 的 Web 服务器中。④配置文件定义方式优先级更高,如果在 web.xml 对 Servlet 进行了配置,那么即使采用注解方式,仍然是 web.xml 中的配置信息起作用。

本书以后涉及到 Servlet 配置,采用注解方式,同时介绍对应的配置文件语法。

2. Servlet 核心类和接口

如图 3-1 所示,ServletAPI 的核心是 javax.servlet.Servlet 接口,所有的 Servlet 类都必须直接或间接地实现这个接口。

以上 4 个类或接口分属两个包,Servlet 接口、ServletConfig 接口和 GenericServ-

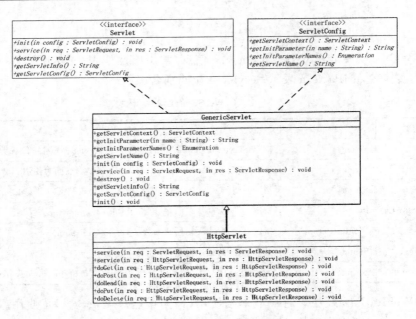

图 3-1　Servlet 核心类和接口

let 抽象类属于 javax.servlet 包，这个包里的接口和类定义的是 Servlet 组件的通用接口，与任何网络协议无关；而 HttpServlet 类属于 javax.servlet.http 包，这个包里的接口和类定义的是实现了 HTTP 协议的具体类。

Servlet 接口定义了 Servlet 应当具有的基本行为，是 Servlet 运行环境（称为 Servlet 容器）和 Servlet 之间进行交互的接口。在 Servlet 接口中定义了 5 个方法，其中有 3 个方法是由 Servlet 容器在 Servlet 生命周期的不同阶段来调用的特定方法。ServletConfig 接口定义了 Servlet 的配置信息，由 Servlet 容器实例化后传递给 Servlet。GenericServlet 抽象类实现了 Servlet 和 ServletConfig 接口，实现了两个接口中除了 service()方法外的所有方法。

HttpServlet 类继承了 GenericServlet，同时实现了 service()方法，并且在 service()方法中根据 HTTP 请求的方法分别调用不同的方法，service()方法代码如下：

```
//实现父类的 service(ServletRequest req,ServletResponse res)方法
public void service(ServletRequest req, ServletResponse res) throws ServletException,
IOException {
    HttpServletRequest request = (HttpServletRequest) req；    //向下转型
    HttpServletResponse response = (HttpServletResponse) res； //参数向下转型
    ...
    //调用重载的 service(HttpservletRequest,HttpServletResponse)方法
    service(request, response);
}
//重载的 service(HttpservletRequest,HttpServletResponse)方法
```

```
protected void service(HttpServletRequest req, HttpServletResponse resp) throws Serv-
letException, IOException {
    String method = req.getMethod();
    if (method.equals(METHOD_GET)) {
        ...
        doGet(req, resp);
    } else if (method.equals(METHOD_POST)) {
        ...
        doPost(req, resp);
    } else if(...){
    ...
    } else {
        ...                                          //不支持的方法
    }
}
```

从 HttpServlet 的源码中关于 service()方法的实现可以看出，是根据请求类型来调用的各个 doXXX()方法来完成响应的。在实际的开发中，我们实现的 Servlet 类不需要覆盖 service()方法，只需要覆盖相应的 doXXX()方法即可，最常见的是 doGet()和 doPost()方法。

3. Servlet 生命周期

Servlet 不能单独执行，必须在 Servlet 容器中运行，因此 Servlet 容器负责管理 Servlet 生命周期。Servlet 生命周期包括加载、实例化、初始化、处理请求以及销毁。这个生命周期由 Servlet 接口中的 init()、service()和 destroy()实现。

（1）初始化阶段

Servlet 初始化阶段只执行一次，整个阶段分为 4 步：①Servlet 容器加载 Servlet 类，读入类文件到内存；②Servlet 容器创建一个 ServletConfig 对象，保存该 Servlet 的配置信息；③Servlet 容器创建 Servlet 对象；④Servlet 容器调用 Servlet 对象的 init(ServletConfig config)方法，在这个 init 方法中，建立了 Sevlet 对象和 ServletConfig 对象的关联，执行了如下的代码：

```
public void init(ServletConfig config) throws ServletException{
    this.config = config;     //将容器创建的 servletConfig 对象传入
    this.init();              //然后调用 init()方法,初始化代码可以写在这个方法
}
```

（2）运行阶段

Servlet 初始化后，就可以处理来自浏览器的 HTTP 请求。运行阶段可以执行多次，Servlet 容器每收到一次 HTTP 请求，都会执行以下步骤：

① Servlet 容器收到 HTTP 请求后，创建对应的 ServletRequest 对象 req 和

ServletResponse 对象 res，并调用指定 Servlet 对象的 service()方法，把 req 和 res 传递进方法。

②在 service()方法里，根据 req 的 HTTP 请求方法，调用相应的 doXXX()方法，执行代码生成响应结果，并保存到 res 中。

③由 Servlet 容器读取处理 res 对象中的信息，封装成 HTTP 响应协议包发送给浏览器，最后销毁创建的 req 和 res。

（3）销毁阶段

Servlet 容器不会一直保留 Servlet 对象，当 Servlet 容器销毁某个 Servlet 对象时会调用该 Servlet 对象的 destroy()方法，释放资源，销毁 Servlet 对象。

下面以一个例子来说明 Servlet 的生命周期，部分代码如下：

```java
public class InitServlet extends HttpServlet {
    int i = 0;                                          //实例变量，初始值为 0
    public void init() throws ServletException {        //覆盖 GenericServlet 类的方法
        i = 10;                                         // 修改 i 的值
        System.out.println("Servlet 初始化,i = " + i);   //向控制台上输出调试信息
    }
    public void destroy() {                             //覆盖 GenericServlet 类的方法
        i = -1;                                         //修改 i 的值
        System.out.println("Servlet 卸载,i = " + i);     //向控制台上输出调试信息
    }
    protected void processRequest(HttpServletRequest request, HttpServletResponse response)
            throws ServletException, IOException {
        ...
        out.println("<h1>第" + (i-9) + "次访问,i = " + i + "</h1>");
        ...
        i++;                                            //修改 i 的值
    }
}
```

如图 3-2 所示的是第 8 次访问 InitServlet 的运行页面，这说明每次访问 InitServlet 对象都会执行 service()方法，而且每次调用的都是同一个对象实例，因为实例变量 i 的值可以在多个请求之间共享。

停止 Tomcat 服务器后，查看控制台信息，发现 init()方法和 destroy()方法内的

图 3-2　第 8 次访问 InitServlet

调试信息都只被打印一次。说明这两个方法都只是被执行一次。

3.1.2 JSP 的执行过程

JSP 的执行过程在第 1 章做了简单介绍,这里结合 JSP 的生命周期做更详细的描述。

1. JSP 的生命周期方法

JSP 的生命周期方法在如图 3-3 所示的接口中定义,在 javax.servlet.jsp 包中定义了一个 JspPage 接口,该接口继承自 Servlet 接口,同时增加了两个方法:jspInit()和 jspDestroy()。无论用户端使用哪种网络协议,实现 JspPage 接口的类都可以通过 jspInit()方法完成初始化,jspDestroy()方法释放资源。

同时,在 javax.servlet.jsp 包中还有一个针对 HTTP 协议的接口 HttpJspPage,该接口继承了 JspPage,同时增加了一个方法_jspService()。这三个方法构成了 JSP 的生命周期方法。

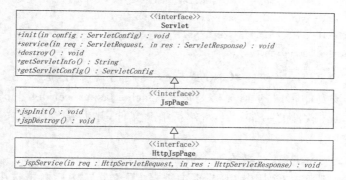

图 3-3 JSP 生命周期方法相关接口

2. JSP 生命周期

例 3-1 以一个 JSP 例子的执行情况来说明 JSP 的生命周期。为了对比,JSP 文件实现的功能与我们的第一个 Servlet 一致。在项目 project 3-1 中新建 JSP 文件 3-1.jsp,代码如下:

```
<%@page contentType="text/html" pageEncoding="UTF-8"%>
<!DOCTYPE html>
<html>
    <head>
        <meta http-equiv="Content-Type" content="text/html; charset=UTF-8">
        <title>Servlet InitServlet</title>
    </head>
    <body>
        <h1>Servlet 名称为 InitServlet,Web 应用程序访问前缀:<%=request.getContextPath()%></h1>
```

```
        </body>
</html>
```

从以上代码可以看出，JSP 文件的主体是 HTML 语言。JSP 需要转译成 Servlet，编译后运行。JSP 的这种转译过程由 JSP 的解析程序负责，并在 Servlet 的基础上进行了封装。JSP 的解析程序其实也是一个 Servlet 程序，定义在＜Tomcat 安装目录＞/conf/web.xml 中，相关代码如下：

```
    <servlet>
        <servlet-name>jsp</servlet-name>
        <servlet-class>org.apache.jasper.servlet.JspServlet</servlet-class>
        ...
    </servlet>
    <!-- The mappings for the JSP servlet -->
    <servlet-mapping>
        <servlet-name>jsp</servlet-name>
        <url-pattern>*.jsp</url-pattern>
        <url-pattern>*.jspx</url-pattern>
    </servlet-mapping>
```

上面的定义说明，当访问以 jsp 或 jspx 结尾的资源时，会调用名称为 jsp 的 Servlet 实体，该实体指向的 Java 类是 org.apache.jasper.servlet.JspServlet。JspServlet 是 Tomcat 软件的一部分，负责解析 JSP 文件，并生成 Servlet 文件，即 JSP 解析程序。

JSP 转译的 Servlet 文件放在＜Tomcat 安装目录＞/work 目录下。如果是通过 NetBeans 运行，则可以在"服务"Tab 页中选择"服务器"，然后右击选中"Tomcat 服务器"，点击"属性"弹出如图 3-4 所示界面，work 目录就位于 Catalina 基目录内。注意，其中有一些目录是隐藏目录，需要设置后才能查看。

在 work 目录下，找到文件 3-1.jsp 转译的 java 文件 _3_002d1_jsp.java，部分代码如下：

```
...
public final class _3_002d1_jsp extends org.apache.jasper.runtime.HttpJspBase
        implements org.apache.jasper.runtime.JspSourceDependent {
...
    public void _jspInit() {
...
    }
    public void _jspDestroy() {
    }
    public void _jspService(final javax.servlet.http.HttpServletRequest request, final
javax.servlet.http.HttpServletResponse response)        throws java.io.IOException, javax.
```

图 3-4 NetBeans 中 Tomcat 属性

```
servlet.ServletException {
    ...
        response.setContentType("text/html;charset = UTF - 8");
        out.write("<! DOCTYPE html>\n");
        out.write("<html>\n");
        out.write("    <head>\n");
        out.write("        <meta http - equiv = \"Content - Type\" content = \"text/html; charset = UTF - 8\">\n");
        out.write("        <title>Servlet InitServlet</title>\n");
        out.write("    </head>\n");
        out.write("    <body>\n");
        out.write("        <h1>Servlet 名称为 InitServlet,Web 应用程序访问前缀：");
        out.print(request.getContextPath());
        out.write("</h1>\n");
        out.write("    </body>\n");
        out.write("</html>\n");
    ...
    }
}
```

由文件 3-1.jsp 转成的_3_002d1_jsp.java 文件中定义了一个类_3_002d1_jsp，对比_3_002d1_jsp 类和 InitServlet 类的代码，_3_002d1_jsp 类的加粗代码与 InitServlet 类的 processRequest()方法里面的代码基本一致。但是_3_002d1_jsp 类里增加了很多代码，并且没有 Servlet 接口的三个方法，那么为什么要说这个类是 Servlet 呢？

注意到_3_002d1_jsp 类继承了 HttpJspBase,HttpJspBase 来自 org.apache.jasper.runtime 包，从包名分析，这个类应该是 Tomcat 的开发方实现的。下面是 HttpJspBase 的部分代码：

```java
package org.apache.jasper.runtime;
...
public abstract class HttpJspBase extends HttpServlet implements HttpJspPage {
    @Override
    public final void init(ServletConfig config)         throws ServletException   {
        super.init(config);
        jspInit();
        _jspInit();
    }
    @Override
    public String getServletInfo() {
        return Localizer.getMessage("jsp.engine.info");
    }
    @Override
    public final void destroy() {
        jspDestroy();
        _jspDestroy();
    }
    @Override
    public final void service(HttpServletRequest request, HttpServletResponse response)
        throws ServletException, IOException
    {   _jspService(request, response);
    }
    @Override
    public void jspInit() { }
    public void _jspInit() { }
    @Override
    public void jspDestroy() { }
    protected void _jspDestroy() { }
    @Override
    public abstract void _jspService(HttpServletRequest request, HttpServletResponse response)
        throws ServletException, IOException;
}
```

注解@Override 表示是来自父类或接口的方法，HttpJspBase 类的几个方法中，init()、getServletInfo()、destroy()和 service()这四个方法是从大家熟悉的 HttpServlet 类继承来的。另外三个方法 jspInit()、jspDestroy()和_jspService()分别来自

JSP 的接口 JspPage 和 HttpJspPage。

从 HttpJspBase 类的代码可以看出，该类是 HttpServlet 的子类，同时重写了 Servlet 接口的三个方法：

① 在 init()方法调用了 jspInit()和_jspInit()两个方法，其中_jspInit()方法里面是由容器自动生成的初始化代码，而用户自定义的初始化代码可以写在 jspInit()方法内。

② 在 destroy()方法里调用了 jspDestroy()和_jspDestroy()两个方法，其中_jspDestroy()方法里面是由容器自动添加的销毁代码，而用户自定义的销毁代码可以写在 jspDestroy()方法内。

③ 在 service()方法内调用了_jspService()方法，这个方法是 HttpJspPage 接口定义的方法。HttpJspBase 类中_jspService()方法是抽象方法，这个方法必须由容器在 JSP 转译的 Servlet 类中负责实现。

JSP 的生命周期如图 3-5 所示，①转译阶段，由 JspServlet 解析 JSP 文件，并生成 Java 文件；②编译阶段，由 JDK 工具中的 javac 程序把.java 文件编译成.class 文件；③初始化阶段，装载类文件并实例化生成 Servlet 对象，同时执行该对象的 init()

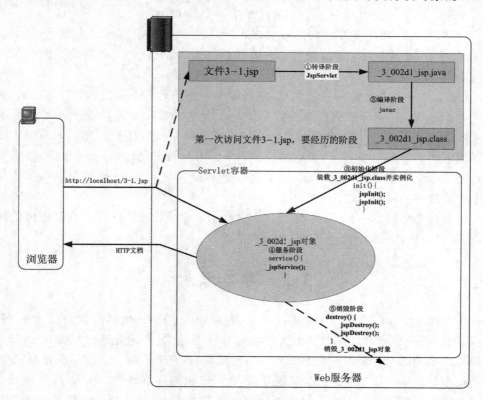

图 3-5　JSP 的生命周期

方法,在该方法里调用了jspInit();④服务阶段,直接调用Servlet对象service()方法,在该方法里调用了_jspService();⑤销毁阶段,先调用Servlet对象的destroy()方法,在该方法里调用了jspDestroy(),然后销毁Servlet对象。

　　Web服务器收到HTTP请求,分析要请求的是JSP文件,直接把请求转给JSP解析程序。JSP解析程序会检查JSP文件对应的Servlet是否已经存在,并且对比JSP文件的修改时间和Servlet的创建时间。如果JSP文件的修改时间晚于对应的Servlet,那么执行转译阶段和编译阶段,否则可以确定JSP文件没有被修改过并且Servlet有效,把请求转给Servlet容器。接下来的执行过程与标准的Servlet没有区别,只不过对于开发人员来说,初始化代码要写在jspInit()中,销毁代码要写在jspDestroy()中。

3.1.3　为什么需要JSP

　　Servlet是比JSP先推出的Java Web服务器端的解决方案,那么为什么还需要JSP呢?对比第一个Servlet例子和文件3-1.jsp可以看出,在Servlet中编写HTML实在太麻烦了。尤其是现在HTML页面越来越复杂,难以想象,使用Servlet返回一个包含上千行代码的HTML文档,是一种什么样的情景。

　　同样的页面,使用文件3-1.jsp实现非常清晰,采用JSP实现动态网页,只需要在HTML文档中增加一些能表现动态内容的元素,就可以大大提高动态网页的编写效率。

　　JSP页面由模板数据和元素组成,模板数据一般是HTML文档,是静态数据,转译成Servlet时,这部分数据直接写在out.println()方法中,不需要做任何改变;元素中可以插入一些动态内容,转译成Servlet时,由JSP解析程序根据不同元素的语法转译成不同的Java代码。因此,JSP可以看作不需要熟悉Java语句就可以实现Servlet功能的一种变通方式。事实上,除了转译阶段外,JSP页面完全可以被当作一个普通的Servlet来对待。

　　了解转译后的Servlet对熟悉JSP元素和语法非常有帮助,许多难以理解的问题,都可以在转译后的Servlet文件中找到答案。

3.2　脚本元素

　　JSP脚本包括表达式(Expression)、声明(Declaration)、代码片段(Scriptlet)和注释,利用JSP脚本可以在JSP页面中编写Java表达式、声明变量和方法、添加Java代码等。早期的JSP脚本在JSP开发中应用频繁,占有重要地位。但是随着Web客户端技术的发展,HTML文档越来越复杂,在JSP页面中直接嵌入大量Java代码的开发方法效率越来越低。现在JSP页面中使用脚本元素,尤其是代码片段的情况越来越少,主要应用各种标签来替代脚本元素。

3.2.1 表达式

一个 JSP 表达式中可以包含任何符合 Java 语言规范的表达式,但是不能使用分号来结束表达式。表达式的内容会插入到 HTML 文档中,插入的位置就是表达式出现的位置。表达式以 <%= 为开始标签,%> 为结束标签。

语法格式:

```
<% = Java 表达式 %>
```

例 3 - 2 说明 JSP 表达式的用法。

文件 3 - 2.jsp 代码如下:

```
<%@page contentType="text/html" pageEncoding="UTF-8"%>
<!DOCTYPE html>
<html>
    <head>
        <meta http-equiv="Content-Type" content="text/html; charset=UTF-8">
        <title>表达式</title>
        <style>
            #test1{border:1px solid red;cursor:pointer;font-size:<%=12%>;}
        </style>
        <script>
            window.onload = function(){
                document.getElementById("test1").onclick = function(){
                    alert("<%=request.getRequestURL()%>");
                }
            }
        </script>
    </head>
    <body>
        <h1 id="test1">IP 地址:<%=request.getRemoteAddr()%>,点击获取完整的 URL</h1>
    </body>
</html>
```

转译成 Servlet 源文件后,对应的 _3_002d2_jsp.java 代码片段如下:

```
...
public final class _3_002d2_jsp extends org.apache.jasper.runtime.HttpJspBase
    implements org.apache.jasper.runtime.JspSourceDependent {
...
    public void _jspService(final javax.servlet.http.HttpServletRequest request, final javax.servlet.http.HttpServletResponse response)        throws java.io.IOException, javax.
```

```
servlet.ServletException {
        ...
        out.write("\t\t#test1{border:1px solid red;cursor:pointer;font-size:");
        out.print(12);
        out.write(";}\r\n");
        ...
        out.write("\t\t\t\talert(\"");
        out.print(request.getRequestURL());
        out.write("\");\r\n");
        ...
        out.write("            <h1 id=\"test1\">IP 地址：");
        out.print(request.getRemoteAddr());
        out.write("，点击获取完整的 URL</h1>\r\n");
        ...
    }
}
```

在 JSP 文件中表达式内容为常量和 request 对象的方法，其表达式位置分别位于 CSS、JavaScript 和 HTML 代码中。在转译后的代码中：①表达式内容转译为 out.print()方法的参数，因此表达式内容不能加分号。②表达式内容会转换成字符串，这个字符串可以出现任何合法位置，不仅限于 HTML 元素，还可以出现在 CSS 或 JavaScript 中。需要注意的是，如果要作为字符串参数传递给 JavaScript 函数，则需要在两侧加上引号。③模板数据(即 HTML 文档部分)转译后都出现在 out.wirte()方法中，表达式转译生成的 out.print()方法在 Servlet 源文件中的顺序和表达式在 JSP 的位置一致。④模板数据和表达式转译生成的 Java 代码位于_jspService()方法内。

3.2.2 声　明

一个声明语句可以声明一个或多个静态代码块、变量和方法，这些变量和方法会成为转译后 Servlet 的实例变量和方法。多个静态代码块、变量和方法可以定义在一个 JSP 声明中，也可以分别单独定义在多个 JSP 声明中。声明以＜％！为开始标签，％＞为结束标签。

语法格式：＜％！变量或方法声明语句 ％＞

例 3-3　演示声明语句和 JSP 生命周期方法。

文件 3-3.jsp 代码如下：

```
<%@page contentType="text/html" pageEncoding="UTF-8"%>
<!DOCTYPE html>
<html>
    <head>
```

```
        <meta http-equiv="Content-Type" content="text/html;charset=UTF-8">
        <title>声明</title>
    </head>
    <%!
        public void jspDestroy() {
            System.out.println("3-3.jsp:销毁方法");
        }
    %>
    <body>
        <h1 id="test1"><%="访问次数:" + (++i)%></h1>
    </body>
    <%!
        int i = 0;
        static {
            System.out.println("3-3.jsp:类装载阶段");
        }
        public void jspInit() {
            System.out.println("3-3.jsp:初始化方法");
        }
    %>
</html>
```

在第一个声明中定义了一个方法jspDestroy(),这个方法是JSP的销毁方法,由容器负责调用。在第二个声明中定义了一个变量、一个静态语句块和一个方法jspInit(),而这个方法是JSP的初始化方法,同样由容器负责调用。

转译成Servlet源文件后,对应的_3_002d3_jsp.java代码片段如下:

```
...
public final class _3_002d3_jsp extends org.apache.jasper.runtime.HttpJspBase
    implements org.apache.jasper.runtime.JspSourceDependent {
    public void jspDestroy(){
        System.out.println("3-3.jsp:销毁方法");
    }
    int i = 0;
    static{
        System.out.println("3-3.jsp:类装载阶段");
    }
    public void jspInit(){
        System.out.println("3-3.jsp:初始化方法");
    }
    ...
```

```
public void _jspService(final javax.servlet.http.HttpServletRequest request, final
javax.servlet.http.HttpServletResponse response)    throws java.io.IOException, javax.
servlet.ServletException {
    ...
    out.write("         <h1 id=\"test1\">");
    out.print("访问次数:"+(++i));
    out.write("</h1>\r\n");
    ...
    }
}
```

在转译后的代码中：①声明内容转译为 _3_002d3_jsp 的静态语句块、实例变量和方法，与_jspService()方法并列。利用声明可以定义实例变量、实例方法、静态语句块、静态变量、静态方法，甚至是内部类，只要是合法的 Java 代码即可。②大家知道 Servlet 只实例化一次，然后每次 HTTP 请求会启动一个线程，执行 service()方法内容。而声明里定义的变量是实例变量，会在多个 HTTP 请求中共享，即多次执行该 JSP 文件时，将会共享该变量。因此，除非真正有共享需求，否则不要使用声明来定义变量。③声明转译后生成代码的顺序，与在 JSP 文件中的声明顺序一致。但是声明与模板数据和表达式的顺序无关。④可以在声明中重新定义方法 jspInit()和 jspDestroy()，进行 JSP 的初始化和销毁工作。

把文件 3-3.jsp 发布到＜Tomcat 安装目录＞/webapps/ROOT 目录中，第一次访问界面如图 3-6 所示，变量 i 初始值为 0，加 1 后显示为 1。此时可查看 Tomcat 输出日志，＜Tomcat 安装目录＞/logs/tomcat8-stdout.2015-10-19.log，内容为：

2015-10-19 14:59:41 Commons Daemon procrun stdout initialized
3-3.jsp:类装载阶段
3-3.jsp:初始化方法

第二次访问界面如图 3-7 所示，表示变量 i 的值可以共享，i 的值显示为 2。此时查看 Tomcat 输出日志内容，发现没有变化，说明类只装载了一次，并且 jspInit()也只执行了一次。

停止 Tomcat 服务器，再查看 Tomcat 输出日志内容如下，表示 jspDestroy()方法只执行一次。

2015-10-19 14:59:41 Commons Daemon procrun stdout initialized
3-3.jsp:类装载阶段
3-3.jsp:初始化方法
3-3.jsp:销毁方法

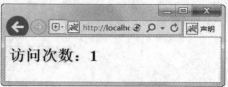

图3-6 第一次访问

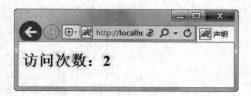

图3-7 第二次访问

3.2.3 代码片段

代码片段可以包含任何合法的 Java 语句,只要这些语句符合 Java 的语法规范,并且可以定义在方法的内部。代码片段以 <% 为开始标签,%> 为结束标签。

语法格式:<% Java 语句 %>

代码片段例子代码如下:

```
<%
   int len = 3;
   for(int i = 0;i<len;i++){
%>
       <p><%=i%></p>
<%}%>
```

转译后的部分代码如下:

```
public void _jspService(...)…{
        …
    int len = 3;
    for(int i = 0;i<len;i++){
        out.write("          <p>");
        out.print(i);
        out.write("</p>\r\n");
    }
}
```

在转译后的代码中:①代码片段内容转译为_jspService()方法内部代码,因此代码片段里出现的变量是局部变量,不会在多个 HTTP 请求中共享;②任何文本、HTML 标签、JSP 元素必须写在代码片段的外面;③代码片段的生成顺序,与在 JSP 的位置一致;④可以在代码片段中使用分支或循环语句,与模板数据混合,动态控制显示内容。

对于现在的 Web 应用程序来说,一般很少使用代码片段,因为它会使得 HTML 与 Java 程序码混合在一起,增大系统的维护难度。可以通过在 web.xml 中加上<

script-invalid>标签,设定所有的JSP网页都不可以使用代码片段。

```
<jsp-config>
    <jsp-property-group>
        <url-pattern>*.jsp</url-pattern>
        <script-invalid>true</script-invalid>
    </jsp-property-group>
</jsp-config>
```

3.2.4 注 释

在JSP文件可用的注释有表3-3所列的三种方式。

表3-3 三种注释方式

名 称	语 法	描 述
JSP注释	<%--这里可以填写JSP注释--%>	只在JSP文件中可见注释内容,转译后的Servlet源文件中不可见注释内容
Java注释	<% //Java注释 /* Java注释 */ %>	转译后的Servlet源文件中可见注释内容,表现为Java的注释,发送给浏览器的HTML文档中不可见注释内容
HTML注释	<!--HTML注释-->	转译后的Servlet源文件中可见注释内容,表现与模板数据一致,out.write("<!--HTML注释-->"); 发送给浏览器的HTML文档中可见注释内容

例3-4 演示JSP文件中各种注释方式的用法。

文件3-4.jsp部分代码如下:

```
...
<body>
    <% int i = 0;%>
    <%-- 转换后的Java源文件中不可以  --%>
    <%
        //单行注释
        /*多行
          注释
        */
    %>
    <!--服务器端时间<%= new java.util.Date()%> -->
    <p><%=i%></p>
</body>
...
```

转译后的 Servlet 源文件_3_002d4_jsp.java 部分代码如下：

```
...
public final class _3_002d4_jsp extends org.apache.jasper.runtime.HttpJspBase
    implements org.apache.jasper.runtime.JspSourceDependent {
...
public void _jspService(final javax.servlet.http.HttpServletRequest request, final javax.servlet.http.HttpServletResponse response)    throws java.io.IOException, javax.servlet.ServletException {
        ...
        out.write('    ');
         //单行注释
         /*多行
          注释
         */
        out.write("\r\n");
        out.write("\t<!-- 服务器端时间");
        out.print(new java.util.Date() );
        out.write(" -->\r\n");
        ...
    }
}
```

返回给浏览器的 HTML 文档代码如下：

```
<!DOCTYPE html>
<html>
    <head>
        <meta http-equiv = "Content-Type" content = "text/html; charset = UTF-8">
        <title>注释</title>
    </head>
    <body>
        <!-- 服务器端时间 Thu Nov 19 17:52:31 CST 2015 -->
        <p>0</p>
    </body>
</html>
```

因此，JSP 注释只在 JSP 文件中可见，而 Java 注释可以在 JSP 和转译后的 Java 文件中可见。HTML 注释在 JSP 文件、转译后的 Java 文件和返回给浏览器的 HTML 文件中都可见，在 HTML 注释里可以使用表达式加入动态内容。

3.3 指令元素

指令元素不直接产生任何可见输出,只是设置了 JSP 文件的整体配置信息,这些信息由 JSP 解析程序在转译阶段读取。指令元素分为三种:page 指令、include 指令和 taglib 指令。

JSP 指令的基本语法格式:<%@指令 属性名="值"%>

如果一个指令有多个属性,这多个属性可以写在一个指令中,也可以分开写。例如:

<%@ 指令 属性1="值1" 属性2="值2"%>

也可以写作:

<%@ 指令 属性1="值1"%>
<%@ 指令 属性2="值2"%>

3.3.1 page 指令

page 指令是最复杂的 JSP 指令,属性繁多,主要作用是设定整个 JSP 文件的各种属性。推荐把 page 指令写在整个 JSP 文件的开头,虽然 page 指令可以写在 JSP 文件的任何位置。不过,不管 page 指令写在什么位置,作用的都是整个 JSP 文件。page 指令以 <%@ page 为开始标签,%> 为结束标签。

语法格式:<%@ page 属性1="值1" 属性2="值2"…属性n="值n" %>

在 JSP2.2 的规范中,page 指令的属性如表 3-4 所列。

表 3-4 page 指令属性

属性值	描 述
language="scriptingLanguage"	JSP 文件中所支持的脚本语言,目前只支持 Java 语言,以后可扩展支持其他语言。默认值为 java。该属性一般不设置,如要设置必须是 language="java",注意 java 必须都是小写,如果设置的属性值不正确,则碰到脚本语言时,会出现解析错误
extends="className"	转译后 Servlet 的父类,设置为 Java 的全类名。这个属性一般不需要设置,需要由开发人员或服务器开发商修改或提供可供选择的类
import="importList"	导入可在 JSP 文件中使用的 Java 包,可导入多个,用逗号分隔
session="true|false"	在 JSP 文件中是否可以使用会话对象(session)
buffer="none|sizekb"	设定输出缓冲区大小,默认为 8 KB,取消缓冲区需要设置为 none
autoFlush="true|false"	true,当缓冲区满之后,自动清空输出缓冲区;false,缓冲区溢出后抛出一个异常。缺省为 true

续表 3-4

属性值	描 述
isThreadSafe="true|false"	转译后的 Servlet 是否支持多线程并发访问，默认为 true。这是个过时属性，不建议设置
info="info_text"	定义一个可以通过 getServletInfo()方法获取的字符串
errorPage="error_url"	当发生错误时，要调用的错误处理页面 URL
isErrorPage="true|false"	标识本页面是否是错误处理页面，默认是 false
contentType="ctinfo"	表示 MIME 类型和 JSP 文件的编码方式
pageEncoding="peinfo"	表示 JSP 文件的编码方式
isELIgnored="true|false"	true,不支持 EL 表达式(ExpressionLanguage)；false,支持 EL 表达式。默认的值依赖于 web.xml 的版本，对于一个 Web 应用程序中的 JSP 页面而言，如果其中的 web.xml 文件使用 Servlet 2.3 或之前版本的格式，则默认值是 true；如果使用 Servlet 2.4 版本之后的格式，则默认值是 false
deferredSyntaxAllowedAsLiteral="true|false"	true,在 JSP 页面的模板文本中允许出现字符序列"#{"；false,不允许，当模板文本中出现字符序列"#{"时，将引发页面转换错误，默认值是 false
trimDirectiveWhitespaces="true|false"	true,删除只包含空白的模板文本；false 不删除。默认值是 false

例 3-5 演示 page 指令的用法。

文件 3-5.jsp 代码如下：

```
<%@page contentType="text/html" pageEncoding="UTF-8"%>
<!DOCTYPE html>
<html>
    <head>
        <meta http-equiv="Content-Type" content="text/html;charset=UTF-8">
        <title>page 指令</title>
    </head>
<%@page contentType="text/html"%>
<%@page import="java.util.Date,java.math.*" session="false" autoFlush="false" errorPage="error.jsp" info="测试"%>
<%@page import="java.util.Date,java.math.*" session="false" autoFlush="false" errorPage="error.jsp" info="测试"%>
    <body>
        <p>Hello,<%=getServletInfo()%></p>
    </body>
</html>
```

从 JSP 文件的代码分析，page 指令可以写在文件的任何位置。大部分属性都可以重复设置,不过除了 import 属性,其他属性重复设置时,值必须相同,如果不同则会出现错误。例如,autoFlush 属性两次设置的值不同,会出现以下错误提示:

Page directive: illegal to have multiple occurrences of autoFlush with different values (old: false, new: true)

而属性 pageEncoding 不允许重复设置,即使两次设置的值相同,也会出现以下错误提示:

Page directive must not have multiple occurrences of pageencoding

转译后的 Servlet 文件_3_002d5_jsp.java 代码如下:

```java
package org.apache.jsp;
import javax.servlet.*;
import javax.servlet.http.*;
import javax.servlet.jsp.*;
import java.util.Date;
import java.math.*;
import java.util.Date;
import java.math.*;
public final class _3_002d5_jsp extends org.apache.jasper.runtime.HttpJspBase
        implements org.apache.jasper.runtime.JspSourceDependent {
    public java.lang.String getServletInfo() {
        return "测试";
    }
    public void _jspService(final javax.servlet.http.HttpServletRequest request,
     final javax.servlet.http.HttpServletResponse response) throws java.io.IOException,
javax.servlet.ServletException {
        final javax.servlet.jsp.PageContext pageContext;
        ...
        try {
            response.setContentType("text/html;charset=UTF-8");
            pageContext = _jspxFactory.getPageContext(this, request, response,
                "error.jsp", false, 8192, false);
            ...
        } catch (java.lang.Throwable t) {
            ...
        } finally {
            _jspxFactory.releasePageContext(_jspx_page_context);
        }
    }
}
```

第3章 JSP技术

从 Servlet 代码分析可以看出，JSP 文件中 import 属性可以出现多次，而且每次的值都可以不同。这些 import 属性不论设置在 JSP 文件的什么位置，在 Servlet 文件中都出现在文件头，但是没有检测重复值，可以看到在 Servlet 文件中，import 的 Java 包是重复的。另外，在 JSP 中不需要导入 Servlet 相关的包，因为转译后的 Servlet 类自动导入 javax.servlet.*、javax.servlet.jsp.*、javax.servlet.http.*。

设置在 info 的属性值，转译成 Servlet 类后，成为 getServletInfo() 方法的返回值，该方法是 Servlet 父类的方法。在转译的 Servlet 文件中，有一个与 page 指令关系紧密的方法 getPageContext()：

pageContext = _jspxFactory.getPageContext(this, request, response," error.jsp", false, 8192, false);

该方法有七个参数：第一个参数是 Servlet 对象，this 代表当前对象；第二个和第三个参数分别是 HTTP 请求对象和 HTTP 响应对象；第四个参数是错误处理页面的 URL，这里设置的是 error.jsp；第五个参数是 session 是否可用，这里是 false；第六个参数是缓存大小，buffer 属性，缺省就是 8 KB；第七个参数是缓存是否自动刷新，这个是 false。

page 指令设置的属性涉及 JSP 各个方面，有些属性会在后面遇到的时候再详细介绍。

3.3.2　include 指令

include 指令可以包含任意文本文件的内容，例如 JSP 文件、HTML 文件或一般的文本文件。这个包含是在转译过程中进行的，JSP 解析程序会把多个文件转译成一个 Servlet 文件，所以 include 指令通常被称为静态包含。include 指令以 <%@ include 为开始标签，%> 为结束标签。

语法格式：<%@ include file="被包含的文件 URL" %>

include 指令只有一个属性，那就是 file 属性，用于指定被包含文件的路径。路径以"/"开头，表示代表当前 Web 应用。file 属性只能是一个静态文件名，不能是动态内容，也不能带参数。被包含的文件扩展名不限，JSP 规范建议扩展名用 .jspf。

这些文件会包含在一起形成一个文件，因此，这些文件内容的格式不能冲突，例如不能出现多个 <html> 标签、<head> 标签等。

例 3-6　演示 include 指令用法，在一个 JSP 文件中，引入三个文件片段。

文件 3-6.jsp 代码如下：

```
<%@page contentType="text/html" pageEncoding="UTF-8"%>
<!DOCTYPE html>
```

```jsp
<%@ include file="/3-6/const.jspf" %>
<html>
    <head>
        <meta http-equiv="Content-Type" content="text/html; charset=UTF-8">
        <title>include 指令</title>
        <style>
            #top{text-align:center;font-size:18px;}
            #main{text-align:center;font-size:18px;}
            #bottom{text-align:center;font-size:18px;}
        </style>
    </head>
    <body>
        <div id="top"><%@ include file="/3-6/top.jspf" %></div>
        <div id="main">主体内容</div>
        <div id="bottom"><%@ include file="/3-6/bottom.jspf" %></div>
    </body>
</html>
```

文件 3-6.jsp 包含了三个文件，文件 const.jspf 代码如下：

```jsp
<%@page contentType="text/html" pageEncoding="UTF-8" %>
<%@page import="java.util.Calendar" %>
<%
    Calendar cal = Calendar.getInstance();
    int year = cal.get(Calendar.YEAR);
    String copyright = "版权所有 2015-" + year;
%>
```

该文件的内容是 JSP 代码片段，必须符合 JSP 语法，而且所用到的 JSP 指令属性不能与其他文件冲突。这个文件里面定义了所有 JSP 文件都需要使用的变量，在需要使用的 JSP 文件中包含 const.jspf 文件，之后要修改，可以只修改这一个文件。

文件 top.jspf 代码如下：

```jsp
<%@page pageEncoding="UTF-8" %>
<p>头部内容</p>
```

文件 bottom.jspf 代码如下：

```jsp
<%@page pageEncoding="UTF-8" %>
<p>尾部内容<%= copyright %></p>
```

这两个文件的内容是 JSP 片段，里面主要是模板数据，用到的 HTML 标签不能和其他文件冲突。

四个文件转译后的 Servlet 文件只有一个 _3_002d6_jsp.java，代码如下：

```java
...
import java.util.Calendar;
public final class _3_002d6_jsp extends org.apache.jasper.runtime.HttpJspBase
    implements org.apache.jasper.runtime.JspSourceDependent {
  private static java.util.Map<java.lang.String,java.lang.Long> _jspx_dependants;
  static {
    _jspx_dependants = new java.util.HashMap<java.lang.String,java.lang.Long>(3);
    _jspx_dependants.put("/3-6/top.jspf", Long.valueOf(1447947288118L));
    _jspx_dependants.put("/3-6/bottom.jspf", Long.valueOf(1447947950395L));
    _jspx_dependants.put("/3-6/const.jspf", Long.valueOf(1447947919052L));
  }
...
  public void _jspService(final javax.servlet.http.HttpServletRequest request, final javax.servlet.http.HttpServletResponse response)     throws java.io.IOException, javax.servlet.ServletException {
    ...
    out.write("<!DOCTYPE html>\r\n");
//const.jspf
Calendar cal = Calendar.getInstance();
int year = cal.get(Calendar.YEAR);
String copyright = "版权所有 2015-" + year;
    out.write("<html>\r\n");
    out.write("    <head>\r\n");
    out.write("        <meta http-equiv=\"Content-Type\" content=\"text/html; charset=UTF-8\">\r\n");
    out.write("        <title>include 指令</title>\r\n");
    out.write("\t\t<style>\r\n");
    out.write("\t\t    #top{text-align:center;font-size:18px;}\r\n");
    out.write("\t\t    #main{text-align:center;font-size:18px;}\r\n");
    out.write("\t\t    #bottom{text-align:center;font-size:18px;}\r\n");
    out.write("\t\t</style>\r\n");
    out.write("    </head>\r\n");
    out.write("    <body>\r\n");
    out.write("\t<div id=\"top\">");
    out.write("<p>头部内容</p>\r\n");
    out.write("</div>\r\n");
    out.write("\t<div id=\"main\">主体内容</div>\r\n");
    out.write("\t<div id=\"bottom\">");
    out.write("<p>尾部内容");
```

```
            out.print(copyright);
            out.write("</p>\r\n");
        out.write("</div>\r\n");
        out.write("    </body>\r\n");
        out.write("</html>");
        ...
    }
}
```

从代码中可以看到,不管有多少个文件,只要是用 include 指令包含在一起的,都是先合成一个 JSP 文件,然后再转译成 Servlet 文件,因此文件之间语法格式不能冲突。

3.3.3　taglib 指令

taglib 指令定义一个标签库以及其自定义标签的前缀,包括库路径、自定义标签。在使用自定义标签之前,必须使用 taglib 指令。该指令可以在一个页面中多次使用,但是前缀只能定义一次。taglib 指令以 <%@ taglib 为开始标签,%> 为结束标签。

语法格式:<%@ taglib uri = "标签库 URL" prefix = "前缀" %>

uri 指定标签库所在的位置,prefix 属性指定标签库的前缀,可以区分多个自定义标签。taglib 指令将在第 5 章详细介绍。

3.4　动作元素

JSP 动作元素是为请求处理阶段提供信息的,一般与 JSP 页面接收到的具体请求有关。JSP 动作元素用于在 JSP 页面中提供应用逻辑功能,避免在 JSP 页面中直接编写 Java 代码,造成 JSP 页面难以维护。

一个动作元素可以是标准的,也可以是自定义的。所谓标准动作是指在 JSP 早期规范中定义的,虽然后来出现的 JSP 标准标签库(Java Server Pages Standard Tag Library,JSTL)与 EL 从功能上可以取代原来的标准动作元素,但是在一些 JSP 文件中仍会应用这些元素,因此学习一些标准动作元素还是有必要的。动作元素的语法遵循 XML 语法,以 jsp: 为前缀。语法格式如下:

<jsp:标签名 属性 1 = "值 1" ... 属性 n = "值 n"> ... </jsp:标签名>
<jsp:标签名 属性 1 = "值 1" ... 属性 n = "值 n" />

下面介绍两个常用的 JSP 标准动作,还有一些标准动作在后面章节介绍。

3.4.1 forward 动作

forward 动作用于 HTTP 请求的服务器端重定向。具体流程如图 3-8 所示,当 1.jsp 文件收到来自浏览器的 HTTP 请求后,可以把 HTTP 请求转给 Web 服务器,要求访问 2.jsp,在转发的过程中 1.jsp 可以向 HTTP 请求中增加参数。

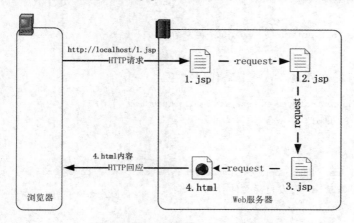

图 3-8 forward 动作流程

Web 服务器收到请求和收到浏览器发来的请求,它们处理方式是一样的。如果请求的是静态文件(例如 HTML、图片文件等),则直接读取资源的内容并返回;如果请求的是动态文件(例如 JSP、Servlet 等),则把请求发送给这个动态文件进行处理,然后把处理结果返回。这样的转发可以进行多次,不过都是在服务器端进行,这种转发过程对于浏览器是不可见的,最后一次的处理结果才会返给浏览器进行显示。

forward 动作语法格式如下:

＜jsp:forward page = {"相对 URL" | "＜% = Java 表达式 %＞"} />
＜jsp:forward page = {"相对 URL" | "＜% = Java 表达式 %＞"} ＞
　　＜jsp:param name = "参数名 1" value = "{值 1 | ＜% = Java 表达式 1 %＞}" />
　　...
　　＜jsp:param name = "参数名 n" value = "{值 n | ＜% = Java 表达式 n %＞}" />
＜/jsp:forward＞

forward 动作转发时可以通过＜jsp:param＞元素向 HTTP 请求中增加多个参数,但是要求 page 属性所指定的目标文件必须是能够处理这些请求参数的动态文件。执行 forward 动作转发后,原文件＜jsp:forward＞标签后面的代码将不能执行。

例 3-7 演示向动态文件转发的过程。

文件 3-7.jsp 部分代码如下:

```
<h1>3-7 主体</h1>
<%
```

```
        System.out.println("3-7.jsp 转发开始");
%>
<jsp:forward page="3-7/3-7fw.jsp">
    <jsp:param name="uname" value="admin"/>
    <jsp:param name="urole" value="ADM"/>
</jsp:forward>
<%
    System.out.println("3-7.jsp 转发结束");
%>
```

转发的目标文件是 3-7fw.jsp,代码如下:

```
<%@page contentType="text/html" pageEncoding="UTF-8"%>
<!DOCTYPE html>
<html>
    <head>
        <meta http-equiv="Content-Type" content="text/html; charset=UTF-8">
        <title>转发目标文件</title>
        <style>
            #main{text-align:center;font-size:18px;}
        </style>
    </head>
    <body>
        <div id="main">
            名字:<%=request.getParameter("uname")%><br/>
            角色:<%=request.getParameter("urole")%>
        </div>
    </body>
</html>
```

运行结果如图 3-9 所示。

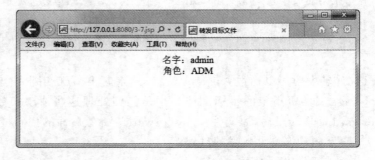

图 3-9　forward 动作运行结果

从结果可见,地址栏显示的是访问文件 3-7.jsp,但是显示的页面是文件 3-7fw.

jsp 的内容。此时可查看 Tomcat 输出日志，<Tomcat 安装目录>/logs/tomcat8-stdout.2015-10-20.log，内容为：

```
2015-10-20 12:31:53 Commons Daemon procrun stdout initialized
3-7.jsp 转发开始
```

而 forward 动作涉及的每个文件都单独转译为 Servlet 文件。例如文件 3-7fw.jsp 转译为_3_002d7fw_jsp.java，而文件 3-7.jsp 转译为_3_002d7_jsp.java。文件 3-7.jsp 转发前的语句执行了，转发后的语句没有执行。其中 forward 动作转译代码片段如下：

```
System.out.println("3-7.jsp 转发开始");
if (true) {
    _jspx_page_context.forward("3-7/3-7fw.jsp"
    + "?" + org.apache.jasper.runtime.JspRuntimeLibrary.URLEncode("uname", request.getCharacterEncoding())
    + "=" + org.apache.jasper.runtime.JspRuntimeLibrary.URLEncode("admin", request.getCharacterEncoding())
    + "&" + org.apache.jasper.runtime.JspRuntimeLibrary.URLEncode("urole", request.getCharacterEncoding())
    + "=" + org.apache.jasper.runtime.JspRuntimeLibrary.URLEncode("ADM", request.getCharacterEncoding()));
    return;
}
System.out.println("3-7.jsp 转发结束");
```

转发动作之前的 HTML 代码也没有返回给浏览器，因为 JSP 页面默认有缓冲区，大小为 8 KB，所以转发前的 HTML 代码一直没有返回给浏览器，转发时缓冲区会被清除。可以通过把 page 指令的 buffer 属性设置为 none 取消缓冲区，在这种情况下，如果在<jsp:forward>标签前 JSP 文件已经有了输出数据，则使用 forward 动作会出错。

例 3-8 演示向静态文件转发的过程，转发一个图片文件。

文件 3-8.jsp 代码如下：

```
<%@page contentType="text/html" pageEncoding="UTF-8"%>
<!DOCTYPE html>
<html>
    <head>
        <meta http-equiv="Content-Type" content="text/html; charset=UTF-8">
        <title>&nblt;jsp:forword&nbgt;静态</title>
    </head>
    <body>
        <h1>3-8 主体<img src="<jsp:forward page="3-8/tomcat.png"/>"></
```

```
        h1>
        </body>
</html>
```

运行结果如图 3 – 10 所示,显示的是 png 图片文件内容。虽然在文件 3-8.jsp 中把 forward 动作放到了 img 元素的 src 属性中,但是因为 forward 动作转发给 tomcat.png 文件后,会从缓冲区里清除文件 3-8.jsp 的内容,因此浏览器收到的内容只有 tomcat.png 图片文件的内容。

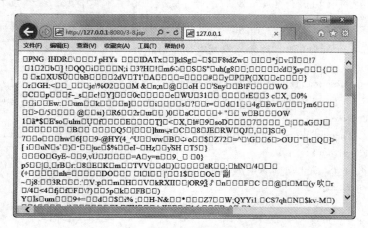

图 3 – 10 转发图片运行结果

3.4.2 include 动作

include 动作用于把另外一个资源的输出内容包含进当前 JSP 页面的输出内容之中,这种在请求阶段的包含称为动态包含。include 动作可以包含动态和静态文件,静态文件包含的是文件内容,如果是动态文件,包含的是动态文件的执行结果。

具体流程如图 3 – 11 所示,当 1.jsp 文件收到来自浏览器的 HTTP 请求后,可以向 Web 服务器发出请求(可以增加参数)访问 2.jsp,2.jsp 执行结束后,把执行结果包含进 1.jsp 的当前位置。包含 3.html 时,直接把 3.html 的内容包含进来。在 1.jsp 中可以包含多个文件,最后由 1.jsp 负责把这些文件的结果包含在一起返回给浏览器显示。

include 动作语法格式如下:

```
<jsp:include page = {"相对 URL" | "<% = Java 表达式 %>"} flush = "true|false" />
<jsp:include page = {"相对 URL" | "<% = Java 表达式 %>"} flush = "true|false">
        <jsp:param name = "参数名 1" value = "{值 1 | <% = Java 表达式 1 %>}" />
        ...
        <jsp:param name = "参数名 n" value = "{值 n | <% = Java 表达式 n %>}" />
</jsp:include>
```

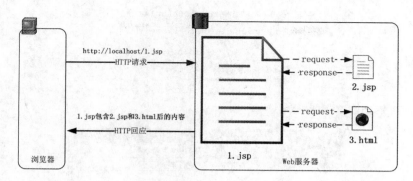

图 3-11 include 动作流程

　　include 动作包含时可以通过<jsp:param>元素向 HTTP 请求中增加多个参数，但是要求 page 属性所指定的目标文件必须是能够处理这些请求参数的动态文件。执行 include 动作包含后，原文件<jsp:include>标签后面的代码继续执行。flush 属性指定在插入其他资源的输出内容时，是否先将当前 JSP 页面已输出的内容刷新到客户端。

例 3-9　演示 include 动作。

文件 3-9.jsp 部分代码如下：

```
<h1>3-9.jsp 内容</h1>
<p>包含 JSP：
    <jsp:include page = "3-9/3-9inc.jsp">
        <jsp:param name = "uname" value = "David"/>
        <jsp:param name = "urole" value = "guest"/>
    </jsp:include>
</p>
<p>3-9.jsp 内容</p>
```

被包含的文件 3-9inc.jsp 代码如下：

```
<%@page contentType = "text/html" pageEncoding = "UTF-8"%>
<!DOCTYPE html>
<html>
    <head>
        <meta http-equiv = "Content-Type" content = "text/html; charset = UTF-8">
        <title>包含的目标文件</title>
        <style>
            #main{text-align:center;font-size:18px;}
        </style>
    </head>
    <body>
        <div id = "main">
```

```
            名字：<% = request.getParameter("uname") %><br/>
            角色：<% = request.getParameter("urole") %>
        </div>
    </body>
</html>
```

运行结果如图 3 - 12 所示。

图 3 - 12　include 动作运行结果

　　include 动作和 forward 动作的不同之处在于，forward 动作把 HTTP 请求转发给其他文件后，后面的代码不会执行；而 include 动作把 HTTP 请求发送给被包含的文件，被包含文件执行后，把结果返回给原文件，include 标签后面的代码会接着执行。

　　include 动作和 include 指令的不同之处在于，include 指令是静态包含，不管包含几个文件，最终都转译为一个 Servlet 文件，包含是在转译期间进行的；而 include 动作是动态包含，每个文件都单独转译为 Servlet 文件，包含是在请求服务期间进行的。例如文件 3-9inc.jsp 转译为 _3_002d9inc_jsp.java，而文件 3-9.jsp 转译为 _3_002d9_jsp.java，其中 include 动作转译代码片段如下：

```
        out.write("\t<h1>3 - 9.jsp 内容</h1>\r\n");
        out.write("\t<p>包含 JSP:\r\n");
        out.write("            ");
        org.apache.jasper.runtime.JspRuntimeLibrary.include(request, response, "3 - 9/3 - 9inc.jsp"
         + "?" + org.apache.jasper.runtime.JspRuntimeLibrary.URLEncode("uname", request.getCharacterEncoding())
         + "=" + org.apache.jasper.runtime.JspRuntimeLibrary.URLEncode("David", request.getCharacterEncoding())
         + "&" + org.apache.jasper.runtime.JspRuntimeLibrary.URLEncode("urole", request.getCharacterEncoding())
         + "=" + org.apache.jasper.runtime.JspRuntimeLibrary.URLEncode("guest", request.
```

```
getCharacterEncoding()), out, false);
        out.write("\r\n");
        out.write("        </p>\r\n");
        out.write("\t<p>3-9.jsp 内容</p>\r\n");
```

3.5 隐含对象

所谓隐含对象,就是当编写 JSP 文件时,不需要声明就可以直接使用的对象,也称内置对象。在 JSP 文件中,可以通过隐含对象获取 HTTP 请求、会话对象、Web 应用程序、运行环境等信息。表 3-5 列出了 JSP 文件中可用的隐含对象,以及隐含对象的变量名,注意在 JSP 文件中使用时,变量名必须与规定的一致,区分大小写。

表 3-5 JSP 中的隐含对象

变量名	类型	描述
pageContext	javax.servlet.jsp.PageContext	本 JSP 页面的上下文对象
request	javax.servlet.http.HttpServletRequest	包含浏览器发送的 HTTP 请求信息
session	javax.servlet.HttpSession	存取 HTTP 会话对象,当 page 指令 sesson 属性为 true 时,session 才可用,缺省可用
application	javax.servlet.ServletContext	表示 JSP 页面所在 Web 应用程序的配置信息
page	java.lang.Object	对当前 JSP 页面的引用,相当于 Java 中的 this 变量
config	javax.servlet.ServletConfig	包含 JSP 文件转译后 Servlet 的相关信息
response	javax.servlet.HttpServletResponse	包含返回给浏览器的 HTTP 响应信息
out	javax.servlet.JspWriter	JSP 的数据输出对象
exception	java.lang.Throwable	由其他 JSP 抛出的异常,当 page 指令 isErrorPage 属性为 true 时,exception 才可用,缺省不可用

隐含对象的变量为什么不需要在 JSP 文件中声明?因为由 JSP 解析程序在转译过程中自动添加了隐含对象的声明。其中,session 和 exception 是否进行声明由 page 指令进行控制,缺省时 session 可用,而 exception 不可用。

如下是 JSP 文件的部分代码:

```
<%
    String msg = (String) session.getAttribute("uname");
%>
<%!
    public void setMsg() {
        //声明的方法里不能使用隐含对象,出现错误 session cannot be resolved
        //String msg = session.getAttribute("uname");
    }
```

```
%>
<p><%=request.getContextPath()%></p>
<p><%=msg%></p>
```

隐含对象可以用在表达式和代码片段里,但是不能用在声明里,在声明方法里使用隐含对象,会出现变量无法解析的错误。查看转译后的 Servlet 文件,看看隐含对象是在哪里声明的。代码片段如下:

```
public void setMsg(){
    //这里不能使用隐含对象,出现错误 session cannot be resolved
    //String msg = session.getAttribute("uname");
}
...
public void _jspService(final javax.servlet.http.HttpServletRequest request, final javax.servlet.http.HttpServletResponse response)    throws java.io.IOException, javax.servlet.ServletException {
    final javax.servlet.jsp.PageContext pageContext;
    javax.servlet.http.HttpSession session = null;
    final javax.servlet.ServletContext application;
    final javax.servlet.ServletConfig config;
    javax.servlet.jsp.JspWriter out = null;
    final java.lang.Object page = this;
    javax.servlet.jsp.JspWriter _jspx_out = null;
    javax.servlet.jsp.PageContext _jspx_page_context = null;
    try {
        response.setContentType("text/html;charset=UTF-8");
        pageContext = _jspxFactory.getPageContext(this, request, response,null, true, 8192, true);
        _jspx_page_context = pageContext;
        application = pageContext.getServletContext();
        config = pageContext.getServletConfig();
        session = pageContext.getSession();
        out = pageContext.getOut();
        _jspx_out = out;
        ...
        String msg = (String)session.getAttribute("uname");
        ...
        out.print(request.getContextPath());
        ...
    } catch (java.lang.Throwable t) {
        ...
    } finally {
        _jspxFactory.releasePageContext(_jspx_page_context);
    }
}
```

        }
    }

从转译后的代码分析,九个隐含对象变量的作用域是_jspService()方法,其中 request 和 response 是该方法的参数;而 pageContext、session、application、config、out、page、exception 都是该方法的局部变量,exception 只有 page 指令的属性 isErrorPage 为 true 时才会自动声明。

只有转译后生成在_jspService()方法中的 JSP 元素内才可以使用隐含对象,表达式和脚本片段可以使用隐含对象。而声明方法、转译后生成的实例方法,与_jspService()方法并列,因此,在声明中无法使用隐含对象。下面分别介绍各个隐含对象的用法。

3.5.1　request 对象

隐含对象 request 是由容器创建的,实现了接口 javax.servlet.http.HttpServletRequest,封装了来自浏览器的 HTTP 请求协议包内容,因此,HTTP 请求协议内的信息,都可以通过 request 对象的方法获取。常用方法可以分为三类:获取用户信息、获取 HTTP 请求头信息、获取客户端信息。

1. 获取用户信息

表 3-6 所列是获取用户信息的方法,这些是 request 对象中使用频率最高的方法,通过这些方法获取的参数有三种来源:①查询字符串,附加在 URL 后面,格式是 "?name1=value1&name2=value2";②在表单内设置的,参数名是表单中某个元素 name 属性的值,而参数值是该元素 value 属性的值;③在 forward 动作和 include 动作中,以<jsp:param>标签设置的参数。

表 3-6　获取用户信息方法

方法	描述
String getParameter (String name)	获取指定名字的参数值,返回字符串类型,其他类型需要进行显式转换,如果没有参数则返回 null
String[] getParameterValues(String name)	获取指定名字的参数值数组,如果不存在则返回 null,一般用于一个名字多个值的情况,例如表单中的复选框
Enumeration getParameterNames()	获取所有参数名字的枚举对象
Map getParameterMap()	获取所有参数,Map 的 key 为参数名,字符串类型;value 为值,字符串数组

例 3-10　演示 request 对象获取用户信息的几个方法,收集用户的页面用第 2 章的用户注册页面。

文件 3-10.jsp 代码如下:

```jsp
<%@page contentType="text/html" pageEncoding="UTF-8"%>
<%@page import="java.util.*"%>
<%
    String name = request.getParameter("uname");
    //判断是否为空值
    if (name == null) {
        name = "";
    }
    String[] advNames = {"体育新闻","娱乐新闻","IT新闻","本地新闻"};
    String strAdv = "";
    String[] advert = request.getParameterValues("advert");
    for (int i = 0; advert != null && i < advert.length; i++) {
        //把字符串类型转换为整数
        Integer k = new Integer(advert[i]);
        if (!strAdv.equals("")) {
            strAdv += ";";
        }
        strAdv += advNames[k];
    }
    //生成参数列表
    String strQuery = "";
    Enumeration em = request.getParameterNames();
    while (em.hasMoreElements()) {
        String tmpname = (String) em.nextElement();
        String tmpvalue = (String) request.getParameter(tmpname);
        strQuery += tmpname + "=" + tmpvalue + "&";
    }
%>
<!DOCTYPE html>
<html>
    <head>
        <meta http-equiv="Content-Type" content="text/html; charset=UTF-8">
        <title>隐含对象request</title>
    </head>
    <body>
        <p>用户名:<%=name%></p>
        <p>允许推送的新闻:<%=strAdv%></p>
        <p>参数列表:<%=strQuery%></p>
        <%
            strQuery = "";
            Map<String, String[]> paraMap = request.getParameterMap();
            for (Map.Entry<String, String[]> entry : paraMap.entrySet()) {
                String pName = entry.getKey();
                String pValue = "";
```

```
                String[] pArr = entry.getValue();
                if (pArr == null || pArr.length == 0) {
                    continue;
                }
                for (int i = 0; i < pArr.length; i++) {
                    if (!pValue.equals("")) {
                        pValue += ";";
                    }
                    pValue += pArr[i];
                }
                pValue = pName + "=" + pValue;
                strQuery += pValue + "&";
            }
        %>
        <p>参数列表:<%=strQuery%></p>
    </body>
</html>
```

获取用户信息常用的方法为 getParameter()和 getParameterValues(),二者的区别在于第一个方法返回字符串,第二个方法返回字符串数组。两个方法应用时要注意进行空值判断,如果参数不存在,则返回 null,应用前需要先判断是否为 null。

方法 getParameterNames()和 getParameterMap()大部分情况下用于测试,有时候用于生成参数列表字符串。二者区别在于,第一个方法返回参数名字的枚举类,然后根据名字通过方法 getParameter()和 getParameterValues()获取参数的值;第二个方法直接返回参数的 Map 类。

运行结果如图 3-13 所示。

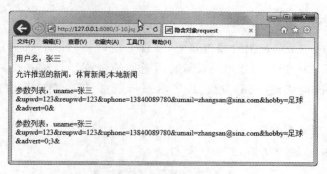

图 3-13 获取用户信息

2. 获取 HTTP 请求头信息

表 3-7 所列是获取 HTTP 请求头信息的方法,这些方法中最常用的是 getCookies()方法,可以用于自动登录,后面会结合用户登录例子介绍。

表 3-7 获取 HTTP 请求头信息

方法	描述
String getHeader(String name)	获取指定名字的头部值
Enumeration getHeaders(String name)	获取指定名字的所有头部值的枚举对象
Enumeration getHeaderNames()	获取所有头部名字的枚举对象
Cookie[] getCookies()	获取 HTTP 请求中的所有 Cookie

3. 获取客户端信息

表 3-8 所列是获取客户端信息的方法,一般应用为:①获取访问的完整 URL;②可以获取访问的客户端机器的 IP 地址,保存在登录日志中,便于以后进行审计。

表 3-8 获取客户端信息

方法	描述
String getRequestURI()	返回请求行中的资源名部分,不包括请求的参数部分
StringBuffer getRequestURL()	返回客户端发出请求时的完整 URL
String getQueryString()	返回请求行中的参数部分
String getPathInfo()	返回请求 URL 中的路径信息。路径信息是请求 URL 中位于 Servlet 的路径之后和查询参数之前的内容,以"/"开头
String getRemoteAddr()	返回发出请求的客户机的 IP 地址
String getRemoteHost()	返回发出请求的客户机的完整主机名
String getRemotePort()	返回客户机所使用的网络端口号
String getLocalAddr()	返回 WEB 服务器的 IP 地址
String getLocalName()	返回 WEB 服务器的主机名

3.5.2 response 对象

隐含对象 response 是由容器创建的,实现了接口 javax.servlet.http.HttpServletResponse,用来把 JSP 的处理结果封装后返回给浏览器。response 常用方法根据 HTTP 响应协议构成,有三种方法:设置状态行信息、设置响应头信息、设置响应正文信息。

1. 设置状态和头信息

设置状态信息的方法如表 3-9 所列。

表 3-9 设置状态信息方法

方法	描述
void sendError (int sc)	发送表示错误消息的状态码
void sendError (int sc, String msg)	发送表示错误消息的状态码和消息

续表 3-9

方　　法	描　　述
void setStatus(int sc)	设置任何 HTTP 响应消息的状态码
void sendRedirect(String location)	通知浏览器重定向访问 location 所指向的资源

方法里的参数 sc 表示状态码,可以是整数,也可以使用在 HttpServletResponse 中定义的常量。HTTP 协议的状态响应码为 3 位整数,分为 5 类:①100～199:表示服务器成功接收请求,但这次请求只是一部分,需要浏览器继续提交下一次请求才能完成全部处理过程。②200～299:表示服务端已成功接收请求,并完成了全部处理过程。例如 200,表示请求的资源已经成功返回给浏览器。③300～399:表示浏览器请求的资源已经转移到别的位置,并向浏览器指明了这个新地址。其中,301 表示位置永久移动,302 表示临时移动。④400～499:表示客户端的请求有错误,例如常见的 404,表示请求资源未找到。⑤500～599:表示服务端出现错误。

设置响应头信息的方法如表 3-10 所列。

表 3-10　设置响应头信息方法

方　　法	描　　述
void addHeader(String name, String value)	增加 String 类型值到 name 头部信息,不会覆盖同名的,新增同名的
void setHeader(String name, String value)	设置 String 类型值到 name 头部信息,有同名的则覆盖原来的值
void addIntHeader(String name, int value)	增加 int 类型值到 name 头部信息,不会覆盖同名的,新增同名的
void setIntHeader(String name, int value)	设置 int 类型值到 name 头部信息,有同名的则覆盖原来的值
void addDateHeader(String name, long date)	增加日期字段值,不会覆盖同名的,新增同名的,值是毫秒值
void setDateHeader(String name, long date)	设置日期字段值,如果有同名的则覆盖原来的值,值是毫秒值
void setContentType(String type)	该方法设置 Content-Type 字段的值(即 MIME 类型)
void setCharacterEncoding(String charset)	设置 Content-Type 字段的字符集部分
void setContentLength(int len)	设置响应正文的大小,单位是字节,Servlet 容器会自动设置
boolean containsHeader(String name)	检查某个字段是否在响应消息头中存在
void addCookie(Cookie cookie)	向 HTTP 响应头中添加 Cookie 对象

例 3-11　演示利用 response 方法实现 HTTP 请求重定向。

文件 3-11.jsp 代码如下:

```
<%@page contentType="text/html" pageEncoding="UTF-8"%>
```

```
<!DOCTYPE html>
<html>
    <head>
        <meta http-equiv="Content-Type" content="text/html;charset=UTF-8">
        <title>重定向</title>
    </head>
    <body>
        <h1>文件内容不显示</h1>
        <%
            Integer type = 1;         //type 缺省设置为 1
            String strtype = request.getParameter("type");
            if (strtype == null)   //如果没有名称是 type 的参数,则设置缺省值
            {
                strtype = "1";
            }
            try {
                type = new Integer(strtype);   //参数值转换为整数
            } catch (Exception e) {
            }
            switch (type) {
                case 1:
                    response.sendRedirect("3-11/1.html");
                    break;
                case 2:
                    response.setStatus(302);
                    response.setHeader("Location", "3-11/2.jsp");
                    break;
            }
        %>
    </body>
</html>
```

文件可以接收 type 参数,如果没有设置,则 type 使用缺省值 1。当 type 为 1 时,调用方法 sendRedirect(),重定向访问 3-11/1.html 文件,部分代码如下:

`<h1>通过方法 sendRedirect()重定向来的页面!</h1>`

当 type 为 2 时,则通过设置状态码和头部信息重定向访问文件 3-11/2.jsp,部分代码如下:

`<h1>通过方法设置状态信息,重定向来的页面!</h1>`

启动浏览器后,在地址栏中输入 http://127.0.0.1:8080/3-11.jsp?type=1,运行结果如图 3-14 所示,页面内容是 1.html 的内容,并且地址栏中显示 http://127.

0.0.1:8080/3-11/1.html。

图 3-14　sendRedirect 重定向页面

在地址栏输入 http://127.0.0.1:8080/3-11.jsp？type=2,运行结果如图 3-15 所示,页面内容是 2.jsp 的内容,并且地址栏中显示 http://127.0.0.1:8080/3-11/2.jsp。

图 3-15　设置状态信息重定向页面

HTTP 请求重定向是指一个 Web 资源收到浏览器请求后,通知浏览器去访问另外一个 Web 资源。一般应用于用户登录成功后自动跳转某个页面,或跳转到广告页等。

实现方式:①调用 response 对象的 sendRedirect()方法实现请求重定向,sendRedirect()内部的实现原理:使用 response 设置 302 状态码和设置 location 响应头信息实现重定向,例子中演示的两种实现方法,其实原理上是一样的。②使用 forward 动作进行请求转发。

这两种实现方式的区别:sendRedirect()方法与浏览器交互,返回 HTTP 响应给浏览器,在 HTTP 响应的头部信息中告诉浏览器重定向的资源地址,浏览器收到后,自动向重定向资源发出新的 HTTP 请求,因此,浏览器地址栏的内容会变成重定向资源的地址;而对于 forward 动作,所有的重定向,转发过程都是在服务器端进行的,转发过程中,是不会与浏览器交互的,浏览器地址栏的内容也不会改变。

2. 设置响应正文信息

为了向浏览器返回响应正文,response 提供了如表 3-11 所列的两个方法。这两个方法其实都是向 HTTP 响应协议包的正文区域添加数据,只不过一个是添加文本数据,另一个添加的是二进制数据。当然,一个响应包只能添加一种数据,所以这两个方法是互斥的,也就是说,调用一个方法后就不能再调用另一个方法。

表 3-11　设置响应正文方法

方　　法	描　　述
PrintWriter getWriter()	返回字符输出流对象,设置文本信息,例如 HTML
ServletOutputStream getOutputStream()	返回字节输出流对象,设置二进制数据,例如图片文件

大部分情况下，HTTP 响应正文都是 HTML 文档，因此，方法 getWriter() 在 Servlet 编程时使用的频率比较高。但是，在 JSP 中一般使用隐含对象 out 来实现输出文本文件的功能，二者的区别后面再详细介绍。使用方法 getOutputStream() 获取的对象 ServletOutputStream 可以返回二进制文件，例如显示图片文件、pdf 文件等。

例 3-12　演示登录验证码的实现。

文件 3-12.jsp 部分代码如下：

```
        ...
        <form id = "myfrm">
            <fieldset id = "fbase">
                <legend>用户登录</legend>
                <span>
                    <label for = "uname">姓名:</label><input id = "uname" name = "uname" type = "text" />
                </span>
                <span>
                    <label for = "uname">密码:</label><input id = "upwd" name = "upwd" type = "password"/>
                </span>
                <span>
                    <label for = "uname">验证码:</label><input id = "checkcode" name = "checkcode" maxlength = "4"/>
                    <img src = "3-12/image.jsp">
                </span>
            </fieldset>
            <fieldset id = "fop">
                <legend>操作面板</legend><input type = "submit" value = "登录"/><input type = "reset" value = "重置"/>
            </fieldset>
        </form>
        ...
```

文件实现的是一个简单的用户登录页面，可以输入用户名和密码，以及验证码。验证码是现在用户登录时普遍采用的一种技术，主要是为了防止自动登录发帖的程序（俗称机器人）。验证码图片 src 属性设置的是一个 JSP 文件，说明图片数据不是来自一个静态的图片文件，而是由 image.jsp 动态生成的。

```
<label for = "uname">验证码:</label>
<input id = "checkcode" name = "checkcode" maxlength = "4"/>
<img src = "3-12/image.jsp">
```

文件 image.jsp 的代码如下：

```jsp
<%@ page contentType="image/JPEG" pageEncoding="UTF-8"%>
<%@ page import="java.awt.*,java.awt.image.*,java.util.*,javax.imageio.*"%>
<%
    //设置页面不缓存
    response.setHeader("Pragma","No-cache");
    response.setHeader("Cache-Control","no-cache");
    response.setDateHeader("Expires", 0);
    //在内存中创建图象
    int width=60, height=20;
    BufferedImage image = new BufferedImage(width, height, BufferedImage.TYPE_INT_RGB);
    //获取图形上下文
    Graphics g = image.getGraphics();
    //设定背景色
    g.setColor(new Color(200,200,200));
    g.fillRect(0, 0, width, height);
    //设定字体
    g.setFont(new Font("Times New Roman",Font.PLAIN,18));
    g.setColor(new Color(99,99,99));
    //31是因为数组是从0开始的,26个字母+10个数字-4个容易混淆的(0,1,o,i)
    int maxNum = 32;
    int i;      //生成的随机数
    int count = 0;
    char[] str = {'a','b','c','d','e','f','g','h','i','j','k','m','n','p','q','r','s',
't','u','v','w',
        'x','y','z','2','3','4','5','6','7','8','9'};
    StringBuffer strCode = new StringBuffer("");
    Random r = new Random();
    while (count < 4) {
        //生成随机数,取绝对值,防止生成负数,
        i = Math.abs(r.nextInt(maxNum));    //生成的数最大为36-1
        if (i >= 0 && i < str.length) {
            strCode.append(str[i] + " ");
            count++;
        }
    }
    g.drawString(strCode.toString(), 0, 16);
    //将验证码存入SESSION
    session.setAttribute("checkCode", strCode.toString());
```

```
        g.dispose();
        //输出图象到页面
        ImageIO.write(image, "JPEG", response.getOutputStream());
%>
```

在 image.jsp 中,设置返回的文件类型为图片文件。

```
<%@ page contentType="image/JPEG" pageEncoding="UTF-8" %>
```

为了防止生成的图片数据被浏览器缓冲,通过设置 HTTP 响应头信息,不让浏览器缓冲。

```
        response.setHeader("Pragma", "No-cache");
        response.setHeader("Cache-Control", "no-cache");
        response.setDateHeader("Expires", 0);
```

生成图片数据,主要用到了 BufferedImage 类,创建了一个包含小写字母和数字的数组,然后随机挑选四个数组元素。最后,把图片数据输出到 HTTP 响应对象 response 中。

```
        ImageIO.write(image, "JPEG", response.getOutputStream());
```

图 3-16 带验证码的用户登录页面

运行结果如图 3-16 所示。

3.5.3 out 对象

在 JSP 页面中不需要声明,可以直接用 out 对象把信息输出到 response 的响应正文,然后发送给浏览器,隐含对象 out 是 javax.servlet.jsp.JspWriter 类的实例。out 是一个数据输出流,提供了 print()和 println()两种输出方法,可以输出布尔型、字符型、字符数组、双精度浮点型、单精度浮点型、整型、长整形、String 和 Object 等类型的变量。二者的区别是 println()会在输出后增加一个换行符。

在 JSP 页面中使用的隐含对象 out 和通过 response 的方法 getWriter()获取的对象一样,都是向浏览器返回文本数据,那么二者有什么样的联系呢?

① out 是 JspWriter 类的实例,而方法 getWriter()获取的是 PrintWriter 类的实例,两个类都是继承自 java.io.Writer 类。

② JspWriter 是抽象类而 PrintWriter 不是,PrintWriter 的对象可以通过 new 操作来直接新建一个,而 JspWriter 必须通过其子类来新建。JspWriter 的子类由各个 Servlet 容器开发商实现,例如 Tomcat 实现的类是 org.apache.jasper.runtime.

JspWriterImpl。

（3）JspWriter 是一个有缓冲功能的数据输出流，新建 JspWriter 对象时要关联通过 response 方法 getWriter（）获取的一个 PrintWriter 类型对象，最终 JspWriter 对象输出到 response 响应正文缓冲区的任务还是通过这个 PrintWriter 类型对象完成的。

JspWriter 关于缓冲区的管理方法如表 3-12 所列。

表 3-12 缓冲管理方法

方　法	描　述
void clear()	清除缓冲区中的数据，若缓冲区已经为空，则会产生 IOException 异常
void clearBuffer()	清除缓冲区的数据，若缓冲区为空，则不会产生 IOException 异常
void flush()	直接将目前暂存于缓冲区的数据输出
int getBufferSize()	返回缓冲区的大小
int getRemaining()	返回缓冲区的剩余空间大小
boolean isAutoFlush()	返回布尔值表示是否自动输出缓冲区的数据
void newLine()	输出换行

隐含对象 out 发送数据的流程如图 3-17 所示，在 JSP 文件中通过 out 发送数据，数据被送到 JspWriter 的缓冲区里，缓冲区的大小由 page 指令设置，默认是 8 KB，例如下面设置缓冲区大小为 32 KB：

＜％@ page buffer = "32kb" ％＞

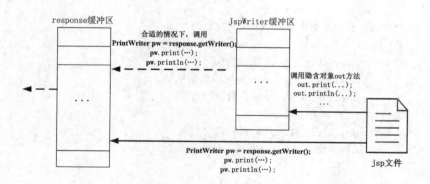

图 3-17 out 发送数据流程

在合适的情况下，JspWriter 会通过 response 对象的方法 getWriter（）获取 PrintWriter 对象，然后通过该对象向 response 缓冲区输出数据。所谓合适的情况是：①通过 page 指令关闭 out 对象的缓存功能，则每次通过 out 输出的数据不会缓存，直接输出；②out 对象的缓冲区满了，如果 autoFlush 属性设置为 true，则把缓冲区数据直接输出，否则抛出异常；③JSP 中调用了 out.flush（）等方法，把缓冲区数据直接输出;④整个 JSP 页面结束。

在 JSP 文件中,可以通过 response 对象的方法 getWriter() 获取 PrintWriter 对象,然后调用 PrintWriter 对象向 resposne 缓冲区输出数据。如果和隐含对象 out 输出数据的方法混合使用,那么由于这种输出数据的方式不使用缓存,所以输出数据的顺序有可能和 JSP 文件中语句顺序不一致。

例 3 - 13 在一个 JSP 文件采用隐含对象 out 和 response.getWriter() 获取的 PrintWriter 对象,发送数据,测试数据的发送顺序。

文件 3 - 13.jsp 代码如下:

```
<%@page contentType="text/html" pageEncoding="UTF-8"%>
<%@page import="java.io.PrintWriter"%>
<!DOCTYPE html>
<html>
    <head>
        <meta http-equiv="Content-Type" content="text/html; charset=UTF-8">
        <title>out 对象测试</title>
    </head>
    <body>
        <%
            out.print(1);
            out.println(":out 输出数据");
            PrintWriter pw = response.getWriter();
            pw.println("2:PrintWriter 输出数据");
        %>
        <h1>模板数据也是由 out 对象输出的</h1>
        <%
            out.println("3:out 输出数据");
            pw.println("4:PrintWriter 输出数据");
            out.println("5:out 输出数据");
            out.flush();
            out.println("6:out 输出数据");
            pw.println("7:PrintWriter 输出数据");
        %>
    </body>
</html>
```

运行结果如图 3 - 18 所示,数据输出顺序和语句顺序不一致,在 out.flush() 方法执行之前,out 对象输出数据都没有实际输出,而 PrintWriter 对象输出数据直接输出了;JSP 文件的模板数据也是由 out 对象输出的,在转译后的 Servlet 文件里可以看到模板数据都是放到 out.write() 方法的。

下面是发送给浏览器的 HTML 文件代码,从代码顺序可以看到,PrintWriter 对象输出的数据在模版数据之前已经输出了。

2:PrintWriter 输出数据
4:PrintWriter 输出数据
```
<!DOCTYPE html>
<html>
    <head>
        <meta http-equiv="Content-Type" content="text/html;charset=UTF-8">
        <title>out对象测试</title>
    </head>
    <body>
    1:out 输出数据
        <h1>模板数据也是由 out 对象输出的</h1>
    3:out 输出数据
    5:out 输出数据
    7:PrintWriter 输出数据
    6:out 输出数据
    </body>
</html>
```

隐含对象 out 数据不是直接输出,而是先写入缓冲区,可以使用 out.flush()方法输出缓冲区数据。或者可以在文件 3-13.jsp 中添加代码<%@page buffer="none"%>关闭缓冲区。

运行结果如图 3-19 所示,输出数据顺序和语句顺序完全一致。

图 3-18 out 发送数据顺序　　　　图 3-19 关闭缓冲区 out 发送数据顺序

综上所述,在 JSP 文件中使用隐含对象 out 输出数据,而在 Servlet 编程中一般使用 response 对象的方法 getWriter()获取 PrintWriter 对象输出数据,两种输出数据的方式不要混用。

3.5.4 session 对象

隐含对象 session 是会话追踪(session tracking)的一种实现方式,也是目前应用最广泛的实现方式之一。所谓会话追踪,是指一种用来在浏览器与服务器之间保持状态的解决方案,当客户访问多个网页时,服务器会保存该用户的信息。

这种需求在 Web 应用程序中很普遍,早期会话的经典应用是电子商务里面的购物车,用户可以在多个页面选购商品,把商品加入到购物车中,因此必须记录用户所有选购的商品。而现在,传统的业务系统都移植到 Web 上,大部分系统都需要权限控制,需要记录用户的登录状态,这种状态不是简单的是否登录,而是需要保存用户更详细的信息,例如用户的角色、可访问的菜单列表、可操作的功能列表等。

会话实现原理如图 3-20 所示。浏览器会话一发送一个请求访问 1.jsp,1.jsp 收到请求后,发现没有 sessionID,则新建一个会话对象 Session1,在服务器内存分配一块区域,并且返回一个唯一标识,即 sessionID。同一个浏览器会话再次发送请求访问 2.jsp 时,就带着收到的 sessionID,2.jsp 收到请求后,根据 sessionID 获取上次创建的会话对象 Session1,并从中获取 1.jsp 保存的数据,通过这种方式达到在多个请求之间共享状态的目的。浏览器会话二发送一个请求访问 2.jsp 时,没有携带 sessionID,原因是这两个属于不同的会话,对于服务器端的 JSP 文件来说,这是来自两个用户的请求,即使这两个浏览器会话是在一台计算机上。

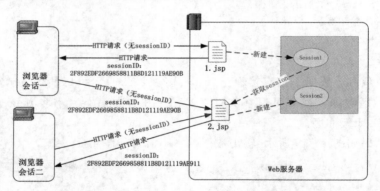

图 3-20 session 实现原理

浏览器会话区分标准,以前是新启动的浏览器进程属于不同的会话。现在的 IE 浏览器如果想开启一个新会话,可以通过在菜单"文件"下的子菜单"新建会话"启动浏览器窗口,属于一个新会话。

1. 何时创建会话

隐含对象 session 是由容器创建的,实现了接口 javax.servlet.http.HttpSession。JSP 文件中不需要创建会话对象,可以通过 page 指令的属性来决定是否创建会话对象。默认时,每个 JSP 文件都自动创建会话对象。转译后的创建会话对象代码如下:

```
final javax.servlet.jsp.PageContext pageContext;
pageContext = _jspxFactory.getPageContext(this, request, response,null, true, 8192, true);
session = pageContext.getSession();
```

PageContext 和 JspWriter 一样是抽象类,子类也是由各个 Servlet 容器开发商实现的,例如 Tomcat 实现的类是 org.apache.jasper.runtime.PageContextImpl。在该类的内部创建 session 的代码如下:

```
if(request instanceof HttpServletRequest && needsSession){
        this.session = ((HttpServletRequest) request).getSession();
}
```

因此,创建会话的方法如表 3-13 所列。

表 3-13　HttpServletRequest 中创建会话方法

方　法	描　述
HttpSession getSession(boolean create)	获得与当前 HTTP 请求关联的 HttpSession 对象,如果没有找到,当 create 为 true,则创建一个新 HttpSession 对象,create 为 false 时,直接返回 null
HttpSession getSession()	获得与当前 HTTP 请求关联的 HttpSession 对象,如果没有找到,则创建一个新 HttpSession 对象

可以通过以下代码不创建 session 对象。

```
<%@ page session="false" %>
```

2. 何时销毁会话

会话其实代表了服务器的一块内存区域,通过唯一标识 sessionID 来访问这块区域,因为会话会占用服务器内存,所以必须及时销毁会话,释放服务器端的资源,销毁会话有三种方式。

① 服务器停止,自动释放资源,会销毁所有会话。

② 设置一个会话过期时间,当某个会话超过这个时间,也没有被访问,则销毁这个会话。在 Tomcat 服务器里,默认的过期时间是 30 min,在 web.xml 中可以修改。

```
<session-config>
    <session-timeout>30</session-timeout>
</session-config>
```

以上代码设置在<Tomcat 安装目录>/conf/web.xml 文件中,所以 Tomcat 中所有的 Web 应用程序会话的过期时间都是 30 min。因为不同的 Web 应用程序对会话的过期时间要求不一样,比如一些安全要求比较高的应用,过期时间可以短一些;而一些录入数据时间比较长的应用,过期时间可以调整得长一些。如果要调整某个 Web 应用的会话过期时间,可以在该 Web 应用的 web.xml 中进行设置。

如果在一个 Web 应用中要调整某个会话的过期时间,可以使用 HttpSession 下面的方法来设置过期时间,参数单位是秒。

```
void    setMaxInactiveInterval(int interval)
```

③ 调用 HttpSession 的方法 invalidate()销毁会话对象,在一些安全要求比较高的应用中,例如网银应用,要求用户退出系统时主动单击"注销"按钮,这时服务器端可以调用该方法,销毁会话对象。

3. 如何保存数据

在会话对象里保存数据的方法如表 3-14 所列。

表 3-14 HttpSession 中存取属性方法

方 法	描 述
void setAttribute(String name, Object value)	向会话对象内保存数据,关键字为 name,值为 value
Object getAttribute(String name)	根据名字 name 返回关联的数据,没有则返回 null
void removeAttribute(String name)	删除名字 name 绑定的数据对象
Enumeration getAttributeNames()	返回会话对象中所有数据对象对应的名字枚举

4. 如何传递 sessionID

会话对象创建在服务器端,通过 sessionID 标识,所有浏览器端必须能够保存 sessionID,并在每次发出 HTTP 请求的时候携带 sessionID,sessionID 可以通过 HttpSession 的 getId()方法获得。

默认情况下,使用 Cookie 技术传递 sessionID。出于安全或者保护隐私的目的,有些浏览器会关闭 Cookie,这时候就需要使用 URL 重写技术。所谓 URL 重写,是在 URL 中添加一些额外的参数来达到传递 sessionID 的目的。URL 看起来如下:

http://www.sau.edu.cn/index.jsp;jsessionid=5AC6268DD8D4D5D1FDF5D41E9F2FD960

使用 URL 重写的优点是 Cookie 被禁用或者根本不支持的情况下依旧能够工作,而缺点是页面必须是动态生成,每个 URL 必须重新编码,增加了开发和维护的工作量。

URL 重写的方式需要使用 HttpServletResponse 接口中的方法 encodeURL(),该方法首先判断 Cookies 是否被浏览器支持,如果支持,则参数 URL 被原样返回,session ID 将通过 Cookies 来维持;否则,返回带有 sessionID 的 URL。

例 3-14 设计两个 JSP 显示会话 ID 和会话中保存的计数数据。

文件 3-14.jsp 部分代码如下:

```
<%
    Integer i = (Integer) session.getAttribute("SCount");
    if (i == null) { i = 1;} else { i++; }
    session.setAttribute("SCount", i);
%>
<h2> 3-14.jsp 访问次数:<% = i %></h2>
<p>会话标识是 <% = session.getId()%><br/>访问地址是 <% = request.ge-
```

tRequestURL()%></p>
　　<p style="margin:20px auto;text-align:center;width:300px">
　　　　<a href="3-14/1.jsp">普通链接</a>
<a href="<%=response.encodeUrl("3-14/1.jsp")%>">URL重写链接</a>
　　</p>

　　代码开始会从 session 中获取 SCount 的值,如果没有设置则为 null,此时表示是第一次访问,设置访问次数为 1。如果不是第一次访问,则将访问次数加一后,再次保存到 session 中。在页面上首先通过 request 的方法 getRequestURL() 获取完整的 URL,主要是为了测试 URL 是否被重写了。接着显示访问次数,测试 session 中的数据是否被传递了。最后,有两个指向 1.jsp 的超链接,一个是普通链接,另一个为 URL 重写链接。1.jsp 文件的代码和文件 3-14.jsp 基本一致,只是最后超链接指向文件 3-14.jsp。

　　运行后,点击"普通链接",显示如图 3-21 所示 1.jsp 页面,然后点击"URL 重写链接",显示如图 3-22 所示 3-14.jsp 的页面。session 中保存的访问次数可以在两个页面之间共享,而且不管通过哪种链接方法,显示的 URL 都没有重写。原因是,目前浏览器的 Cookie 可以使用,因此 encodeUrl() 方法不会对输入的 URL 做改变。

图 3-21　显示 1.jsp 页面　　　　　　　　图 3-22　返回 3-14.jsp 页面

　　通过修改 IE 浏览器"Internet 选项"的 Tab 页"隐私"设置,关闭 Cookie。此时,点击普通链接访问 1.jsp,显示如图 3-23 所示页面,会话标识与原来不同,表明新建了一个会话对象,因此访问次数变成了 1。原因是 Cookie 关闭后,sessionID 无法在服务器和浏览器之间传递,每次都是新建会话对象。在此页面上点击 URL 重写链接,显示如图 3-24 所示页面,发现会话内的数据又可以共享了,从会话标识分析,表明两个页面共享了一个会话对象。原因是 Cookie 关闭后,可以采用 URL 重写技术,通过把 sessionID 添加到 URL 中,在服务器和浏览器之间传递。这点从访问地址也可以看出来。

图 3-23 普通链接访问页面

图 3-24 URL 重写链接访问页面

3.5.5 application 对象

不同用户的会话对象之间数据无法共享,如果需要在不同用户之间共享数据,需要用到另一个隐含对象 application。application 对象实现了接口 javax.servlet.ServletContext,是由服务器启动时由容器创建的,不管有多少个用户,只要访问的是一个 Web 应用,则 application 对象都是同一个,直到服务器关闭,application 对象才被销毁。

application 对象常用方法如表 3-15 所列。

表 3-15 application 对象常用方法

方 法	描 述
void setAttribute(String name, Object value)	保存数据,关键字为 name,值为 value
Object getAttribute(String name)	根据名字 name 返回关联的数据,没有则返回 null
void removeAttribute(String name)	删除名字 name 绑定的数据对象
Enumeration getAttributeNames()	返回所有数据对象对应的名字枚举
String getInitParameter(String name)	返回 Web 应用的初始化参数值,没有则返回 null
Enumeration getInitParameterNames()	返回 Web 应用所有的初始化参数名字枚举
String getRealPath(String path)	返回 URL 路径对应的实际物理路径
URL getResource(String path)	返回指定资源的 URL 对象
InputStream getResourceAsStream(String path)	返回指定资源的 InputStream 对象
Set getResourcePaths(String path)	返回指定 URL 路径下所有资源路径的列表(类似于目录)
String getMimeType(String file)	返回指定文件的 MIME 类型,无法识别则返回 null
int getMajorVersion()	返回容器支持的 Servlet 的主版本号
int getMinorVersion()	返回容器支持的 Servlet 的次版本号
String getServerInfo()	返回容器的名称和版本
String getServletContextName()	返回 Web 应用程序部署时的名称
void log(String msg)	输出日志信息
void log(.String message, Throwable throwable)	输出指定异常的堆栈信息和辅助说明

例 3-15 演示 application 各种方法,其中关于保存属性的方法在下节会举例说明。

通过 application 可以获得容器和 Web 应用的基本信息,最常用的一个方法是 getRealPath(),当需要文件操作时,必须通过 application.getRealPath("/")获得 Web 应用的物理主目录。还可以通过方法 getResourcePaths()获取资源列表,application.getResourcePaths("/WEB-INF/")可以获取 WEB-INF 目录下的所有资源,如果是 application.getResourcePaths("/")则获取该 Web 应用下的所有资源列表。

文件 3-15.jsp 代码如下:

```
容器:<%=application.getServerInfo()%><br/>
主版本:<%=application.getMajorVersion()%><br/>
次版本:<%=application.getMinorVersion()%><br/>
部署名:<%=application.getServletContextName()%><br/>
主物理目录:<%=application.getRealPath("/")%>
子目录<br/>
<%
    Set<String> paths = application.getResourcePaths("/WEB-INF/");
    for (String path : paths) {
%>
<%=path%><br/>
<% } %>
```

文件 3-15.jsp 运行的结果如图 3-25 所示。

图 3-25 application 例子

Web 应用的初始化参数配置在 web.xml 文件中:

```
<?xml version="1.0" encoding="UTF-8"?>
<web-app xmlns="http://xmlns.jcp.org/xml/ns/javaee" xmlns:xsi="http://www.w3.org/2001/XMLSchema-instance"
    xsi:schemaLocation="http://xmlns.jcp.org/xml/ns/javaee http://xmlns.jcp.org/xml/ns/javaee/web-app_3_1.xsd"
    version="3.1" metadata-complete="true">
<display-name>Web 程序设计</display-name>
<description>
    Web 程序设计例子
</description>
<context-param>
    <param-name>picwidth</param-name>
    <param-value>400px</param-value>
</context-param>
```

```
        <context-param>
            <param-name>picheight</param-name>
            <param-value>300px</param-value>
        </context-param>
</web-app>
```

注意,web.xml 的属性 encoding 要设置为 UTF-8,同时该文件要以 UTF-8 的编码格式保存,否则 application.getServletContextName()会返回乱码。在 web.xml 中初始化参数通过标签<context-param>定义,可以定义多个。

方法 log()可以向日志文件中写日志信息,并且还可以写入异常的堆栈信息,以方便调试。例子中输出的日志信息保存在<Tomcat 安装目录>/logs 目录内文件 localhost.2015-11-23.log。日志内容如下:

23-Nov-2015 09:42:07.298 INFO [25] org.apache.catalina.core.ApplicationContext.log 初始参数开始
23-Nov-2015 09:42:07.305 INFO [25] org.apache.catalina.core.ApplicationContext.log 参数 picwidth
23-Nov-2015 09:42:07.306 INFO [25] org.apache.catalina.core.ApplicationContext.log 参数 picheight
23-Nov-2015 09:42:07.306 SEVERE [25] org.apache.catalina.core.ApplicationContext.log 测试异常
    java.lang.Exception:自定义异常!
        at org.apache.jsp._3_002d15_jsp._jspService(_3_002d15_jsp.java:128)

代码如下:

```
初始化参数列表<br/>
    <%
        application.log("初始参数开始");
        Enumeration em = application.getInitParameterNames();
        while (em.hasMoreElements()) {
            String pname = (String) em.nextElement();
            String pvalue = application.getInitParameter(pname);
            application.log("参数" + pname);
    %>
    <%=pname%> = <%=pvalue%><br/>
    <% }
        application.log("测试异常", new Exception("自定义异常!"));
    %>
```

通过方法 application.getResourceAsStream()可以读取指定文件的内容,例子中读取的是本身 JSP 文件,为了演示方便,只读了前九行。代码如下:

```
<textarea style="width:300px;height:200px;overflow:hidden;">
```

```
    <%
        InputStream stream = application.getResourceAsStream("/3-15.jsp");
        BufferedReader reader = new BufferedReader ( new InputStreamReader
(stream, "UTF-8"));
        String str = "";
        int i = 0;
        while ((str = reader.readLine()) != null) {
            out.println(str.trim());
            i++;
            if (i == 8) {
                break;
            }
        }
    %>
    </textarea>
</p>
```

3.5.6　pageContext 对象

pageContext 对象能够使用如表 3-16 所列方法引用其他隐含对象。pageContext 与一些隐含对象同样支持存取属性的方法,不过如表 3-17 所列这些方法都需要指定有效范围,所支持的范围如表 3-18 所列。

表 3-16　获取其他隐含对象方法

方　法	描　述
Object　getPage()	返回当前页面转译后的 Servlet 对象,page
ServletRequest　getRequest()	返回当前 HTTP 请求对象,request
ServletResponse　getResponse()	返回当前 HTTP 响应对象,response
ServletConfig　getServletConfig()	返回当前页面的 ServletConfig 对象,config
ServletContext　getServletContext()	返回容器上下文对象,application
HttpSession　getSession()	返回会话对象,session
Exception　getException()	返回异常对象,只有当页面为错误处理页有效,exception
JspWriter getOut()	返回输出流 JspWriter,out

表 3-17　存取属性方法

方　法	描　述
void　setAttribute(String name, Object value)	向 page 内保存数据,关键字为 name,值为 value
void　setAttribute (String name, Object value, int scope)	向指定范围内保存数据,关键字为 name,值为 value

续表 3-18

方 法	描 述
Object　getAttribute(String name)	根据名字 name 从 page 内返回关联的数据，没有则返回 null
Object　getAttribute(String name,int scope)	根据名字 name 从指定范围内返回关联的数据，没有则返回 null
Object　findAttribute(String name)	寻找所有范围内名字为 name 的属性对象，搜索顺序 page、request、session、application，未找到则返回 null
void　removeAttribute(String name)	从所有范围删除名字 name 绑定的数据对象
void　removeAttribute（String name, int scope）	从指定范围删除名字 name 绑定的数据对象
Enumeration　getAttributeNamesInScope（int scope）	返回指定范围内所有数据对象对应的名字枚举
int　getAttributesScope(String name)	返回指定名称参数所在的范围

表 3-18　所提供的范围常量

常量名	描 述
PAGE_SCOPE	整数，表示 pageContext 对象的属性范围
REQUEST_SCOPE	整数，表示 request 对象的属性范围
SESSION_SCOPE	整数，表示 session 对象的属性范围
APPLICATION_SCOPE	整数，表示 application 对象的属性范围

　　pageContext 是 javax.servlet.jsp.PageContext 的子类，PageContext 和 JspWriter 一样是抽象类，子类也是由各个 Servlet 容器开发商实现的，例如 Tomcat 实现的类是 org.apache.jasper.runtime.PageContextImpl。对于开发者来说，pageContext 主要功能是可以对属性进行范围存取，尤其是 page 范围，只能通过 pageContext 来存取。

1. page 范围

　　字面上理解，page 范围是指一个 JSP 页面，但是这里 page 不是指一个 JSP 文件，而是指转译后生成的 Servlet 文件，也就是在一个 Servlet 文件内部有效。事实上，通过 include 指令可以把多个 JSP 文件静态包含在一起，转译后生成一个 Servlet 文件，这些 JSP 文件是在一个 page 范围内。可以通过调用 pageContext 的方法在 page 范围内存取属性。

　　例 3-16　创建两个文件 3-16.jsp 和 3-16 目录的 1.jsp，在文件 3-16.jsp 中分别静态和动态包含 1.jsp，测试保存在 page 范围内属性的有效区域。

　　文件 3-16.jsp 部分代码如下：

```
<%
    pageContext.setAttribute("uname","管理员");
%>
<p>3-16.jsp 中向 page 范围保存一个属性 uname=管理员</p>
<p>
    静态包含 3-16/1.jsp 开始<br/><%@ include file="3-16/1.jsp"%><br/>
静态包含 3-16/1.jsp 结束<br/>
</p>
<p>
    动态包含 3-16/1.jsp 开始<br/><jsp:include page="3-16/1.jsp"/><br/>动态包含 3-16/1.jsp 结束<br/>
</p>
```

在文件中,调用 pageContext 对象的 setAttribute()方法,向 page 范围保存一个名为 uname 的属性对象。然后静态包含 1.jsp,又动态包含 1.jsp。

文件 1.jsp 代码如下:

```
<%@page contentType="text/html" pageEncoding="UTF-8"%>
<%    String uname=(String)pageContext.getAttribute("uname");%>
<span style="font-size:2em;">1.jsp 获取 uname 属性值为:<%=uname%></span>
```

首先,从 page 范围内获取名为 uname 的属性对象,获取后显示在页面上。从图 3-26 所示的运行页面上可见,静态包含的 1.jsp 中可以获取并正确显示名为 uname 的属性值。原因是静态包含时,文件 3-16.jsp 和 1.jsp 两个文件在转译期间包含、合并成一个 JSP 文件,然后转译为一个 Servlet 文件,二者位于一个 page 范围内;动态

图 3-26 page 范围例子

包含的 1.jsp 无法获取名为 uname 的属性对象,显示 null,表示没有找到这个属性对象。原因是动态包含的两个 JSP 文件各自转译为一个 Servlet 文件,二者不在一个 page 范围内,这个名为 uname 的属性对象在两个文件中无法共享。

2. request 范围

request 范围是指一次 HTTP 请求响应后,HTTP 请求对象所传递的所有 JSP 页面。在 JSP 页面中使用 forward 动作转发或 include 动作包含的所有页面,都是在一个 request 范围内。

例 3-17 创建两个文件 3-17.jsp 和 3-17 目录的 1.jsp,在文件 3-17.jsp 中分别静态和动态包含 1.jsp,测试保存在 request 范围内属性的有效区域。

Java Web 编程技术

文件 3-17.jsp 部分代码如下：

```
<%
    pageContext.setAttribute("uname","管理员");
    request.setAttribute("uname","req管理员");
    pageContext.setAttribute("urole","管理员角色",pageContext.REQUEST_SCOPE);
%>
<p>3-17.jsp 中向 page 范围保存一个属性 uname=管理员</p>
<p>
    静态包含 3-17/1.jsp 开始<br/><%@include file="3-17/1.jsp" %><br/>静态包含 3-17/1.jsp 结束<br/>
</p>
<p>动态包含 3-17/1.jsp 开始<br/><jsp:include page="3-17/1.jsp" /><br/>动态包含 3-17/1.jsp 结束<br/></p>
```

文件 3-17.jsp 在 3-16.jsp 基础上增加了向 request 范围增加属性的代码,存取 request 范围内的属性有两种方式:①通过隐含对象 request 的方法,保存了一个名为 uname 的属性对象;②通过 pageContext 对象的方法,范围参数设置为常量 pageContext.REQUEST_SCOPE,保存了一个名为 urole 的属性对象。然后静态包含 1.jsp,又动态包含 1.jsp。

文件 1.jsp 部分代码如下：

```
<%@page contentType="text/html" pageEncoding="UTF-8" %>
<%
    String uname = (String)pageContext.getAttribute("uname");
    String urole = (String)request.getAttribute("urole");
    String reqname = (String)pageContext.getAttribute("uname",pageContext.REQUEST_SCOPE);
%>
<span>1.jsp 从 page 范围获取 uname 属性值为:<%=uname%> </span><br/>
<span>从 request 范围获取 uname 属性值为:<%=reqname%>||| <%=urole%></span>
```

文件 1.jsp 是在 3-16 目录下的 1.jsp 基础上增加了从 request 范围获取属性的代码,获取 request 范围内的属性有两种方式:①通过隐含对象 request 的方法,获取一个名为 urole 的属性对象;②通过 pageContext 对象的方法,范围参数设置为常量 pageContext.REQUEST_SCOPE,获取了一个名为 uname 的属性对象,获取后显示在页面上。

从图 3-27 所示的运行页面上可见,静态包含的 1.jsp 中可以存取 page 和 request 范围内的所有属性值,原因是 request 范围包含了 page 范围;动态包含的 1.jsp 无法获取 page 范围内的属性对象,但是可以获取 request 范围内的属性对象,不管是通过 request 对象还是 pageContext 对象存取的。原因是动态包含是两个 JSP 文件各自转译为一个 Servlet 文件,二者不在一个 page 范围内,但是在一个 request 范围内,而且 request 对象和 pageContext 对象存取属性方法是等价的。

3. session 范围

session 范围是指一个会话持续

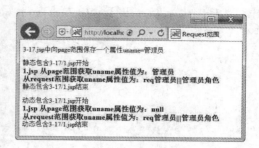

图 3-27 request 范围例子

期间所发出的所有 HTTP 请求所涉及的 JSP 页面。存取 session 范围的属性有两种方式:①通过隐含对象 session 的方法;②通过 pageContext 对象的方法,范围参数设置为常量 pageContext.SESSION_SCOPE。

4. application 范围

application 范围是指 Web 应用程序持续期间所涉及的所有 JSP 页面。存取 application 范围的属性有两种方式:①通过隐含对象 application 的方法;②通过 pageContext 对象的方法,范围参数设置为常量 pageContext.APPLICATION_SCOPE。

综上所述,①除了 page 范围,其他三个范围一般使用各种隐含对象的方法来存取属性;②四个范围按作用域从大到小排列为:application、session、request 和 page,最常用的是 session 和 request,因为范围大小适中,适合传递数据。

3.5.7　page 和 config 对象

page 对象代表整个页面,是一个 Object 类型的对象,一般很少使用,如果要使用,需要进行类型的强制转换。config 对象由容器创建,实现了 javax.servlet.ServletConfig 接口,表示了该 JSP 文件转译后 Servlet 的配置信息。在 JSP 文件中,config 也很少使用。

例 3-18　编写一个 JSP 文件,然后在 web.xml 中为这个 JSP 文件配置两个 Servlet 实体,并指定两个访问别名,通过不同的访问别名显示不同的欢迎信息。

文件 3-18.jsp 部分代码如下:

```
<%
    String msg = config.getInitParameter("msg");
    String info = ((javax.servlet.http.HttpServlet) page).getServletInfo();
    msg = info + "  " + msg;
%>
<h1><%=msg%></h1>
```

文件中通过 config 获取在 web.xml 中配置的初始化参数,这个初始化参数只能在这个 JSP 文件中获取。另外,通过把 page 强制转换为 javax.servlet.http.HttpServlet,然后调用 getServletInfo()方法来获取描述信息。在 web.xml 中,JSP 文件的配置代码如下:

```
<servlet>
    <servlet-name>TLogin</servlet-name>
    <jsp-file>/3-18.jsp</jsp-file>
    <init-param>
        <param-name>msg</param-name>
        <param-value>欢迎登录教师专区</param-value>
    </init-param>
</servlet>
<servlet>
    <servlet-name>SLogin</servlet-name>
    <jsp-file>/3-18.jsp</jsp-file>
    <init-param>
        <param-name>msg</param-name>
        <param-value>欢迎登录学生专区</param-value>
    </init-param>
</servlet>
<servlet-mapping>
    <servlet-name>TLogin</servlet-name>
    <url-pattern>/TLogin</url-pattern>
</servlet-mapping>
<servlet-mapping>
    <servlet-name>SLogin</servlet-name>
    <url-pattern>/SLogin</url-pattern>
</servlet-mapping>
```

web.xml 文件中为 3-18.jsp 配置了两个 Servlet 实体,每个 Servlet 实体配置了参数名都是 msg 而内容不同的初始化参数。然后,为每个 Servlet 实体配置了不同的访问别名。

在地址栏中输入 http://127.0.0.1:8080/3-18.jsp,返回如图 3-28 所示页面,原因是通过 3-18.jsp 访问时,没有关联任何 Servlet 实体,初始化参数 msg 的值为 null。

图 3-28 直接访问 3-18.jsp

在地址栏中输入 http://127.0.0.1:8080/TLogin,返回如图 3-29 所示页面,

原因是通过 TLogin 访问时，关联到 TLogin 这个 Servlet 实体，初始化参数 msg 的值为"欢迎登录教师专区"。

图 3-29　访问 TLogin

在地址栏中输入 http://127.0.0.1:8080/SLogin，返回如图 3-30 所示页面，原因是通过 SLogin 访问时，关联到 SLogin 这个 Servlet 实体，初始化参数 msg 的值为"欢迎登录学生专区"。

图 3-30　访问 SLogin

3.5.8　exception 对象

当 JSP 网页有错误时会产生异常，在 exception 对象中保存了发生的异常。不过，不是每个 JSP 文件中都有 exception，必须通过 page 指令设置 isErrorPage 属性后 exception 对象才有效。缺省的时候 isErrorPage 属性为 false，因此大部分 JSP 文件是无法使用 exception 对象的。

运行 JSP 文件时发生的异常可以分为三类：①转译阶段出错，JSP 解析程序在把 JSP 文件转换成 Servlet 文件时出现 JSP 语法错误。例如，在一个 JSP 文件中设置了两个语句<%@page session="false"%>和<%@page session="true"%>，出现 session 定义不同值的错误。转译阶段错误比较容易排除，有的 IDE 工具可自动检查出来。②编译阶段出错，在把 Servlet 的 .java 文件编程成 .class 文件过程中，出现 Java 语法错误。这种错误在开发调试过程中也是很容易排除的，有的 IDE 工具可自动检查出来。③运行阶段出错，这部分错误属于逻辑错误，在开发和调试阶段比较容易遗漏，而且面向用户的主要是这类错误。如果不提供错误处理页面，则会出现如图 3-31 所示非常不友好的错误提示信息。

例 3-19　设计一个错误统一处理页面，把系统提示的错误信息转换为用户可接受的提示信息。

文件 3-19.jsp 部分代码如下：

```
<%@page contentType="text/html" pageEncoding="UTF-8" errorPage="3-19/error.jsp"%>
<!DOCTYPE html>
```

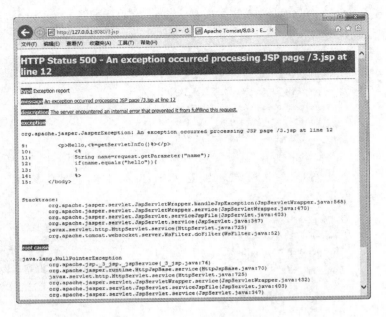

图 3-31 运行阶段错误

```
<html>
    <body>
        <p>Hello,<%=getServletInfo()%></p>
        <%
            String name = request.getParameter("name");
            if (name.equals("hello")) {
            }
        %>
    </body>
</html>
```

文件中通过 errorPage="3-19/error.jsp"设置统一的错误处理页面,当访问该文件时,如果没有传递参数 name,则会抛出空指针错误,然后直接跳转到 3-19/error.jsp,error.jsp 部分代码如下:

```
<%@page contentType="text/html" pageEncoding="UTF-8" isErrorPage="true" import="java.io.*"%>
<%
    String msg = exception.getLocalizedMessage();
    if (msg == null) {
        msg = "发生空指针错误,请记录操作时间及步骤,通知维护人员!";
    }
    StringWriter sw = new StringWriter();
```

```
        PrintWriter pw = new PrintWriter(sw);
        exception.printStackTrace(pw);
%>
...
        <div id="msg_err">
            <%=msg%>
            <p>错误追踪信息:<br/> <%=sw%> </p>
        </div>
...
```

通过 exception 对象的方法 getLocalizedMessage() 获得错误提示信息,这个提示信息是提供给用户的。通过 printStackTrace() 方法可以获得错误的堆栈信息,这个信息是为开发人员提供的,可以进行错误定位,正式运行时可以把这部分信息屏蔽。在如图 3-32 所示页面的错误提示信息中,可知错误发生在_3_002d19_jsp.java 文件的 76 行,运行时错误无法在 JSP 文件中定位,需要到<Tomcat 安装目录>/work 目录下去找到转译后的 Servlet 文件,然后确定是什么语句引起的错误。

图 3-32 错误提示页面

对于每个需要统一处理错误的页面,都需要设置 page 指令的 errorPage 属性,当 JSP 文件很多时,不利于维护。其实,错误处理页面在 web.xml 中通过<error-page>标签进行配置,<error-page>标签有三个子标签:<exception-type>表示 Java 异常类型,<error-code>表示 HTTP 响应中的错误码,<location>表示错误页面的地址。例如下面的代码表示当发生 Exception 异常时,显示/3-19/error.jsp;当发生 404 错误时,显示/404.html 页面。

```
<error-page>
    <exception-type>java.lang.Exception</exception-type>
    <location>/3-19/error.jsp</location>
</error-page>
<error-page>
    <error-code>404</error-code>
    <location>/404.html</location>
</error-page>
```

例 3-20 设计一套用户登录的页面、包括一个可以自动登录的页面、两个登录后才能访问的页面、一个登录失败的页面、一个登录验证页面,一个注销登录页面等。
　　文件 3-20.jsp 代码如下:

```jsp
<%@page contentType="text/html" pageEncoding="UTF-8" errorPage="/3-20/error.jsp"%>
<!DOCTYPE html>
<%
    String redirectUrl = "/3-20/1.jsp";              //登录后缺省的转发URL
    String tmp = request.getParameter("redirectUrl");  //获取转发URL
    if (tmp != null && ! tmp.equals("")) {
        redirectUrl = tmp;
    }
//判断是否是注销登录
    String logout = request.getParameter("logout");
    if (logout == null || ! logout.equals("1")) {
//从本地Cookie中获取以前保存的用户名和密码
        Cookie[] cookies = request.getCookies();
        String uname = "", upwd = "";
        for (int i = 0; cookies != null && i < cookies.length; i++) {
            Cookie c = cookies[i];
            String name = c.getName();
            if (name.equals("LOGIN_NAME")) { uname = c.getValue();
            } else if (name.equals("LOGIN_PWD")) { upwd = c.getValue(); }
        }
//如果本地有用户和密码,则自动登录
        if (! uname.equals("") && ! upwd.equals("")) {
%>
<jsp:forward page="/3-20/logincheck.jsp">
    <jsp:param name="uname" value="<%=uname%>"/>
    <jsp:param name="upwd" value="<%=upwd%>"/>
    <jsp:param name="autologin" value="1"/>
</jsp:forward>
<%
        }
    }//end if logout
%>
            ...
        <script>
            ...
            function refreshCode() {
                document.getElementById("imgcheck").src = "3-20/image.jsp?rand=" + Math.random();
```

```
        }
        window.onload = function(){
            document.getElementById("myfrm").onsubmit = mySubmit;
            document.getElementById("imgcheck").onclick = refreshCode;
        };
    </script>
    ...
    <form id = "myfrm" action = "/3-20/logincheck.jsp" method = "post">
        ...
        <span><label for = "savetime">密码保存时间</label>
            <select name = "savetime" id = "savetime">
                <option value = "0">不保存</option>
                <option value = "3">三天</option>
                <option value = "7">一周</option>
                <option value = "15">半个月</option>
                <option value = "30">一个月</option>
                <option value = "180">半年</option>
            </select>
        </span>
        ...
    </form>
    ...
```

运行页面如图 3-33 所示。

文件 3-20.jsp 在 3-12.jsp 基础上增加了一些更实用功能：

① 为了防止访问验证码时浏览器使用缓存图片，在 image.jsp 后面加上随机数作为参数，有两种实现方法：在 JavaScript 里可以使用 Math 对象的 random() 函数，这种方式可以实现在浏览器端动态生成随机参数值；还可以使用 Java 的 System.current-

图 3-33 用户登录页面

TimeMillis()方法获得时间戳，这种方法只能是在服务器端生成一次。

② 为防止自动程序识别，验证码图片会增加许多干扰线条，有时候用户也很难识别出验证码，因此增加了点击验证码图片、自动更换验证码的功能。使用 JavaScript 方法动态修改<img>元素的 src 属性。

③ 当用户访问受保护页面时，如果没有登录，则转到这个登录页面，为了增强用户体验，要求登录成功后，需要转向用户访问的那个受保护的页面。通过设置一个参数 redirectUrl，该参数内容即转向过来的页面地址，如果没有设置，则转向缺省页

面/3-20/1.jsp。

④ 用户登录时可以选择自动登录,并选择保存密码的周期,在周期内,不需要输入用户名和密码,自动登录。这个功能采用Cookie技术,Cookie只能保存简单的文本数据,服务器端程序把数据以Cookie的形式返回给浏览器,浏览器收到后保存到本地。当用户使用浏览器再去访问服务器中的Web资源时,就可以带着Cookie数据。通过request对象的方法getCookies()获取所有Cookie数组,这些Cookie由浏览器根据规则从本地读取出来的,然后循环搜索Cookie数组,如果有用户名和密码,则自动转发给登录验证页面,不显示登录页面。

用户登录验证文件3-20/logincheck.jsp,代码如下:

```jsp
<%@page contentType = "text/html" pageEncoding = "UTF-8" errorPage = "/3-20/error.jsp" %>
<! DOCTYPE html>
<%
    String redirectUrl = "/3-20/1.jsp";                        //登录后缺省的转发URL
    String tmp = request.getParameter("redirectUrl");          //获取转发URL
    if (tmp != null && ! tmp.equals("")) {
        redirectUrl = tmp;
    }
    //获取用户登录名,并检验
    String uname = request.getParameter("uname");
    if (uname == null) {
        throw new Exception("用户名必须填写!");
    }
    //获取用户登录密码,并检验
    String upwd = request.getParameter("upwd");
    if (upwd == null) {
        throw new Exception("用户密码必须填写!");
    }
    //获取是否自动登录状态
    String autologin = request.getParameter("autologin");
    if (autologin == null) {//非自动登录,需要检查验证码
        //获取用户输入验证码
        String qcheckcode = request.getParameter("checkcode");
        //获取保存在session中,自动生成的验证码
        String scheckcode = (String) session.getAttribute("checkCode");
        System.out.println(qcheckcode + "," + scheckcode);
        if (qcheckcode == null || scheckcode == null || ! qcheckcode.equals(scheckcode)) {
            throw new Exception("验证码输入错误!");
        }
```

```
        }
        //验证用户名和密码
        if (! uname.equals("admin") || ! upwd.equals("admin")) { throw new Exception("
用户或密码输入错误!"); }
        //保存登录成功状态到 session 中
        session.setAttribute("SESSION_USER", uname);
        String savetime = request.getParameter("savetime");
        Integer isavetime = -1;
        try {
            isavetime = new Integer(savetime);
        } catch (Exception e) {    isavetime = -1;    }
        if (isavetime != -1) {           //选择了自动登录,把用户名和密码加入到 Cookie
            Cookie cname = new Cookie("LOGIN_NAME", uname);
            cname.setMaxAge(isavetime * 24 * 3600);
            cname.setPath("/");
            response.addCookie(cname);
            Cookie cpwd = new Cookie("LOGIN_PWD", upwd);
            cpwd.setMaxAge(isavetime * 24 * 3600);
            cpwd.setPath("/");
            response.addCookie(cpwd);
        }
        //登录后,转到 redirectUrl
%>
<jsp:forward page = "<% = redirectUrl %>" />
```

登录验证文件可以接受参数 redirectUrl,该参数是验证通过后转向的页面,默认是/3-20/1.jsp。参数 autologin 的作用是来控制是否检查验证码,如果设置了 autologin,表明是自动登录,不需要检查验证码;如果没有设置 autologin,表明是正常登录,需要检查验证码,其中用户输入的验证码保存在 request 的参数 checkcode 里,而 image.jsp 生成验证码图片时,把验证码字符串保存在 session 中,二者相等则通过。登录成功后,需要把用户名保存到 session 中,表明用户已经登录。

参数 savetime 表明了 Cookie 的保存时间,单位是天,如果是 0,则表示不保存,并且会删除以前保存的 Cookie 数据。Cookie 对象的常用方法如表 3-19 所列。

表 3-19 Cookie 常用方法

方 法	描 述
Cookie(String name, String value)	构造方法,传入 cooke 名称和 cookie 的值
String getName()	取得 Cookie 的名字
String getValue()	取得 Cookie 的值
void setValue(String newValue)	设置 Cookie 的值

续表 3-19

方法	描述
void setMaxAge(int expiry)	单位秒,设置 Cookie 的最大保存时间,即 Cookie 的有效期。不设置或者为负数表明 Cookie 只在一次会话内有效;设置为 0,则删除 Cookie
int getMaxAge()	获取 Cookies 的有效期
void setPath(String uri)	设置 Cookie 的有效路径,例如 Cookie 的有效路径设置为"/sau",浏览器访问"sau"下的 web 资源时,才会带上这个 Cookie
String getPath()	获取 Cookie 的有效路径
void setDomain(String pattern)	设置 Cookie 的有效域
String getDomain()	获取 Cookie 的有效域

登录成功后,缺省会转向 3-20/1.jsp 文件,部分代码如下:

```
<%@include file="/3-20/session.jspf"%>
<h1>1.jsp 登录用户:<%=uname%></h1>
<h3><a href="/3-20/logout.jsp">退出登录</a></h3>
```

页面显示登录用户和一个退出登录的链接。用户是否登录的验证代码写在 3-20/session.jspf 文件中,代码如下:

```
<%@page contentType="text/html" pageEncoding="UTF-8" errorPage="/3-20/error.jsp"%>
<!DOCTYPE html>
<%   String uname = (String) session.getAttribute("SESSION_USER");
    if (uname == null) {
%>
<jsp:forward page="/3-20.jsp">
    <jsp:param name="redirectUrl" value="<%=request.getRequestURI()%>"/>
</jsp:forward>
<%}%>
```

文件 session.jspf 中代码的主要功能是,首先获取 session 中名为 SESSION_USER 的属性,如果属性值为 null,则表明没有登录,转向登录页面 3-20.jsp,同时增加参数 redirectUrl,参数值为 request.getRequestURI(),即当前访问资源名。在需要保护的文件头引入 session.jspf,则访问该文件时,必须先登录。登录成功后,显示如图 3-34 所示页面。

点击"退出登录",调用 3-20/logout.jsp,代码如下:

```
<%@page contentType="text/html" pageEncoding="UTF-8"%>
<%                                              //销毁 session
    session.removeAttribute("SESSION_USER");
    session.invalidate();
```

图 3-34 登录成功页面

```
        //重定向到登录界面
    %>
        <jsp:forward page = "/3 - 20.jsp">
            <jsp:param name = "logout" value = "1"/>
</jsp:forward>
```

在退出登录页面,调用 session 对象的 invalidate()方法销毁 session,如果只想删除登录状态则,可以调用 removeAttribute()方法。

3.6 习 题

1. 描述 Servlet 容器管理 Servlet 生命周期的过程。
2. 部署 Servlet 的方法有哪两种?以一个 Servlet 为例,分别描述部署过程。
3. 描述脚本元素中声明、表达式和代码片段之间的区别。
4. 编写一个 JSP 文件,分别显示 1~5 之间各个数的阶乘。
5. 在 JSP 中有几种方法实现页面的转向?各种方法之间的区别是什么?
6. 在 JSP 中有几种方法包含文件内容?各种方法之间的区别是什么?
7. JSP 中有哪些隐含对象?作用分别是什么?
8. 描述四种范围 page、request、session 和 application 的含义。
9. 如果要在两个 JSP 页面中传递数据,可以采用那些方法?
10. 传递 SessionID 有哪两种方法?有什么区别?
11. 设计一个专门处理"文件未找到"(404)错误的 JSP 文件,并在 web.xml 中进行配置。
12. 分别实现三个 JSP 文件:1.jsp 中可以接收用户输入的参数 type,如果没有输入,则缺省是 1;当 type 为 1 时,转向 2.jsp;当 type 为 2 时,转向 3.jsp。2.jsp 和 3.jsp 文件的内容是输出自己的文件名。
13. 编写一个 JSP 文件,完成访问计数的功能,访问次数分别保存在 session 和 application 中。
14. 参考 image.jsp 的内容,使用一个 Servlet 类实现随机生成验证码图片功能,并修改 3-20.jsp 文件内容,使用该 Servlet 生成验证码图片。

第4章 JDBC 技术

Web 应用程序中离不开数据库管理功能,而在 Java Web 技术中需要使用 JDBC 访问数据库,事实上,JDBC 是所有 Java 应用程序访问数据库的统一接口。JDBC 是一组用 Java 语言编写的类和接口,是一种用于执行 SQL 语句的 Java API,为访问不同数据库提供统一访问接口。JDBC 是商标名,但是现在也被认为是 Java 数据库连接(Java DataBase Connectivity)的缩写。

本章主要介绍 JDBC 驱动程序、JDBC API、JDBC 基本开发过程,以及数据访问对象(Data Access Object DAO)模式,还包括一些非常实用的技术,例如数据源与连接池、大对象处理、分页处理、批量处理以及事务管理等。

4.1 JDBC 基础知识

Java 应用程序是指用 Java 语言实现的程序,包括桌面应用、网页上运行的小应用程序(Applet)以及服务器端运行的 JSP 和 Servlet 等。Java 应用程序访问数据库需要使用 JDBC 技术,基本调用流程如图 4-1 所示:①向 JDBC 驱动程序管理器(Driver Manager)注册驱动程序,驱动程序管理器会维护一个可用的驱动程序清单;②Java 应用程序向驱动程序管理器发送一个链接串,指定要访问的数据库服务器位置以及要使用的驱动程序;③驱动程序管理器收到链接串后,在驱动程序清单中找到对应的驱动程序,然后返回一个数据库连接;④Java 应用程序创建数据库连接后,调用 JDBC API 执行数据库操作,这些 API 只是 Java 的接口,只有定义没有具体实现;

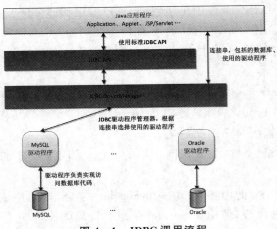

图 4-1 JDBC 调用流程

⑤这些 JDBC API 功能由数据库连接中所指定的驱动程序实现,驱动程序相当于"翻译",把 JDBC API 统一接口翻译成各个数据库的本地实现接口。

当更换数据库时,Java 应用程序代码不用修改,因为 Java 应用程序只与 JDBC API 相关。而 JDBC API 是由 Sun 公司(现在被 Oracle 收购)主导制定的,是统一标准,与具体的数据库无关。JDBC 驱动程序是由数据库厂商或第三方开发商编写,与具体的数据库相关,负责把 JDBC API 转换成数据库本身支持的 API 接口。

4.1.1 JDBC 驱动程序

JDBC 驱动程序分为四种类型:Type Ⅰ 驱动程序、Type Ⅱ 驱动程序、Type Ⅲ 驱动程序和 Type Ⅳ 驱动程序。

1. Type Ⅰ 驱动程序

Type Ⅰ 驱动程序又称为 JDBC-ODBC 桥驱动程序(JDBC-ODBC Bridge Driver)。ODBC(Open DataBase Connectivity)是由微软主导的数据库连接标准,事实上 JDBC 是参考 ODBC 制定的。在 JDBC 推出之前,ODBC 已经成为访问数据库的统一标准接口,而且大部分数据库都推出了自己的 ODBC 驱动程序。

Java 应用程序没有选用 ODBC API,而是推出新的数据库访问标准 JDBC,主要原因是:①ODBC 提供的是 C 语言接口,与 Java 语言完全面向对象的特性不符;②Java 语言中可以使用 Java 本地接口(Java Native Interface,JNI)调用 ODBC,但是这种调用方式使 Java 语言丧失了平台无关性;③ODBC API 设计比较复杂,与 Java 的简单性不符。

但是,JDBC API 只是接口,没有具体实现,JDBC 的推广依赖于驱动程序的支持。如果要用 JDBC API 访问某个数据库,必须有这个数据库的驱动程序。为了能用 JDBC API 访问更多的数据库,Sun 公司首次发布 JDBC API 时,推出了一个驱动程序,即 Type Ⅰ 驱动程序。Type Ⅰ 驱动程序将 JDBC API 调用转换成对 ODBC API 的调用,Type Ⅰ 驱动程序在 JDBC 中相当于驱动程序,在 ODBC 中相当于应用程序。

Type Ⅰ 利用 ODBC 驱动程序支持广泛的好处,使 JDBC API 一经推出,就可以被应用来访问众多数据库。缺点是:①访问经过两次转换,效率比较低;②而且受 ODBC 的限制,必须在使用 Type Ⅰ 驱动程序的机器上安装 ODBC 驱动程序,配置 ODBC 数据源,分发程序困难。现在 Type Ⅰ 驱动程序已经很少使用了,基本上完成了自己的历史使命。

2. Type Ⅱ 驱动程序

Type Ⅱ 驱动程序又被称为本地 API 驱动程序(Native API Driver)。Type Ⅱ 驱动程序调用数据库提供的本地程序库,一般是 C 或 C++实现的,JDBC API 的调用会被转换为本地程序库的相关函数调用。由于 Type Ⅱ 驱动程序直接调用数据库本地程序库,因此,在执行效率上,在四种类型的驱动程序中是最有优势的。

不过也正是由于使用了本地程序库,所以①Type Ⅱ 驱动程序必须实现本地相关代码,无法做到跨平台。②每个访问数据库的程序,都必须安装数据库管理程序的客户端,即本地程序库,因此应用程序分发和维护都比较复杂。

3. Type Ⅲ 驱动程序

Type Ⅲ 驱动程序又称为中间件驱动程序(Pure Java Driver for Database Middleware)。Type Ⅲ 驱动程序把 JDBC API 调用转换为中间件服务器专有的网络通信协议,然后由中间件服务器负责访问数据库。

Java 应用程序安装的驱动程序可以使用纯 Java 实现,因为与具体的数据库无关,只需要实现中间件服务器的特有协议即可。因为这种方式需要通过中间件服务器,速度不是最快的,但是如果应用环境中数据库众多,尤其是存在不同厂商的数据库时,采用这种方式比较适合。

4. Type Ⅳ 驱动程序

Type Ⅳ 驱动程序又称为直接访问数据库的纯 Java 驱动程序(Direct-to-Database Pure Java Driver)。Type Ⅳ 驱动程序将 JDBC API 调用直接转换为具体数据库服务器可以接收的网络协议。因此,不需要转换或通过中间件服务器就可以与数据库进行沟通,性能比较好,而且可以跨平台,分发也容易。

JDBC 是 Java 2 平台的核心类,同时包含在 Java SE 和 Java EE 两个版本中。目前 JDBC 的最高版本是 4.2,越高的版本支持越丰富的数据库操作,具有更多的特性。但是要注意,JDBC 只规定了接口,没有具体实现。因此,要使用高版本的 JDBC,必须有相应的驱动程序支持,在开发之前,必须明确驱动程序支持的 JDBC 版本。

选择驱动程序时需要考虑:①数据库管理系统,选择支持该数据库管理系统版本的最新驱动程序,一般的驱动程序都是兼容老版本的;②驱动程序类型,选择纯 Java 驱动程序,即 Type Ⅲ 和 Type Ⅳ;③JDBC 版本,选择支持最新 JDBC 版本的驱动程序。

驱动程序开发商网站会列出驱动程序的具体信息,表 4-1 列出了 MySQL 驱动程序 Connector/J 各版本信息,因此,选择 MySQL 驱动程序时,要下载 5.1 版本。

表 4-1 MySQL 驱动程序

Connector/J 版本	驱动程序类型	JDBC 版本	MySQL 数据库版本
5.1	Ⅳ	3.0,4.0,4.1,4.2	4.1,5.0,5.1,5.5,5.6,5.7
5.0	Ⅳ	3.0	4.1,5.0
3.1	Ⅳ	3.0	4.1,5.0
3.0	Ⅳ	3.0	3.x,4.1

4.1.2 JDBC API

JDBC 规范主要分为两个部分:为应用程序开发者提供的接口和为驱动程序开

发者提供的接口。前者是为普通开发者提供的,利用如图4-2所示的API对数据库进行编程,相关的API定义在java.sql和javax.sql两个包中,这也是本章主要介绍的知识点。而后者是开发JDBC驱动程序时要遵循的规范,超出了本书的范围,感兴趣的同学可以自己去搜索资料学习。

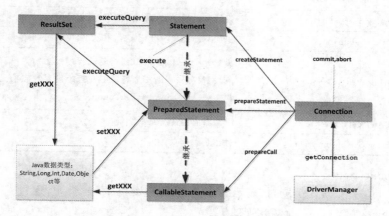

图4-2 JDBC核心API关系图

JDBC核心API包括一个DriverManager类,5个接口:Connection、Statement、PreparedStatement、CallableStatement和ResultSet。

1. DriverManager

该类位于java.sql包内,负责管理一组JDBC驱动程序,负责在数据库和驱动程序之间建立连接。DriverManager提供了如表4-2所列的方法,包括注册驱动程序、获取数据库连接、设置超时时间以及日志管理等。其中最重要的方法是getConnection(),在调用getConnection()方法时,DriverManager会从初始化时加载的那些驱动程序中查找合适的驱动程序。

表4-2 DriverManager常用方法

方　法	描　述
static void registerDriver(Driver driver)	注册给定的驱动程序。一个驱动程序类新装载进来时,应该调用该方法把本身注册到DriverManager
static Enumeration<Driver>　getDrivers()	获取所有已注册驱动程序的枚举
static void deregisterDriver(Driver driver)	从DriverManager维护的驱动程序列表中删除指定的驱动程序
static Driver getDriver(String url)	根据url格式分析,返回符合条件的驱动程序
static Connection getConnection(String url)	根据传入的JDBC URL创建数据库连接
static Connection getConnection(String url, Properties info)	根据传入的JDBC URL和Properties对象创建数据库连接,Properties对象包含多个属性,这些属性可以附加在URL,至少包括user、password

续表 4-2

方法	描述
static Connection getConnection (String url, String user, String password)	根据传入的 JDBC URL 和用户名、密码创建数据库连接
static void setLoginTimeout(int seconds)	设置驱动程序连接数据库的最大等待时间,单位秒
static int getLoginTimeout()	返回驱动程序连接数据库的最大等待时间,单位秒
static void setLogWriter(PrintWriter out)	设置 DriverManager 和所有驱动程序日志的输出流对象,必须有设置权限,否则安全管理器会拒绝设置日志输出流对象,抛出 java.lang.SecurityException
static PrintWriter getLogWriter()	获取日志的输出流对象
static void println(String message)	输出日志信息

2. Connection

该接口位于 java.sql 包内,表示数据库连接。如表 4-3 所列,通过这个接口可以获得三类语句接口、进行事务管理等。

表 4-3 Connection 常用方法

方法	描述
Statement createStatement()	创建一个 Statement 对象来将 SQL 语句发送到数据库,SQL 语句不带参数;查询语句返回 ResultSet 结果集。 默认类型为 TYPE_FORWARD_ONLY, 默认并发级别为 CONCUR_READ_ONLY
PreparedStatement prepareStatement (String sql)	创建一个 PreparedStatement 对象来将参数化的 SQL 语句发送到数据库,SQL 语句可带问号作为参数占位符;SQL 语句会被数据库预编译后多次调用;查询语句返回 ResultSet 结果集。 默认类型为 TYPE_FORWARD_ONLY, 默认并发级别为 CONCUR_READ_ONLY
CallableStatement prepareCall (String sql)	创建一个 CallableStatement 对象来调用存储过程,SQL 语句可带问号作为参数占位符;查询语句返回 ResultSet 结果集。 默认类型为 TYPE_FORWARD_ONLY, 默认并发级别为 CONCUR_READ_ONLY
void setAutoCommit (boolean autoCommit)	autoCommit 为 true 表示启用自动提交模式,为 false 表示禁用自动提交模式。默认情况下,新连接处于自动提交模式。 若连接处于自动提交模式下,所有 SQL 语句将被执行并作为单个事务提交;否则,所有 SQL 语句处于一个事务内,直到调用 commit()或 rollback()方法为止
boolean getAutoCommit()	返回自动提交模式状态

续表 4-3

方　法	描　述
void commit()	禁用自动提交模式后有效，该方法表示提交事务
void rollback()	禁用自动提交模式后有效，该方法表示回滚事务
Savepoint setSavepoint()	禁用自动提交模式后有效，在当前事务中创建一个未命名的保存点
Savepoint setSavepoint(String name)	禁用自动提交模式后有效，在当前事务中创建一个具有给定名称的保存点
void rollback(Savepoint savepoint)	禁用自动提交模式后有效，取消所有设置给定 Savepoint 对象之后进行的更改
void releaseSavepoint(Savepoint savepoint)	从当前事务中移除指定的 Savepoint 和后续 Savepoint 对象
void close()	关闭连接对象，立即释放此对象的数据库和 JDBC 资源
DatabaseMetaData getMetaData()	获取一个 DatabaseMetaData 对象，包含所连接数据库的元数据

3. Statement

该接口用于执行静态 SQL 语句，即内容固定不变的 SQL 语句，并返回所生成结果的对象，常用方法见表 4-4，主要方法是执行 SQL 语句，包括执行查询语句、数据更新语句和批量执行语句。默认情况下，同一时间每个 Statement 对象只能打开一个 ResultSet 对象。

表 4-4　Statement 常用方法

方　法	描　述
ResultSet executeQuery(String sql)	执行数据查询语句。执行给定的 SQL 语句，通常为静态 SQL SELECT 语句，该语句返回单个 ResultSet 对象
int executeUpdate(String sql)	执行数据更新语句。执行给定 SQL 语句，该语句可能是 INSERT、UPDATE、DELETE 等数据更新语句，或者创建表等数据定义语句。数据更新语句返回操作的行数，数据定义语句返回 0
boolean execute(String sql)	执行给定的 SQL 语句，该语句可能返回多个结果。当返回多个结果时，必须使用方法 getResultSet() 或 getUpdateCount() 来获取结果，使用 getMoreResults() 来获取其他结果。如果第一个结果是 ResultSet 对象，则返回 true；如果第一个结果是更新计数或者没有结果，则返回 false
ResultSet getResultSet()	以 ResultSet 对象的形式返回当前结果；如果结果是数据更新行数或没有更多的结果，则返回 null。每个结果只应调用一次此方法
int getUpdateCount()	获取数据更新的当前结果；如果结果为 ResultSet 对象或没有更多结果，则返回 -1。每个结果只应调用一次此方法
boolean getMoreResults()	获取下一个 ResultSet 对象，获取成功，则关闭此语句对象打开的其他所有 ResultSet 对象。没有 ResultSet 对象或结果是数据更新行数，则返回 false

续表 4-4

方 法	描 述
void addBatch(String sql)	向批量执行 SQL 语句列表中增加一条语句,通常为 INSERT 或 UPDATE 语句
void clearBatch()	清空当前 SQL 语句列表
int[] executeBatch()	批量执行 SQL 语句命令,返回每个 SQL 数据更新语句影响行数所组成的数组,数组元素的顺序和 SQL 语句添加到命令列表的顺序相同
void setQueryTimeout(int sec)	将驱动程序等待 Statement 对象执行的秒数设置为给定秒数
int getQueryTimeout()	获取驱动程序等待 Statement 对象执行的秒数
void setMaxRows(int max)	设置由此 Statement 对象生成的 ResultSet 对象可以包含的最大行数。如果超过了此限制,则直接撤消多出的行,0 表示不存在任何限制
int getMaxRows()	获取由此 Statement 对象生成的 ResultSet 对象可以包含的最大行数。如果超过了此限制,则直接撤消多出的行,0 表示不存在任何限制
void close()	立即释放此 Statement 对象的相关资源,关闭 Statement 对象时,还将同时关闭其返回的 ResultSet 对象

4. PreparedStatement

该接口表示预编译的 SQL 语句的对象,SQL 语句被预编译并存储在 PreparedStatement 对象中,然后可以使用此对象多次高效地执行该语句。

可以用于执行静态 SQL 语句,但是大多数情况下用来执行带参数的 SQL 语句,该语句为每个参数保留一个问号作为占位符。每个问号的参数值必须在该语句执行之前,选择合适的 setXXX() 方法来提供,参数索引位置从 1 开始计数。要根据 SQL 类型与 Java 类型的对照关系,选择合适的设置方法,例如,SQL 类型是 INTEGER,那么应该使用 setInt() 方法。

PreparedStatement 继承于 Statement,因为获取 PreparedStatement 时已经传入了 SQL 语句,所以如表 4-5 所列,执行 SQL 语句的方法不用传入参数。

表 4-5 PreparedStatement 常用方法

方 法	描 述
ResultSet executeQuery()	执行数据查询语句,返回该查询生成的 ResultSet 对象
int executeUpdate()	执行数据更新语句,数据更新语句返回操作的行数,数据定义语句返回 0
boolean execute()	执行 SQL 语句,该语句可能返回多个结果。当返回多个结果时,必须使用方法 getResultSet() 或 getUpdateCount() 来获取结果,使用 getMoreResults() 来获取其他结果。如果第一个结果是 ResultSet 对象,则返回 true;如果第一个结果是更新计数或者没有结果,则返回 false
void addBatch()	向批量执行命令中增加一组参数
void clearParameters()	立即清除当前参数值

5. CallableStatement

该接口可以用于执行调用存储过程的 SQL 语句,语句可以带输入和输出参数,为每个参数保留一个问号作为占位符,在语句执行之前,必须设置输入参数和注册输出参数。

CallableStatement 继承于 PreparedStatement,输入参数可以使用 PreparedStatement 的设置方法。获取参数值使用 getXXX() 方法,同样要根据 SQL 类型与 Java 类型的对照关系,选择合适的 get 方法。注册输出参数方法如表 4-6 所列。

表 4-6 常用输出参数的注册方法

方法	描述
void registerOutParameter(int paraIndex, int sqlType)	按索引位置将输出参数注册为 JDBC 类型,所有输出参数都必须在执行存储过程前注册。sqlType 为定义在 java.sql.Types 中的常量
void registerOutParameter(String paraName, int sqlType)	将指定名称的输出参数注册为 JDBC 类型,所有输出参数都必须在执行存储过程前注册。sqlType 为定义在 java.sql.Types 中的常量

CallableStatement 中执行 SQL 语句的各种方法是直接调用 PreparedStatement 的,没有新增方法。

6. ResultSet

该接口表示数据库结果集,通常通过执行查询数据库的语句生成。ResultSet 的基本用法按行遍历,按字段取值。通过 next() 指向下一行数据,通过 getXXX() 方法获取某个字段的值。ResultSet 更灵活的用法,后面会详细介绍。

使用 JDBC 对数据库编程的基本步骤很简单,分为:①准备阶段,例如 Type I 需要配置 ODBC 数据源,Type IV 需要部署 JDBC 驱动程序等;②注册 JDBC 驱动程序;③获取数据库连接;④根据不同需求,获取不同的语句对象;⑤如果是执行查询语句,则这步处理结果集;⑥释放数据库连接。

下面以 MySQL 数据库的 Type IV 驱动程序为例,介绍 JDBC 的基本开发过程。

4.1.3 JDBC 基本开发过程

1. 准备阶段

从 MySQL 网站(http://www.mysql.com)下载社区版本(Community Server)数据库管理系统,安装过程是向导式,中间有两个配置需要注意。①数据库编码需要选择 UTF-8,解决中文乱码问题;②把 MySQL 的执行程序放到系统路径中,可以在命令行窗口中执行 mysql 程序。

启动 cmd 窗口后,可以执行以下命令(假设用户 root 的密码是 sau123)创建一个用户表。

Java Web 编程技术

```
C:\>mysql -uroot -psau123
...
mysql> create database userdb;
Query OK, 1 row affected (0.00 sec)
mysql> use userdb;
Database changed
mysql> create table tuser(
uname varchar(10) primary key,
upwd varchar(10) not null,
uphone varchar(12),
umail varchar(50),
uhobby smallint,
unews varchar(20)
);
Query OK, 0 rows affected (0.21 sec)
mysql>
```

同样,从 MySQL 网站下载 JDBC 驱动程序 Connector/J 5.1,NetBeans 8 环境本身集成了 MySQL JDBC 驱动程序 Connector/J 5.1.22。需要把下载之后的压缩文件解压缩,里面的 jar 文件包含了驱动程序类,一般文件如下所示:

```
mysql-connector-java-5.1.23-bin.jar
```

把这个文件放到<Web 应用程序目录>/WEB-INF/lib/目录内。

2. 注册 JDBC 驱动程序

每个 JDBC 驱动程序都需要实现 java.sql.Driver 接口,管理 JDBC 驱动程序的类是 DriverManager。JDBC 驱动程序在使用之前,必须向 DriverManager 类进行注册,在 DriverManager 类中维护了一个集合类,每注册一个驱动程序,都会把这个驱动程序类添加的集合中。

注册驱动程序有四种方法:

① DriverManager.registerDriver()方法。语句格式如下:

```
DriverManager.registerDriver(new XXXDriver());
```

XXXDriver 是一个实现了 Driver 接口的 JDBC 驱动程序类,例如 MySQL 的 Connector/J 驱动程序主类(com.mysql.jdbc.Driver)。不过现在很少直接调用 DriverManager 类的 registerDriver()方法,而是直接装载具体的 JDBC 驱动程序类。

② Class.forName(),直接装载 JDBC 驱动程序类。装载 MySQL 的 JDBC 驱动程序类语句如下:

```
Class.forName("com.mysql.jdbc.Driver");
```

实际上,可以在下载的驱动程序压缩文件 src 目录内找到类 com.mysql.jdbc.Driver 的源代码如下:

```
public class Driver extends NonRegisteringDriver implements java.sql.Driver {
    static {
            java.sql.DriverManager.registerDriver(new Driver());
            ...
    }
    ...
}
```

装载 Driver 类时运行 static 语句块,执行驱动程序注册语句。JDBC 规范中明确要求这个 Driver 类必须向 DriverManager 注册自己,即任何一个 JDBC 驱动的 Driver 类的代码都必须实现类似下面的语句:

```
java.sql.DriverManager.registerDriver(new Driver())
```

③ 设置系统属性 jdbc.drivers,可以在启动 Java 虚拟机时设置这个属性,也可设置在属性文件里,一次可以设置多个 JDBC 驱动程序,DriverManager 读取这个属性,注册多个驱动程序。启动 Java 虚拟机时设置参数:

```
-D jdbc.drivers = oracle.jdbc.driver.OracleDriver;com.mysql.jdbc.Driver
```

④ 驱动程序 JAR 文件内部属性,在 JAR 文件内 META-INF/services 目录的文件 java.sql.Driver 内,输入 JDBC 驱动程序的主类。例如 MySQL 的 Connector/J 驱动程序,java.sql.Driver 文件内容为 com.mysql.jdbc.Driver。这种方式不需要在程序中写代码注册驱动程序,不过需要 JDBC 4.0 以上才支持。为了适应不同版本的驱动程序,建议程序中不要省略注册驱动程序的代码。

3. 获取数据库连接

数据库连接对象由 JDBC 驱动程序提供,实现了 Connection 接口,DriverManager 类通过分析 JDBC URL 连接串选择合适的 JDBC 驱动程序,由选中的驱动程序连接数据库,并返回数据库连接对象。

JDBC URL 连接串表明了使用的 JDBC 驱动程序信息和要访问的数据库服务器信息,以及一些可选的参数信息,包括用户名、密码、编码方法等。JDBC URL 的基本格式:协议:子协议:数据源标识。

在 JDBC URL 中,除了"协议"固定是 jdbc 外,不同的 JDBC 驱动程序有不同的格式。例如 MySQL 的 Connector/J 驱动程序,子协议是 mysql,本地数据库服务端口是 3306,数据库名为 userdb,数据库登录用户 root,密码 sau123,则三种获取 Connection 的方法如下:

```
//第一种
con = DriverManager.getConnection("jdbc:mysql://127.0.0.1:3306/userdb?user =
```

root&password = sau123");

//第二种
```
Properties info = new Properties();
info.setProperty("user","root");
info.setProperty("password","sau123");
con = DriverManager.getConnection("jdbc:mysql://127.0.0.1:3306/userdb",info);
```
//第三种
```
con = DriverManager.getConnection("jdbc:mysql://127.0.0.1:3306/userdb", "root", "sau123");
```

4. 获取 Statement

Connection 是数据库连接对象，如果要对数据库数据进行操作，需要通过 Connection 获得 Statement 对象来执行 SQL 语句。可以使用以下语句获得 Statement 对象：

```
Statement stm = con.createStatement();
```

获得 Statement 对象后，可以通过 executeUpdate() 执行数据更新 SQL 语句，通过 executeQuery() 执行数据查询 SQL 语句。传入方法的 SQL 语句是采用动态拼装的，即 SQL 命令和变量拼接在一起构成的，需要注意的是，如果数据库字段是字符型的，则需要在变量两侧加单引号，如果是数值型，则不需要加单引号。

增加用户的代码如下：

```
String sql = "insert into tuser(uname,upwd,uphone,umail,uhobby,unews) values('" + uname + "','" + upwd + "','" + uphone + "','" + umail + "','" + hobby + "','" + news + "')";
int count = stm.executeUpdate(sql);
```

获取所有用户的信息代码如下：

```
String sql = "select uname,upwd,uphone,umail,uhobby,unews from tuser";
ResultSet rs = stm.executeQuery(sql);
```

5. 处理查询结果

ResultSet 表示 SQL 查询语句的执行结果，采用类似表格的方式封装了执行结果。ResultSet 对象维护了一个指向表格数据行的游标，初始的时候，游标在第一行之前调用 next() 方法，可以使游标指向具体的数据行，使用调用方法获取该行的数据。ResultSet 获取数据方法和 CallableStatement 获取输出参数的方法是一样的，都需要根据数据库字段类型选择合适的 getXXX() 方法。

注意 JDBC 的日期类型和 Java 常用的日期类型不同。Java 常用的日期类型是 java.util.Date，数据包含年、月、日、小时、分钟、秒和毫秒。而在 JDBC 中表示日期的有三种类型：java.sql.Date 包含年、月和日，java.sql.Time 包含小时、分钟和秒，java.sql.Timestamp 包含小时、分钟、秒和毫秒。

获得字段数值方法的参数有两种：一种是字符串表示查询语句 SELECT 后面的字段别名，另一种表示字段在查询语句 SELECT 中的位置，从 1 开始计数。例子代码如下：

```
//4. 执行查询语句
String sql = "select uname,upwd,uphone,umail,uhobby,unews from tuser";
rs   = stm.executeQuery(sql);
//5. 处理查询结果
while(rs.next ()){
    String uname = rs.getString("uname");
    if (uname == null) {
        uname = "";
    }
    String news = rs.getString(6);
    ...
}
```

字段 uname 是按名字获取的，而 news 是按索引位置获取的。

6. 释放数据库连接

数据库是共享资源，必须及时释放数据库连接，方便其他用户使用。尤其是 Web 环境下，每一个涉及数据库操作的 HTTP 请求都会打开一个数据库连接，如果忘记释放数据库连接，则很快就会耗尽数据库资源。一个释放数据库连接的例子代码如下：

```
Connection con = null;
Statement stm = null;
ResultSet rs = null;
try {
    ...
} catch (Exception e) {
    ...
} finally {
            if(rs!= null){  rs.close();}
        if (stm != null) {  stm.close();  }
        if (con != null) {  con.close();  }
}
```

调用 Connection 对象的 close()方法释放一个数据库连接，不过需要注意：

① 释放数据库连接的代码要放在 try…catch…finally 语句块的 finally 块中，否则当发生异常时，有可能跳过释放数据库连接的代码，造成数据库连接无法关闭；

② 按顺序调用 ResultSet、Statement、Connection 对象的 close()方法，虽然规范

规定调用 Connection 对象的 close() 方法时会释放相关资源,但是具体实现则由各个 JDBC 驱动程序完成,为了保证资源及时释放,最好显式调用这些对象的方法。

例 4-1 演示数据库操作过程,包括用户注册和查询用户列表。用户注册页面在 2-7.html 文件基础上进行修改,把表单的处理页面指向 4-1.jsp,同时修改"业余爱好"部分,增加了 value 属性。

```html
<form id="myfrm" action="../4-1.jsp">
...
<fieldset id="fhobby">
    <legend>业务爱好</legend>
    <select id="hobby" name="hobby" size="1">
    <option selected="selected" value="-1">请选择</option>
    <optgroup label="体育">
        <option value="0">篮球</option>
        <option value="1">足球</option>
    </optgroup>
    <option value="2">文学</option>
    <option value="3">上网</option>
    </select>
</fieldset>
...
```

访问修改后的 2-7.html,输入用户注册信息后,提交给 4-1.jsp 处理。

文件 4-1.jsp 代码如下:

```jsp
<%@page contentType="text/html" pageEncoding="UTF-8"%>
<%@page import="java.sql.*"%>
<%
    //获取用户输入数据
    String uname = request.getParameter("uname");
    String upwd = request.getParameter("upwd");
    String uphone = request.getParameter("uphone");
    String umail = request.getParameter("umail");
    String hobby = request.getParameter("hobby");
    String[] advert = request.getParameterValues("advert");
    String news = "";
    for (int i = 0; advert != null && i < advert.length; i++) {
        news += advert[i];
    }
    String msg = "";
    Connection con = null;
    Statement stm = null;
```

```
try {
    //1.注册驱动程序
    Class.forName("com.mysql.jdbc.Driver");
    //2. 获得数据库连接对象
    con = DriverManager.getConnection("jdbc:mysql://127.0.0.1:3306/userdb", "root", "sau123");
    //3. 获得语句对象
    stm = con.createStatement();
    //4. 执行更新语句
    String sql = "insert into tuser(uname,upwd,uphone,umail,uhobby,unews) values('" + uname + "','" + upwd + "','" + uphone + "','" + umail + "'," + hobby + ",'" + news + "')";
    int count = stm.executeUpdate(sql);
    System.out.println(sql);
    if (count > 0) {
        msg = "增加用户成功!";
    } else {
        msg = "增加用户失败!";
    }
} catch (Exception e) {
    msg = "增加用户失败![" + e.getLocalizedMessage() + "]";
} finally {
    //5. 释放资源
    if (stm != null) { stm.close(); }
    if (con != null) { con.close(); }
}
String fwURL = "/4-1/error.jsp";
if(msg.indexOf("成功")!= -1)
    fwURL = "/4-1/listUser.jsp";
%>
<jsp:forward page = "<%=fwURL%>">
    <jsp:param name = "msg" value = "<%=msg%>" />
</jsp:forward>
```

用户注册即向用户表增加一个用户信息,使用 SQL 语言的 INSERT 语句实现。调用 Statement 的 executeUpdate()方法执行数据插入语句,传递进这个方法的参数必须是静态语句。

```
String sql = "insert into tuser(uname,upwd,uphone,umail,uhobby,unews) values('" + uname + "','" + upwd + "','" + uphone + "','" + umail + "'," + hobby + ",'" + news + "')";
int count = stm.executeUpdate(sql);
```

```
System.out.println(sql);
```

这个静态语句是拼接出来的,很难识别,也很容易写错。在开发调试过程中,可以输出一条日志信息,查看拼接的 SQL 语句是否正确,例如以上代码,可以在 tomcat8-stdout.2015-xx-xx.log 中输出:

```
insert into tuser(uname,upwd,uphone,umail,uhobby,unews) values('admin','123','13966706683','admin@sau.edu.cn',1,'12')
```

根据 executeUpdate()方法的返回值可以判断注册是否成功,count 大于 0 表示注册成功,否则表示失败。文件的最后,根据用户注册的结果,利用 forward 动作重定向到不同的文件。

如果用户注册成功,在服务器后台调用/4-1/listUser.jsp,文件 listUser.jsp 部分代码如下:

```jsp
<%@page contentType="text/html" pageEncoding="UTF-8"%>
<%@page import="java.sql.*,java.util.*"%>
...
    <table>
        <caption>用户列表</caption>
        <tr><th>用户名</th><th>手机</th><th>电子邮件</th><th>业务爱好</th><th>允许推送邮件</th></tr>
        <%
            String[] advNames = {"体育新闻","娱乐新闻","IT 新闻","本地新闻"};
            String[] hobbyNames = {"无","篮球","足球","文学","上网"};
            Connection con = null;
            Statement stm = null;
            ResultSet rs = null;
            try{
                //1.注册驱动程序
                Class.forName("com.mysql.jdbc.Driver");
                //2.获得数据库连接对象
                con = DriverManager.getConnection("jdbc:mysql://127.0.0.1:3306/userdb","root","sau123");
                //3.获得语句对象
                stm = con.createStatement();
                //4.执行查询语句
                String sql = "select uname,upwd,uphone,umail,uhobby,unews from tuser";
                rs = stm.executeQuery(sql);
                //5.处理查询结果
```

第4章 JDBC 技术

```java
        while (rs.next()) {
            String uname = rs.getString("uname");
            if (uname == null) {
                uname = "";
            }
            String uphone = rs.getString("uphone");
            if (uphone == null) {
                uphone = "";
            }
            String umail = rs.getString("umail");
            if (umail == null) {
                umail = "";
            }
            Integer ihobby = rs.getInt("uhobby");
            if (ihobby == null || ihobby == -1) {
                ihobby = 0;
            }
            String news = rs.getString(6);
            String strnews = "";
            for (int i = 0; i < news.length(); i++) {
                if (!strnews.equals("")) {
                    strnews += ",";
                }
                strnews += advNames[(int)(news.charAt(i) - '0')];
            }
%>
    <tr>
        <td><%=uname%></td>
        <td><%=uphone%></td>
        <td><%=umail%></td>
        <td><%=hobbyNames[ihobby]%></td>
        <td><%=strnews%></td>
    </tr>
<%
        }// end while
    } catch (Exception e) {
        throw e;
    } finally {
        //6. 释放资源
        if (rs != null) {rs.close();}
        if (stm != null) {stm.close();}
        if (con != null) {con.close();}
```

175

```
        }//end try
    %>
    </table>
...
```

用户注册信息里“业余爱好”和“允许推送的邮件”传递的参数值都是数值，数据库里面保存的是数值，但是显示出来的应该是名称。这里使用数组，没有使用代码表。

```
String[] advNames = {"体育新闻","娱乐新闻","IT 新闻","本地新闻"};
String[] hobbyNames = {"无","篮球","足球","文学","上网"};
```

显示用户列表使用 SQL 语言的 SELECT 语句，调用 Statement 的 executeQuery()方法执行数据查询语句，返回的结果保存在 ResultSet 中。ResultSet 对象初始指针放在一个无效位置，需要调用 next()方法向前移动指针，如果移动到的位置有数据，则返回 true，如果没有数据，则返回 false。因此调用 while 语句循环获取 ResultSet 里的数据。运行结果如图 4 - 3 所示。

用户名	手机	电子邮件	业务爱好	允许推送邮件
admin	13966706683	admin@sau.edu.cn	篮球	娱乐新闻,IT新闻
liming	15980001234	linping@sina.com	无	体育新闻,本地新闻
test	13677889900	test@sina.com	文学	娱乐新闻,本地新闻
test1	13677889900	test@sina.com	文学	娱乐新闻,本地新闻
林平	15980001234	linping@sina.com	无	体育新闻,本地新闻
测试	13966706683	admin@sau.edu.cn	篮球	娱乐新闻,IT新闻

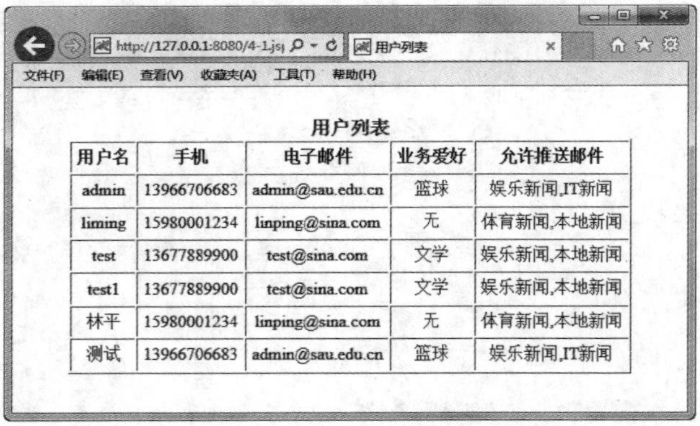

图 4 - 3　用户列表页面

4.1.4　预编译语句

在 4.1.3 小节介绍的 JDBC 基本开发过程中，介绍了使用 Statement 与数据库进行交互。但是采用 Statement 执行 SQL 语句，有以下几个缺点：

① 每执行一次都要对传入的 SQL 语句编译一次，即使多次执行的是同一语句，因此效率较差。

② 执行的 SQL 语句是动态拼装的，可读性比较差，也无法防止 SQL 注入，因此安全性较差。所谓 SQL 注入，就是通过把 SQL 命令插入到 Web 表单提交或页面请求的查询字符串中，最终达到欺骗服务器执行恶意 SQL 命令的目的。

例如，用户登录验证的部分代码如下：

```
//获取用户登录名,并检验
String uname = request.getParameter("uname");
//获取用户登录密码,并检验
String upwd = request.getParameter("upwd");
...
Statement  stm = con.createStatement();
String sql = "select * from tuser where uname = '" + uname + "' and upwd = '" + upwd + "'";
ResultSet  rs = stm.executeQuery(sql);
...
```

用户登录名和登录密码都是用户输入,然后通过 HTTP 请求发送给处理的 JSP 文件。假设用户登录名是 admin,登录密码 123,则真正执行的是:

```
select * from tuser where uname = 'admin' and upwd = '123'
```

如果用户在页面的密码框里输入是"' or '1'='1'",那么拼接后,真正执行的 SQL 语句是:

```
select * from tuser where uname = 'admin' and upwd = 'or '1' = '1'
```

语句中 or 后面的"'1'='1'"恒成立,所以不管用户名和密码是什么,用户登录都会成功,相当于绕过了系统提供的用户登录验证代码。

采用 PreparedStatement 就可以解决以上两个问题,在创建 PreparedStatement 对象时,将 SQL 语句传递给数据库做预编译,以后每次执行这个 SQL 语句时,不需要重复查询优化过程,大大提高了 SQL 语句的执行速度。一般情况下,使用 PreparedStatement 对象都是带输入参数的,在语句中指出需要接受那些参数,然后进行预编译。在每一次执行时,可以将不同的参数传递给 SQL 语句,大大提高了程序的效率与灵活性。PreparedStatement 接口是继承 Statement 接口的,也是从 Connection 对象获取的,与 Statement 不同的是,它获取方法时传入 SQL 语句。用户登录代码可以用 PreparedStatement 修改为:

```
//获取用户登录名,并检验
String uname = request.getParameter("uname");
//获取用户登录密码,并检验
String upwd = request.getParameter("upwd");
...
String sql = "select * from tuser where uname = ? and upwd = ?";
PreparedStatement stm = con.prepareStatement(sql);
stm.setString(1,uname);
stm.setString(2,upwd);
ResultSet  rs = stm.executeQuery(sql);
...
```

SQL语句中使用问号作为参数的占位符,不管是字符型字段还是数值型字段,写法上都没有区别。然后在执行之前调用setXXX()方法,把用户输入的数据传入到PreparedStatement对象里,这样能有效地防止SQL注入攻击。PreparedStatement对象可以设置多次参数,当一个参数被设置后,该参数的值一直保持不变,直到它被再一次赋值为止。例如,用户注册部分代码可以用PreparedStatement改写,假设支持批量注册用户,部分代码如下:

```
String sql = " insert into tuser ( uname, upwd, uphone, umail, uhobby, unews ) values(?,?,?,?,?,?)";
PreparedStatement    stm = con.prepareStatement(sql);
for(int i = 0;i<10;i + + ){
    stm.setString(1,"name" + i);
    stm.setString(2,"123");
    stm.setString(3,"13999999999");
    stm.setString(4,"test@sina.com");
    stm.setInt(5,1);
    stm.setString(6,"123");
    stm.executeUpdate();
}
```

这段代码和下面的代码,完成的功能是一样的。

```
String sql = " insert into tuser ( uname, upwd, uphone, umail, uhobby, unews ) values(?,?,?,?,?,?)";
PreparedStatement    stm = con.prepareStatement(sql);
stm.setString(1,"name0");
stm.setString(2,"123");
stm.setString(3,"13999999999");
stm.setString(4,"test@sina.com");
stm.setInt(5,1);
stm.setString(6,"123");
stm.executeUpdate();
for(int i = 1;i<10;i + + ){
    stm.setString(1,"name" + i);
    stm.executeUpdate();
}
```

在执行批量语句的时候,可以把相同参数的设置语句放到循环语句的外面,在循环语句内只编写不同参数的设置语句。两种实现方式在数据量小的时候区别不大,数据量大的时候,第二种实现方式速度会更快一些。

使用PreparedStatement执行SQL语句有两点容易出错的地方:

① 注意参数个数和设置参数的语句要一一对应,尤其是参数很多的时候,如果

参数个数比设置参数语句个数多时,会出现错误:No value specified for parameter 7

② 由于 PreparedStatement 接口继承了 Statement 接口,所以 PreparedStatement 可以调用 Statement 中的方法,最常出的错误是调用了带参数的 executeUpdate()方法。

```
String sql = " insert into tuser ( uname, upwd, uphone, umail, uhobby, unews ) values(?,?,?,?,?,?)";
PreparedStatement stm = con.prepareStatement(sql);
for(int i = 0;i<10;i++){
    stm.setString(1,"name" + i);
    stm.setString(2,"123");
    stm.setString(3,"13999999999");
    stm.setString(4,"test@sina.com");
    stm.setInt(5,1);
    stm.setString(6,"123");
    stm.executeUpdate(sql);
}
```

执行这段代码,会出现下面的错误:

com.mysql.jdbc.exceptions.jdbc4.MySQLSyntaxErrorException: You have an error in your SQL syntax; check the manual that corresponds to your MySQL server version for the right syntax to use near '?,?,?,?,?,?)' at line 1

原因是,当调用带参数的 executeUpdate()方法时,其实调用的是 Statement 接口的方法,会把传入的参数当作静态 SQL 语句执行,则问号不会被参数值替代,因此出现语法错误。

例 4-2 使用预编译语句批量删除用户,在 listUser.jsp 的基础上进行修改,增加"批量选择用户"和"删除"按钮。首先在表格元素外部增加表单元素,同时在表格增加一列,第一列为复选框,并在表格下方增加一行里面是"删除用户"的按钮。

```
<form action = "/4-2.jsp" id = "frmUser">
    <table>
    <caption>用户列表</caption>
    <tr>
        <th><input type = "checkbox" id = "checkAll"/></th>
        ...
    </tr>
    ...
    <tr>
        <td><input type = "checkbox" name = "uname" value = "<% = uname %>"/></td>
        ...
```

```
        </tr>
        ...
        <tr>
            <td colspan = "6"><input type = "submit" value = "删除用户"/></td>
        </tr>
    </table>
</form>
```

在文件的<head>标签内增加 JavaScript 代码,在处理表单提交事件用户点击"删除用户"提交表单时检查是否有复选框处于选中状态,如果没有一个被选中,则提示"必须选择要删除的用户!",并停止表单提交动作;点击列头上的复选框,触发单击事件,设置所有复选框状态为列头上的复选框状态,即全选方法。

```
<script>
    function mySubmit() {
        var flag = false;
        var objs = document.getElementsByName("uname");
        for (var i = 0; i < objs.length; i++) {
            if (obj[i].checked) {
                flag = true;
                break;
            }
        }
        if (!flag) {
            alert("必须选择要删除的用户!");
        }
        return flag;
    }
    function myCheckAll() {
        var flag = document.getElementById("checkAll").checked;
        var objs = document.getElementsByName("uname");
        for (var i = 0; i < objs.length; i++) {
            objs[i].checked = flag;
        }
    }
    window.onload = function() {
        document.getElementById("frmUser").onsubmit = mySubmit;
        document.getElementById("checkAll").onclick = myCheckAll;
    }
</script>
```

运行结果如图 4-4 所示,选中两个用户,然后点击"删除用户",提交给 4-2.jsp 处理。

第4章 JDBC技术

图 4-4 删除前的用户列表页面

文件 4-2.jsp 部分代码如下：

```jsp
<%
    //获取用户输入数据
    String[] uname = request.getParameterValues("uname");
    ...
    try {
        ...
        String sql = "delete from tuser where uname = ?";
        stm = con.prepareStatement(sql);
        //4. 执行删除语句
        for (int i = 0; i < uname.length; i++) {
            stm.setString(1, uname[i]);
            stm.executeUpdate();
        }
        msg = "删除用户成功！";
    } catch (Exception e) {
        msg = "删除用户失败！[" + e.getLocalizedMessage() + "]";
    } finally {
        ...
    }
    String fwURL = "/4-2/error.jsp";
    if (msg.indexOf("成功") != -1) {
        fwURL = "/4-2/listUser.jsp";
    }
%>
<jsp:forward page = "<% = fwURL %>">
    <jsp:param name = "msg" value = "<% = msg %>" />
```

```
</jsp:forward>
```

首先获取要删除的用户名,因为参数名相同,所以复选框接收的数据一般使用 getParameterValues()方法获取参数值数组。

```
String[] uname = request.getParameterValues("uname");
```

然后调用 PreparedStatement 的方法删除用户。最后根据删除结果重定向到不同页面。删除成功后,回到用户列表页面,如图 4-5 所示,选中的两个用户已经被删除了。

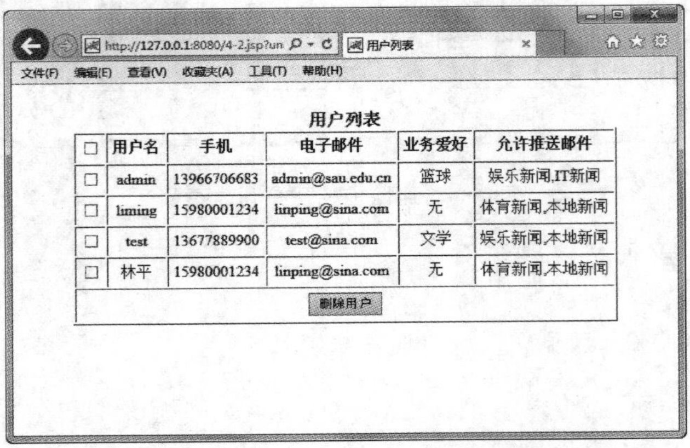

图 4-5 删除后的用户列表页面

4.1.5 调用存储过程

CallableStatement 接口是继承 PreparedStatement 接口的,也是从 Connection 对象获取的,为所有的 DBMS 提供了一种以标准形式调用存储过程的方法,有两种调用方式:

(1) 不带返回结果参数的语法格式

    call 过程名[(?,?,...)]

(2) 带返回结果参数

    ? = call 过程名[(?,?,...)]

问号代表参数的占位符,这里可用的参数有三种:输入型参数、输出型参数和输入输出型参数,其中返回结果参数是输出型参数,其他位置三种类型参数都可以,具体是什么类型的参数,取决于存储过程的参数定义。输入型参数需要调用继承自 PreparedStatement 接口的 setXXX()方法设置输入参数的值;输出型参数需要在执行之前调用 CallableStatement 接口定义的注册参数方法 registerOutParameter(),执行之后,再调用 getXXX()方法获取参数的返回值;输入输出型参数需要综合上面两种参数进行操作。

例 4-3 使用 JDBC 调用存储过程，输入用户名和业余爱好，返回符合条件的用户人数。创建 MySQL 存储过程的代码如下：

```
delimiter //
create procedure getUserCount(in name varchar(20), inout c int)
begin
select count(*) into c from tuser where uname like concat(name,'%') and uhobby = c;
end
//
delimiter ;
```

调用存储过程的文件 4-3.jsp 代码如下：

```jsp
<%@page contentType="text/html" pageEncoding="UTF-8"%>
<%@page import="java.sql.*"%>
<%
    String msg = "";
    Connection con = null;
    CallableStatement stm = null;
    try {
        //1. 注册驱动程序
        Class.forName("com.mysql.jdbc.Driver");
        //2. 获得数据库连接对象
        con = DriverManager.getConnection("jdbc:mysql://127.0.0.1:3306/userdb", "root", "sau123");
        //3. 获得语句对象
        String sql = "call getUserCount(?,?)";
        stm = con.prepareCall(sql);
        //4. 执行存储过程
        stm.setString(1, "name");
        stm.setInt(2, 1);
        stm.registerOutParameter(2, java.sql.Types.INTEGER);
        stm.executeUpdate();
        msg = "用户数量:" + stm.getInt(2);
    } catch (Exception e) {
        msg = "删除用户失败![" + e.getLocalizedMessage() + "]";
    } finally {
        //5. 释放资源
        if (stm != null) { stm.close(); }
        if (con != null) { con.close(); }
    }
%>
<!doctype html>
```

```
<html>
    <head>
        <meta http-equiv="Content-Type" content="text/html; charset=UTF-8" />
        <title>获取用户数量</title>
    </head>
    <body>
        <h1><%=msg%></h1>
    </body>
</html>
```

存储过程调用语句如下:

```
String sql = "call getUserCount(?,?)";
stm = con.prepareCall(sql);
```

根据存储过程的定义,第一个参数是输入型,表示用户名,需要调用 setString()方法传入参数值 nmae:

```
stm.setString(1,"name");
```

第二个参数是输入输出型参数,主要是为了测试需要,输入时表示业余爱好的代码,需要调用 setInt()方法传入参数值 1。

```
stm.setInt(2,1);
```

输出时表示符合条件的用户数量,需要先调用 registerOutParameter()注册第二个参数类型为 java.sql.Types.INTEGE,执行后再调用 getInt()方法获取返回值。

```
stm.registerOutParameter(2, java.sql.Types.INTEGER);
stm.executeUpdate();
msg = "用户数量:" + stm.getInt(2);
```

4.2 JDBC 高级知识

4.2.1 数据源与连接池

从前面的例子来看,不管采用 Statement、PreparedStatement 和 CallableStatement 哪种方式操纵数据库,都需要先获取数据库连接,最后释放数据库连接。这种直接使用 DriverManager 创建和释放数据库连接的方法比较简单,但是在实际应用中存在以下三个缺点:

① 数据库访问性能比较低,尤其是在大型 Web 应用系统中,这种情况更明显。因为在 JDBC 基本开发过程中,创建数据库连接是需要时间最长的工作。而每一次

Web 请求都要建立一次数据库连接，操纵数据库后，为了防止资源耗尽，还必须释放这个数据库连接。对于一个大型 Web 应用系统，几百人、几千人同时在线是很正常的事。在这种情况下，频繁地进行数据库连接操作，势必占用很多的系统资源，网站的响应速度必定下降，严重的甚至会造成服务器的崩溃。

② 无法控制创建的数据库连接数量，无法有效管理资源。在一个系统中，数据库资源是很重要的，一般会被多个应用程序共享访问，其中有 Web 应用程序，也有普通的桌面应用程序，同时数据库的资源也是有限的。因此，如果无法控制分配给 Web 应用程序的数据库连接数量，有可能导致数据库资源都被 Web 应用程序占用，数据库无法为其他应用提供服务。

③ 配置方式不灵活。通过 DriverManager 需要传入 JDBC URL 连接串、用户名和密码等信息，如果以后更换数据库服务器、驱动程序等相关信息，则需要修改代码。

总之，数据库连接是一种可共享的有限的重要资源，对数据库连接的管理能显著影响到整个应用程序的伸缩性和健壮性，影响到程序的性能指标。而上面问题产生的根据就是，DriverManager 无法对数据库连接资源进行有效的管理。

从 JDBC2.0 开始，JDBC 推出 javax.sql.DataSource 接口替代 DriverManager 获取数据库连接。DataSource 的相关属性，例如 JDBC URL、驱动程序、用户名、密码等，都会在配置文件中设置。DataSource 对象创建成功后，会注册到 Java 命名与目录接口(Java Naming and Directory Interface，JNDI)的命名空间中。JNDI 是一种标准的 Java 命名系统接口，为开发人员提供了查找和访问各种命名和目录服务的通用、统一的接口。简单来说，JNDI 是一种将对象和名字绑定的技术，当需要访问某些 Java 对象或资源时，可以使用 JNDI 服务进行定位，应用程序通过名字获取对应的对象或服务。

在 JSP 页面中，可以通过名字获取 DataSource 对象，然后获取数据库连接，在代码中没有任何与数据库或驱动程序相关的信息，因此当更换数据库或驱动程序时，只要修改配置文件即可，部分代码如下：

```
Context env = (Context) new InitialContext().lookup("java:comp/env");
DataSource _pool = (DataSource) env.lookup("jdbc/sauweb");
if (_pool == null)    throw new Exception("获取数据源失败!");
Connection con = _pool.getConnection();
```

DataSource 接口的实现对象代表了一个真正的数据源，根据实现方法不同，可以访问关系数据库、电子表格、XML 文件等。但是大部分情况下，DataSource 接口是由数据库连接池实现的，其中 getConnection()方法获取的数据库连接来自数据连接池。

数据库连接池技术是资源池(Resource Pool)设计模式的典型应用，可以有效地解决资源频繁分配和释放所造成的问题。数据库连接池的基本思想就是在应用程序和数据库之间建立一个缓冲区域，称为连接池。连接池里可以维护多个数据库连接对象,即 Connection。

Tomcat 服务器一直采用的连接池是一个开源的连接池程序 DBCP,DBCP 是 Apache 软件基金组织下的开源连接池程序,该数据库连接池既可以与应用服务器整合使用,也可由应用程序独立使用。不过,从 Tomcat 7.x 开始,推荐 Tomcat 的连接池类(org.apache.tomcat.jdbc.pool)作为替换 DBCP 的方案。

下面以 Tomcat 8、MySQL 5.7 为例介绍使用数据库连接池操纵数据库的过程。

① MySQL 的驱动程序放到<Web 则应用程序>/WEB-INF/lib 目录下,如果更换数据库连接池为 Tomcat JDBC Pool,则需要把驱动程序放到<Tomcat 安装目录>/lib 目录下。

② 配置数据源。从 Tomcat 6.0 开始,数据源参数可以配置在<Web 应用程序>/META-INF/context.xml 文件中,这个文件主要配置的<Context>元素,与<Tomcat 安装目录>/conf/server.xml 文件中的<Context>元素是一致的,都是代表一个 Web 应用的配置信息。不过,现在不推荐在 server.xml 中配置<Context>元素。因为 server.xml 是不可动态重加载的资源,服务器一旦启动以后,要使这个文件的修改生效,就得重启服务器才能重新加载。而 context.xml 文件修改后,会被自动重新加载,配置信息不需要重启服务器就能起作用。

context.xml 文件代码如下:

```
<?xml version="1.0" encoding="UTF-8"?>
<Context antiJARLocking="true" path="/" crossContext="true" reloadable="true">
    <Resource
        name="jdbc/sauweb"
        auth="Container"
        type="javax.sql.DataSource"
        driverClassName="com.mysql.jdbc.Driver"
        url="jdbc:mysql://127.0.0.1:3306/userdb?useUnicode=true&amp;characterEncoding=UTF-8"
        username="root"
        password="sau123"
        maxActive="50"
        maxIdle="30"
        maxWait="-1"
    />
</Context>
```

这个 XML 文件中<Resource>元素代表的就是数据源配置,其中属性具体含义见表 4-7 所列。

第 4 章 JDBC 技术

表 4 - 7 ＜Resource＞元素常用属性

属性名	描 述
name	指定数据源的 JNDI 名字
auth	设置数据源的管理者（Container 或 Application），Container 表示由容器创建和管理数据源，Application 表示由 Web 应用创建和管理数据源
type	设定数据源的类型
driverClassName	指定连接数据库的 JDBC 驱动程序
url	指定连接数据库的 URL
username	指定连接数据库的用户名
password	指定连接数据库的口令
maxActive	指定数据库连接池中处于活动状态的数据库连接的最大数目，0 表示不受限制
maxIdle	指定数据库连接池中处于空闲状态的数据库连接的最大数目，0 表示不受限制
maxWait	最大等待时间，当没有可用连接时连接池等待连接的最大时间（毫秒），超过时间则抛出异常，-1 表示无限等待

③ 根据 JNDI 名字查找数据源，从数据源对象中获取数据库连接，如果数据源是由数据库连接池实现的，那么数据源对象返回的数据库连接就是从连接池中获取的。

例 4 - 4 改进 4-3.jsp 文件，修改获取数据库连接的获取方式。

文件 4-4.jsp 代码如下：

```jsp
<%@page contentType="text/html" pageEncoding="UTF-8"%>
<%@page import="java.sql.*,javax.sql.*,javax.naming.*"%>
<%
    String msg = "";
    Connection con = null;
    CallableStatement stm = null;
    try {
        Context env = (Context) new InitialContext().lookup("java:comp/env");
        DataSource _pool = (DataSource) env.lookup("jdbc/sauweb");
        if (_pool == null) {
            throw new Exception("获取数据源失败!");
        }
        con = _pool.getConnection();
        if (con == null) {
            throw new Exception("获取数据库连接失败!");
        }
        String sql = "call getUserCount(?,?)";
        stm = con.prepareCall(sql);
        stm.setString(1, "name");
```

```
            stm.setInt(2, 1);
            stm.registerOutParameter(2, java.sql.Types.INTEGER);
            stm.executeUpdate();
            msg = "用户数量:" + stm.getInt(2);
        } catch (Exception e) {
            msg = "删除用户失败！[" + e.getLocalizedMessage() + "]";
        } finally {
            if (stm != null) { stm.close(); }
            if (con != null) { con.close(); }
        }
%>
<!doctype html>
<html>
    <head>
        <meta http-equiv="Content-Type" content="text/html; charset=UTF-8" />
        <title>获取用户数量</title>
    </head>
    <body>
        <h1><%=msg%></h1>
    </body>
</html>
```

首先，需要导入 javax.sql 和 javax.naming 两个包。然后获取数据源对象，在 java:comp/env 命名空间中查找名字为 jdbc/sauweb 的数据源对象。

```
Context env = (Context) new InitialContext().lookup("java:comp/env");
DataSource _pool = (DataSource) env.lookup("jdbc/sauweb");
```

数据源对象的相关信息配置在＜Web 应用程序＞/META-INF/context.xml 文件中。

4.2.2 事务处理

在数据库中，所谓事务是指一组逻辑操作单元，使数据从一种状态变换到另一种状态。在 JDBC 编程中，当一个连接对象被创建时，默认情况下是自动提交事务，每次执行一个 SQL 语句时，如果执行成功，就会向数据库自动提交，即一个事务中只包括一个 SQL 语句。

为了让多个 SQL 语句作为一个事务执行，需要调用 Connection 接口的 setAutoCommit() 方法，取消自动提交事务，相当于启动一个事务，然后执行多个 SQL 语句。事务结束有两个状态：全部成功，则调用 Connection 接口的 commit() 方法提交；如果有错误，则调用 Connection 接口的 rollback() 方法回滚。

注意，①如果使用数据库连接池，则调用 Connection 接口的 close() 方法并没有真正关闭连接对象,需要调用 setAutoCommit()方法恢复其自动提交状态;②JDBC 事务的实际执行者是 JDBC 驱动程序,而且要求操作的数据库管理系统必须支持事务操作,可以通过元数据的方法 supportsTransactions()来判断。

```
Connection con = ...;                          //获取数据库连接对象
DatabaseMetaData metadata = con.getMetaData();  //获取数据库元数据
boolean f = metadata.supportsTransactions();
                                //true 表示支持事务处理;false 表示不支持事务处理
```

事务处理的基本流程代码如下:

```
Connection con = null;
PreparedStatement stm = null;
boolean isrollback = false;                //事务是否需要回滚,缺省不需要,可提交
try {
            ...
    con.setAutoCommit(false);              //取消自动提交,事务开始
    //执行更新语句
            ...
    for(int i = 1;i<1000;i++){
            ...
        stm.executeUpdate();               //事务内一般是数据更新语句
    }
            ...
} catch (Exception e) {
    isrollback = true;                     //发生错误,则设置回滚状态为 true
            ...
} finally {
            ...
    if (con != null) {
        if(isrollback) {
            con.rollback();                //事务回滚
        }else{
            con.commit();                  //事务提交
        }
        con.setAutoCommit(true);           //恢复事务提交方式为自动提交
        con.close();         //关闭数据库连接对象,把连接对象释放回数据库连接池
    }
}
```

Connection 接口的 rollback()方法是撤销所有对数据库的操作,如果只需要撤销部分操作,则可以通过设置"保存点"来达到目的。在批量操作时,事务中设置"保存点"可提高效率,例如下面的代码中,事务中执行 1000 更新语句,在执行到 100 条左右的时候,设置了"保存点",这样当发生错误时,不需要撤销所有的更新操作。

```java
Connection con = null;
PreparedStatement stm = null;
boolean isrollback = false;          //事务是否需要回滚,缺省不需要,可提交
Savepoint sp = null;                 //保存点变量
try {
        ...
    con.setAutoCommit(false);        //取消自动提交,事务开始
    //执行更新语句
        ...
    for(int i = 1;i<1000;i++){
            ...
        stm.executeUpdate();         //事务内一般是数据更新语句
        if(i == 500)
            sp = con.setSavepoint(); //设置保存点
    }
        ...
} catch (Exception e) {
    isrollback = true;               //发生错误,则设置回滚状态为true
        ...
} finally {
        ...
    if (con != null) {
        if(isrollback){
            if(sp == null){
                con.rollback();      //事务回滚
            }else{
                con.rollback(sp);    //回滚到保存点
                con.releaseSavepoint(sp); //释放保存点
            }
        }else{
            con.commit();            //事务提交
        }
        con.setAutoCommit(true);     //恢复事务提交方式为自动提交
        con.close();                 //关闭数据库连接对象,把连接对象释放回数据库连接池
    }
}
```

数据库可以被多个用户共享访问,因此多个用户同时访问数据库中的共享资源时,会出现不同程度的数据不一致性问题:丢失修改、读脏数据、不可重复读、幻影读。

① 丢失修改。两个事务 T1 和 T2 读入同一数据并修改,T2 提交的结果破坏了 T1 提交的结果,导致 T1 的修改丢失。

② 读脏数据。事务 T1 修改某一数据,并将其写回磁盘,事务 T2 读取同一数据

后，T1由于某种原因被撤消，这时 T1 已修改过的数据恢复原值，T2 读到的数据就与数据库中的数据不一致，则 T2 读到的数据就为脏数据，即不正确的数据。

③ 不可重复读。事务 T1 读取某一数据后，事务 T2 对其做了修改，当事务 1 再次读该数据时，得到与前一次不同的值。

④ 幻影读。事务 T1 按一定条件从数据库中读取了某些数据记录后，事务 T2 删除或插入了部分记录，当 T1 再次按相同条件读取数据时，发现某些记录消失或增加了。

在数据库操作中，为了有效保证并发读取数据的正确性，提出了事务隔离级别。JDBC 中支持的事务隔离级别如表 4-8 所列，同时说明了每个事务隔离级别所能解决的数据不一致问题。较低的隔离级别支持较高的并发度，但代价是降低数据的正确性。相反，较高的隔离级别可以确保数据的正确性，但可能对并发产生负面影响。

表 4-8 JDBC 中事务隔离级别

常量名	值	说明	可预防的数据不一致性问题			
			丢失修改	读"脏"数据	不可重复读	幻影读
TRANSACTION_NONE	0	不支持事务				
TRANSACTION_READ_UNCOMMITTED	1	最低级别，但是读取数据错误机率高	预防			
TRANSACTION_READ_COMMITTED	2	默认级别	预防	预防		
TRANSACTION_REPEATABLE_READ	4	对数据库的性能影响大	预防	预防	预防	
TRANSACTION_SERIALIZABLE	8	相当于顺序执行事务，对数据库性能影响最大	预防	预防	预防	预防

不同的数据库支持的隔离级别不同，在 JDBC 中，可以通过元数据的方法 getDefaultTransactionIsolation() 获取数据库的缺省隔离级别，方法 supportsTransactionIsolationLevel() 来判断是否支持某个隔离级别。例如，MySQL 数据支持四种隔离级别，缺省的隔离级别是 TRANSACTION_READ_COMMITTED。

4.2.3 批量处理

在实际的项目开发中，有时候需要向数据库发送一批 SQL 语句执行，例如批量导入多个用户信息，使用传统方法的代码其实不合适。

```
String sql = "insert into tuser(uname,upwd) values(?,?)";
PreparedStatement stm = con.prepareStatement(sql);
stm.setString(1,"name0");
```

```
stm.setString(2,"123");
stm.executeUpdate();
for(int i=1;i<1000;i++){
    stm.setString(1,"name"+i);
    stm.executeUpdate();
}
```

因为每调用一次 executeUpdate()方法,都会向数据库发送一条 SQL 语句,这种方式性能比较低下。在处理大批量数据的时候,推荐采用 JDBC 2.0 开始支持的批处理机制,以提升执行效率。批处理机制提供了三个方法:addBatch()方法添加一条 SQL 语句,但是并不发送给数据库服务器;executeBatch()方法把批量的 SQL 语句一起发送给数据库服务器;clearBatch()方法清除 SQL 列表。JDBC 实现批处理有两种方式:Statement 和 PreparedStatement。

(1) 使用 Statement 完成批处理

```
stm = con.createStatement();
for(int i=0;i<count;i++){
    String sql = "insert into tuser(uname,upwd) values('name"+i+"','123')";
    stm.addBatch(sql);
}
stm.executeBatch();
```

采用 Statement.addBatch(sql)方式实现批处理,可以向数据库发送多条不同的 SQL 语句。但是 SQL 语句没有预编译,当向数据库发送多条语句相同、参数不同的 SQL 语句时,需重复写上很多条 SQL 语句。

(2) 使用 PreparedStatement 完成批处理

```
String sql = "insert into tuser(uname,upwd) values(?,?)";
PreparedStatement stm = con.prepareStatement(sql);
stm.setString(1,"name0");
stm.setString(2,"123");
stm.addBatch();
for(int i=1;i<count;i++){
    stm.setString(1,"name"+i);
    stm.addBatch();
}
stm.executeBatch();
```

采用 PreparedStatement.addBatch()实现批处理,发送的是预编译后的 SQL 语句,执行效率高。但是,只能应用在 SQL 语句相同、参数不同的批处理中。因此,经常用于在同一个表中批量插入和更新数据。

采用批量操作需要 JDBC 驱动程序支持。例如访问 MySQL 必须在 JDBC URL

串后加上参数 rewriteBatchedStatements=true,这样 JDBC 驱动程序才能支持批量操作,例如:

```
jdbc:mysql://127.0.0.1:3306/userdb?rewriteBatchedStatements = true
```

为了提高效率,可以使用批量操作方法时关闭事务自动提交方式。

4.2.4 分页处理

分页处理是 Web 应用中最常见的功能之一,一般有两种实现方式:①采用数据库专有特性分页。使用数据库专有的特性(例如 MSSQL Server 的 top、Oracle 的 rownum、MySQL 的 limit 等)实现部分记录的获取。这种实现分页的方式性能最佳,但是换数据库需要修改代码。因此,一般采用存储过程的方式实现,当换数据库时只需要修改存储过程,不用修改程序代码;②纯 JDBC 分页。通过 ResultSet 的方法实现部分记录的获取。这种实现分页的方式,兼容性最好,可以应用在任何支持 JDBC 驱动程序的数据库系统中,不过性能依赖于具体的 JDBC 驱动程序。

本节主要介绍纯 JDBC 分页,从 JDBC 2.0 开始,ResultSet 对象中的光标能够上下自由移动,可以通过调用表 4-9 的方法对记录进行定位。

表 4-9 ResultSet 常用定位方法

方法	描述
boolean isBeforeFirst()	true 表示光标位于第一行之前,false 表示光标位于其他位置或结果集为空
boolean isAfterLast()	true 表示光标位于最后一行之后,false 表示光标位于其他位置或结果集为空
boolean isFirst()	true 表示光标位于第一行,false 表示光标位于其他位置
boolean isLast()	true 表示光标位于最后一行,false 表示光标位于其他位置
boolean next()	将光标移动到下一行。光标最初位于第一行之前,第一次调用该方法使第一行成为当前行。true 表示新的当前行有效,false 表示无效
boolean previous()	将光标移动到上一行。true 表示新的当前行有效,false 表示无效
void beforeFirst()	将光标移动到第一行之前。如果结果集中不包含任何行,则此方法无效
void afterLast()	将光标移动到最后一行之后。如果结果集中不包含任何行,则此方法无效
boolean first()	将光标移动到第一行。如果光标位于有效行,则返回 true,否则返回 false
boolean last()	将光标移动到最后一行。如果光标位于有效行,则返回 true,否则返回 false
int getRow()	获得当前行的编号。如果不存在当前行,则返回 0
boolean absolute(int row)	将光标移动到给定行。行号为正,从开头计算,1 为第一行;行号为负,从结尾倒序计算,-1 表示最后一行。true 表示移动到的行有效,false 表示无效。调用 absolute(1)等效于调用 first(),调用 absolute(-1)等效于调用 last()

续表 4-9

方法	描述
boolean relative (int rows)	将光标移动到相对当前位置的行,正数表示光标向前移动,负数表示光标向后移动,0 表示不移动。true 表示移动到的行有效,false 表示无效。调用 relative(1)等效于调用方法 next(),而调用 relative(-1)等效于调用方法 previous()

在使用 Connection 的方法创建 Statement 或 PreparedStatement 对象时,可以指定如表 4-10 所列的 ResultSet 类型和表 4-11 所列的并发模式:

```
Statement createStatement(int resultSetType, int resultSetConcurrency) throws SQLException
PreparedStatement prepareStatement(String sql, int resultSetType, int resultSetConcurrency) throws SQLException
```

表 4-10 ResultSet 常用类型

类型	描述
TYPE_FORWARD_ONLY	光标只能向前移动,默认值
TYPE_SCROLL_INSENSITIVE	光标可以前后移动,但通常不受 ResultSet 底层数据更改影响
TYPE_SCROLL_SENSITIVE	光标可以前后移动,并且通常受 ResultSet 底层数据更改影响

表 4-11 ResultSet 的并发模式

类型	描述
CONCUR_READ_ONLY	ResultSet 对象只能读数据,不能更新数据,默认值
CONCUR_UPDATABLE	ResultSet 对象可以更新数据

如果要使用 ResultSet 的方法对记录进行任意定位,实现分页。则创建语句对象时,不能设置 ResultSet 类型参数为 TYPE_FORWARD_ONLY,因为 JDBC 规范规定 TYPE_FORWARD_ONLY 类型的 ResultSet 只能向前移动光标,只能调用 next()。但是具体的实现由 JDBC 驱动程序决定,例如 MySQL 的驱动程序 Connector/J 只支持一种 ResultSet 类型 TYPE_SCROLL_INSENSITIVE。因此,使用针对 MySQL 数据库编程,创建语句对象时,不需要指定 ResultSet 类型,就可以使用各种定位方法。

分页的基本原理是,根据用户输入的页码号或者开始记录索引,返回那一页的记录数据给用户。为了取得指定的记录范围,还需要每页记录数和总记录数,每页记录数可以由用户选择,或使用默认值。

```
//获取起始记录
Integer beginIndex = getInt(request,"beginIndex");
```

```
//设置页面大小
Integer pageSize = 10;
```

总记录数可以利用 ResultSet 的方法获取,首先调用 last()移动光标到最后一条记录,然后调用 getRow()获取最后一条记录的编号,即总记录数。

```
rs.last();
count = rs.getRow();
```

然后,调用 rs.absolute(beginIndex)方法,移动光标到本页开始的记录位置,注意开始记录位置最小从 1 开始。然后开始读取数据并计数,当读取的数据数量等于每页记录数,或者光标到达 ResultSet 最后一行时,结束读数据过程。

```
<%    ...
    Integer index = 0;
    if(beginIndex == 0)
        beginIndex = 1;
    if (rs.absolute(beginIndex)) {
     do {
            //处理查询结果
            ...
%>
        <tr>
            ...
        显示结果
        </tr>
<%          index ++ ;
        if (index == pageSize)
            break;
        } while (rs.next());
    }
%>
```

最后根据开始记录索引、每页记录数和本次实际读取的记录数,计算上一页和下一页的开始记录索引。

```
//上一页开始记录索引
preIndex = beginIndex - pageSize;
if(preIndex<0)
    preIndex = 0;
//下一页开始记录索引
nextIndex = beginIndex + index;
if(nextIndex>count)
    nextIndex = count;
```

4.2.5 大对象处理

在实际应用中,要向数据库中保存或读取大量数据的时候,需要使用大对象(Large Object,LOB),LOB 分为两类:① 二进制大对象(Binary Large Object,BLOB)是用来存储大量二进制数据的,例如图片、音视频等;② 大字符对象(Character Large Object,CLOB)是用来存储大量文本数据的。

不同的数据库有不同的大对象类型,例如 Oracle 中二进制大对象用 BLOB 类型,大字符对象用 CLOB 类型;SQLServer 中二进制大对象用 image 类型,大字符对象用 text 类型;MySQL 中二进制大对象用 TINYBLOB、BLOB、MEDIUMBLOB 和 LONGBLOB 类型,大字符对象用 TINYTEXT、TEXT、MEDIUMTEXT 和 LONGTEX 类型。为了统一大对象数据的访问接口,从 JDBC 2.0 开始引入了 java.sql.Blob 和 java.sql.Clob 两个接口。

1. Blob

Blob 是访问二进制大对象的接口,默认情况下,驱动程序实现的 Blob 对象包含的不是 BLOB 数据,而是一个指向 BLOB 数据的逻辑指针。Blob 接口提供如表 4-12 所列的方法来获取 BLOB 数据的长度、读取 BLOB 数据以及更新 BLOB 数据等。如果 JDBC 驱动程序支持该数据类型,则必须完全实现 Blob 接口的所有方法。

表 4-12 Blob 常用方法

方 法	描 述
long length()	返回指定的 BLOB 数据的字节数
byte[] getBytes(long pos,int length)	返回字节数组,包含指定的 BLOB 数据中的 length(必须≥0)个连续字节(从位置 pos 处的字节开始,第一个字节为 1)
InputStream getBinaryStream()	包含 BLOB 数据的流
long position(byte[] pattern,long start)	获取指定 BLOB 数据中指定字节数组 pattern 开始处的位置。从 start(第一个字节为 1)开始搜索。返回 pattern 出现的位置,否则返回 -1
long position(Blob pattern,long start)	获取指定 BLOB 数据中指定 Blob 对象 pattern 开始处的位置。从 start(第一个字节为 1)开始搜索。返回 pattern 出现的位置,否则返回 -1
int setBytes(long pos,byte[] bytes)	从位置 pos 处开始,将给定字节数组写入指定的 BLOB 数据,并返回写入的字节数。pos 的有效位置在 1 到 BLOB 数据长度之间
int setBytes(long pos,byte[] bytes, int offset,int len)	从位置 pos 处开始,将给定字节数组从 offset 开始长度为 len 的字节数组,写入指定的 BLOB 数据,并返回写入的字节数。pos 的有效位置在 1 到 BLOB 数据长度之间

续表 4-12

方　法	描　述
OutputStream setBinaryStream(long pos)	获取用于写入指定 BLOB 数据的流,该流从位置 pos 处开始。pos 的有效位置在 1 到 BLOB 数据长度之间
void truncate(long len)	截取指定 BLOB 数据,使其长度为 len 个字节
void free()	释放 Blob 对象以及相关资源,调用 free 方法后,该对象将无效
InputStream getBinaryStream(long pos, long length)	返回包含部分 BLOB 数据的 InputStream 对象,从 pos 开始,长度为 length 个字节

可以把 BLOB 字段对应字节数组或输入输出流,在写数据时,可以使用 PreparedStatement 接口的 setBytes()方法设置字节数组,或使用 setBinaryStream()方法设置代表输入来源的 InputStream;在读数据时,可以使用 PreparedStatement 接口的 getBytes()方法获得字节数组,或使用 getBinaryStream()方法获取代表 BLOB 数据的 InputStream。

JDBC 4.0 开始,可以直接调用 Blob 接口的方法获取输入输出流对象,借助 InputStream、OutputStream 流读写 BLOB 数据。在写数据时,调用 Connection 的 createBlob()方法创建一个 Blob 对象,该对象最初不包含任何数据。可以调用方法 setBinaryStream()获取一个 OutputStream 流,向该流写入大数据,最后直接把 Blob 写入到数据库里。或调用 setBytes()方法向 Blob 添加字节数组。

在读数据时,从调用 ResultSet 的 getBlob()方法获取一个 Blob 对象,调用方法 getBinaryStream()获得一个 InputStream 流,然后读取这个流内容写入到文件或页面。或调用 getBytes()方法获取字节数组。

(1) 写 Blob 数据

第一种方法是用 Blob 的 OutputStream 流写入数据,注意流必须在方法 executeUpdate()之前调用 close()方法。

```
//读取图片文件数据
File file = new File(path + File.separator + "asf-logo.png");
FileInputStream fis = new FileInputStream(file);
//创建 Blob 对象
Blob blob = con.createBlob();
//获取 Blob 对象的写入流
OutputStream os = blob.setBinaryStream(1l);
//读取图片文件数据,写入 Blob 对象
byte[] bs = new byte[(int)file.length()];
int length;
while ((length = fis.read(bs)) != -1) {
    os.write(bs, 0, length);
```

}
os.close();
//更新 Blob 对象到数据库
ps.setBlob(1,blob);
ps.executeUpdate();

第二种方法是用 Blob 的 setBytes()方法写入数据。

```
//读取图片文件数据
File file = new File(path + File.separator + "asf - logo.png");
FileInputStream fis = new FileInputStream(file);
//创建 Blob 对象
```
Blob blob = con.createBlob();
```
//读取图片文件数据,写入 Blob 对象
byte[] bs = new byte[(int)file.length()];
int length;
while ((length = fis.read(bs)) != -1){
```
  blob.setBytes(1,bs);
```
}
//更新 Blob 对象到数据库
ps.setBlob(1,blob);
ps.executeUpdate();
```

第三种方法,调用 PrepareStatement 的方法 setBinaryStream()写入数据。

```
//读取图片文件数据
File file = new File(path + File.separator + "asf - logo.png");
FileInputStream fis = new FileInputStream(file);
//通过输入流向 Blob 对象写入数据
```
ps.setBinaryStream(1,fis);
```
ps.executeUpdate();
```

(2) 读 Blob 数据

第一种方法使用 Blob 的 InputStream 获取数据。

Blob blob = rs.getBlob(1);
```
//获取 Blob 对象的输出流
```
InputStream bis = blob.getBinaryStream();
```
//保存图片文件流
File bakfile = new File(path + File.separator + "bak.png");
FileOutputStream fos = new FileOutputStream(bakfile);
//读取 Blob 数据,写入图片文件数据
while((length = bis.read(bs)) != -1){
    fos.write(bs,0,length);
}
```

第二种方法使用 Blob 的 getBytes()方法获取数据。

```
Blob    blob = rs.getBlob(1);
//获取 Blob 对象的字节数组
bs = blob.getBytes(1l,(int)blob.length());
//保存图片文件流
File bakfile = new File(path + File.separator + "bak.png");
FileOutputStream fos = new FileOutputStream(bakfile);
//读取 Blob 数据,写入图片文件数据
fos.write(bs);
```

第三种方法,调用 PrepareStatement 的方法 getBinaryStream()获取数据。

```
//获取的输入流
InputStream      bis = rs.getBinaryStream(1);
//保存图片文件流
File bakfile = new File(path + File.separator + "bak.png");
FileOutputStream fos = new FileOutputStream(bakfile);
//读取 Blob 数据,写入图片文件数据
byte[] bs = new byte[bis.available()];
bis.read(bs);
fos.write(bs);
```

2. Clob

Clob 是访问大字符对象的接口,默认情况下,驱动程序实现的 Clob 对象包含的不是 CLOB 数据,而是一个指向 CLOB 数据的逻辑指针。Clob 接口提供如表 4-13 所列的方法来获取 CLOB 数据的长度、读取 CLOB 数据以及更新 CLOB 数据等。如果 JDBC 驱动程序支持该数据类型,则必须完全实现 Clob 接口的所有方法。

表 4-13 Clob 常用方法

方 法	描 述
long length()	返回指定的 CLOB 数据的字符数
String getSubString(long pos, int length)	返回子字符串副本,子字符串从 pos 开始长度为 length,pos 必须大等于 1,length 大等于 0
Reader getCharacterStream()	包含 CLOB 数据的 java.io.Reader 对象
InputStream getAsciiStream()	包含 CLOB 数据的 java.io.InputStream 对象
long position(String searchstr, long start)	获取指定 CLOB 数据中指定子字符串 searchstr 开始处的位置。从 start(第一个位置为 1)开始搜索,返回 searchstr 出现的位置,否则返回-1
long position(Clob searchstr, long start)	获取指定 CLOB 数据中指定 Clob 对象 searchstr 开始处的位置。从 start(第一个字节为 1)开始搜索,返回 pattern 出现的位置,否则返回-1
int setString(long pos, String str)	从位置 pos 处开始,将给定字符串写入指定的 CLOB 数据,并返回写入的字符数。pos 的有效位置在 1 到 CLOB 数据长度之间

续表 4-13

方法	描述
int setString(long pos, String str, int offset, int len)	从位置 pos 处开始,将给定字符串从 offset 开始长度为 len 的字符串,写入指定的 CLOB 数据,并返回写入的字符数。pos 的有效位置在 1 到 CLOB 数据长度之间
OutputStream setAsciiStream (long pos)	获取用于写入指定 CLOB 数据的流,该流从位置 pos 处开始。pos 的有效位置在 1 到 CLOB 数据长度之间
Writer setCharacterStream(long pos)	获取 java.io.Writer,用于将 Unicode 字符流写入此 CLOB 数据中
void truncate(long len)	截取指定 CLOB 数据,使其长度为 len 个字符
void free()	释放 Clob 对象以及相关资源,调用 free 方法后,该对象将无效
Reader getCharacterStream (long pos, long length)	返回包含部分 Clob 数据的 Reader 对象,该值从 pos 指定的字符开始,长度为 length 个字符

可以把 CLOB 字段对应字符输入/输出流,在写数据时,可以使用 PreparedStatement 接口的 setCharacterStream()方法设置代表输入来源的 Reader;在读数据时,可以使用 PreparedStatement 接口的 getCharacterStream()方法获取代表 CLOB 数据的 Reader。

从 JDBC 4.0 开始,可以直接调用 Clob 接口的方法获取输入/输出流对象,借助 Reader、Writer 流读写 CLOB 数据。在写数据时,调用 Connection 的 createClob()方法创建一个 Clob 对象,该对象最初不包含任何数据。可以调用方法 setCharacterStream()获取一个 Writer 流,向该流写入大数据,最后直接把 Clob 写入到数据库里。或调用 setString()方法向 Clob 添加字符串。

在读数据时,从调用 ResultSet 的 getClob()方法获取一个 Clob 对象,调用方法 getCharacterStream()获得一个 Reader 流,然后可以读取这个流内容写入到文件或页面。或调用 getSubString()方法获取字符串。

(1) 写 Clob 数据

第一种方法是用 Clob 的 Writer 流写入数据,注意流必须在方法 executeUpdate()之前调用 close()方法。

```
//读取文件数据
File file = new File(path + File.separator + "test.txt");
//考虑到编码格式
InputStreamReader read = new InputStreamReader(new FileInputStream(file), "UTF-8");
StringBuffer result = new StringBuffer((int) file.length());
BufferedReader bufferedReader = new BufferedReader(read);
String lineTxt = null;
while ((lineTxt = bufferedReader.readLine()) != null) {
    result.append(lineTxt);
```

```
}
//创建 Clob
Clob clob = con.createClob();
//读取文件数据,写入 Clob 对象
Writer writer = clob.setCharacterStream(1);
writer.write(result.toString());
writer.close();
//更新 Clob 对象到数据库
ps.setClob(1,clob);
ps.executeUpdate();
```

第二种方法是用 Clob 的 setString() 方法写入数据。

```
//读取文件数据
File file = new File(path + File.separator + "test.txt");
// 考虑到编码格式
InputStreamReader read = new InputStreamReader(new FileInputStream(file), "UTF-8");

StringBuffer result = new StringBuffer((int) file.length());
BufferedReader bufferedReader = new BufferedReader(read);
String lineTxt = null;
while ((lineTxt = bufferedReader.readLine()) != null) {
    result.append(lineTxt);
}
//创建 Clob
Clob clob = con.createClob();
//读取文件数据,写入 Clob 对象
clob.setString(1,result.toString());
//更新 Clob 对象到数据库
ps.setClob(1,clob);
ps.executeUpdate();
```

第三种方法,调用 PrepareStatement 的方法 setCharacterStream() 写入数据。

```
//读取文件数据
File file = new File(path + File.separator + "test.txt");
// 考虑到编码格式
InputStreamReader read = new InputStreamReader(new FileInputStream(file), "UTF-8");

//写入字符流
ps.setCharacterStream(1,read);
ps.executeUpdate();
```

（2）读 Clob 数据

第一种方法是用 Clob 的 getCharacterStream() 方法获取数据。

```
Clob    clob = rs.getClob(1);
//获取 Clob 对象的字符串
Reader readclob = clob.getCharacterStream();
StringBuffer strtmp = new StringBuffer((int) file.length());
BufferedReader bufferedReaderclob = new BufferedReader(readclob);
String lineTxtclob = null;
while ((lineTxtclob = bufferedReaderclob.readLine()) != null) {
    strtmp.append(lineTxtclob);
}
//保存文件流
File bakfile = new File(path + File.separator + "bak2.txt");
// 考虑到编码格式
OutputStreamWriter writerclob = new OutputStreamWriter(new FileOutputStream(bakfile), "UTF-8");
BufferedWriter bufferedWriter = new BufferedWriter(writerclob);
//写入文件数据
bufferedWriter.write(strtmp.toString());
```

第二种方法是用 Clob 的 getSubString() 方法获取数据。

```
Clob    clob = rs.getClob(1);
//获取 Clob 对象的字符串
String strtmp = clob.getSubString(1l,(int)clob.length());
//保存文件流
File bakfile = new File(path + File.separator + "bak.txt");
// 考虑到编码格式
OutputStreamWriter writer = new OutputStreamWriter(new FileOutputStream(bakfile), "UTF-8");
BufferedWriter bufferedWriter = new BufferedWriter(writer);
//写入文件数据
bufferedWriter.write(strtmp);
```

第三种方法是用 PrepareStatement 的 getCharacterStream() 方法获取数据。

```
InputStreamReader    readbak = (InputStreamReader)rs.getCharacterStream(1);
File bakfile = new File(path + File.separator + "bak1.txt");
// 考虑到编码格式
OutputStreamWriter writer = new OutputStreamWriter(new FileOutputStream(bakfile), "UTF-8");
BufferedWriter bufferedWriter = new BufferedWriter(writer);
BufferedReader bufferedReader = new BufferedReader(readbak);
```

```
//读取数据,写入文件数据
String strtmp = null;
while ((strtmp = bufferedReader.readLine()) != null) {
    bufferedWriter.write(strtmp);
}
```

4.3 DAO 模式

在上面的例子中,我们把访问数据库的代码直接写在 JSP 文件中,如图 4-6 所示,访问数据、显示数据和控制逻辑的代码混合在一起,不利于系统的维护和升级。因为不同数据源的访问数据代码是不同的,当需要更换数据源时,例如把 MySQL 数据库更换为 Oracle,甚至更换成 XML 文件系统,修改散布在很多 JSP 文件中的访问数据代码,是一件很麻烦、而且容易出错的工作。因此,在实际项目中,如图 4-7 所示,访问数据的代码会独立出来,形成数据访问层,该层位于业务层和数据源之间。

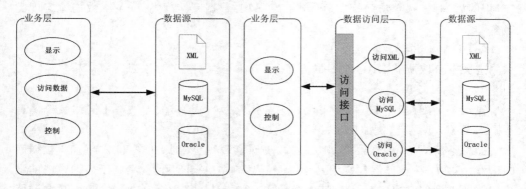

图 4-6 未分离访问数据代码　　　　图 4-7 分离访问数据代码

在数据访问层,使用 DAO 模式来抽象和封装所有对数据源的访问。在 DAO 模式中,接口和实现类是分离的,访问数据接口面向业务层,是一个统一的接口;而实现类面向数据源,不同的数据源有不同的实现类。DAO 层向业务层隐藏了数据源实现细节,因此,当访问的数据源发生变化时,只需要更换 DAO 层的实现类就可以了。因为访问接口没有变化,所以业务层代码不需要变化。

DAO 模式由数据库工具类、持久对象(Persistent Object,PO)、值对象(Value Object,VO)、DAO 接口、DAO 实现类、DAO 工厂接口、DAO 工厂类等组成。

(1) 数据库工具类

负责与后台数据库进行通用操作的工具类,主要用于连接。至少提供三个方法:进行数据库连接,得到一个 Connection 对象;提供一个外部获取连接的方法,返回一个 Connection 对象;关闭数据库连接,Connection 对象调用 close 方法,释放相关资源。

(2)持久对象 PO

与数据库中的表相映射的 Java 对象与数据库表一一对应,含有与数据库表字段一一对应的属性、相应属性的设置和获取方法,PO 中应该不包含任何对数据库的操作。最简单的 PO 就是对应数据库中某个表中的一条记录,多个记录可以用 PO 的集合。一般 PO 可以由工具根据数据库表结构自动生成,不需要修改。

(3)值对象 VO

VO 是 PO 的子类,应是抽象出的业务对象,根据业务需要可以对应一个表,也可以对应多个表。通常用于业务层之间的数据传递,和 PO 一样,也是仅仅包含数据而已,还可以增加一些验证方法和优化显示的方法。

(4)DAO 接口

定义了所有的访问数据操作,包括基本的添加、删除、修改和查询等操作。这不是一个具体的实现类,而是一个接口,仅仅定义了相应的操作方法。

(5)DAO 实现类

必须实现 DAO 接口,并实现相应的访问数据方法。一个 DAO 接口可以由多个实现,例如,对于一套访问接口,可以有 MySQL 数据库实现类、Oracle 数据库实现类等多种。

(6)DAO 工厂接口

定义了获取所有 DAO 接口的方法,只有方法声明,没有实现。

(7)DAO 工厂类

实现了 DAO 工厂接口,并实现了所有获取 DAO 接口的方法。不同的数据源有不同的 DAO 工厂类,例如 MySQL 工厂类、Oracle 工厂类。

如果不使用 DAO 工厂类,则必须通过创建 DAO 实现类的实例才能完成数据库的操作。这样,在业务层代码中必须"硬编码"具体的实现子类,不利于后期系统的维护和扩展。例如,原来使用 MySQL 实现类,现在改用 Oracle 实现类,那么所有调用 DAO 实现类的代码都需要修改。如果使用 DAO 工厂类,那么当更换数据源时,只需要在获取 DAO 工厂接口的方法中更改 DAO 工厂类即可。

例 4-5 以用户管理为例,演示 DAO 模式的开发过程,最后实现一个显示用户列表的页面。对于用户来说,实现功能和显示界面没有什么区别。但是系统的结构更加合理,系统的可维护性和可扩展性更强。使用 NetBeans 创建 Web 工程 ch4,并新建 DAO 模式相关文件。

首先,编写访问数据库的工具类 DBUtil,该类负责创建数据库连接、返回数据库连接和关闭数据库连接。同时支持关闭事务自动提交方式,即开始事务、提交和撤销操作方法。关闭数据库连接处,可以同时关闭传入的语句和结果集对象,这主要是为了安全,因为有的驱动程序不能自动释放数据库连接创建的所有对象。

文件 DBUtil.java 部分代码如下:

```
package cn.edu.sau.web.ch4.util;
```

```
...
public class DBUtil {
    Connection con = null;
    boolean isTrans = false;
    public DBUtil() {
        try {
            Context env = (Context) new InitialContext().lookup("java:comp/env");
            DataSource _pool = (DataSource) env.lookup("jdbc/sauweb");
            if (_pool != null) {con = _pool.getConnection();}
        } catch (Exception e) {   }
    }
    public Connection getConnection() {return con;}
    public void commit(){this.close(false, null, null);}
    private void close(boolean isrollback, Statement stm, ResultSet rs) {
        try {
            if (isTrans) {
                if (isrollback) { con.rollback();} else { con.commit(); }
                con.setAutoCommit(true);
            }
            if (rs != null) {rs.close();}
            if (stm != null) {stm.close();}
            if (con != null) {con.close();}
        } catch (Exception e) {}
    }
}
...
}
```

数据库仍然是 userdb，里面还是只有一个表 tuser，针对这个表创建持久对象 TUserPO。

文件 TUserPO.java 部分代码如下：

```
package cn.edu.sau.web.ch4.po;
public class TUserPO {
    private String uname,upwd,uphone,umail,unews;
    private int uhobby;
    public String getUname() {return uname;}
    public void setUname(String uname) {this.uname = uname;}
                ...
    public int getUhobby() { return uhobby;}
    public void setUhobby(int uhobby) {this.uhobby = uhobby;}
}
```

持久对象与数据库表 tuser 是完全对应的，只包含了与字段对应的属性和存取属性的方法。下面创建持久对象的子类值对象 TUserVO。

文件 TUserVO.java 代码如下：

```java
package cn.edu.sau.web.ch4.vo;
...
public class TUserVO extends TUserPO {
    public String displayUhobby() {
        Integer i = super.getUhobby();
        if (i == null || i < 0) { i = 0; }
        return IConstants.HOBBY_NAMES[i];
    }
    public String displayUnews() {
        String news = super.getUnews();
        if (news == null) {news = "";}
        String strnews = "";
        for (int i = 0; i < news.length(); i++) {
            if (! strnews.equals("")) {strnews + = ",";}
            strnews + = IConstants.NEWS_NAMES[(int) (news.charAt(i) - '0')];
        }
        return strnews;
    }
    public String displayUname() {
        String str = super.getUname();
        if (str == null) {str = "";}
        return str;
    }
    ...
}
```

在值对象 TUserVO 中，对每个属性增加了 displayXXX() 方法，用于规范属性的显示。最基本的对空对象显示空串，否则会显示 null。另外，对于两个特殊字段 uhobby 和 unews，在数据库中保存的是数字，而在页面上要显示对应的名称，displayXXX() 方法中定义了转换过程。这两个字段的值和显示名称的对应关系定义在一个常量接口 IConstants 中，该接口中包含了系统中所用到的所有常量，方便统一管理。

文件 IConstants.java 代码如下：

```java
package cn.edu.sau.web.ch4.util;
public interface IConstants {
    public static final String[] NEWS_NAMES = {"体育新闻","娱乐新闻","IT 新闻","本地新闻"};
    public static final String[] HOBBY_NAMES = {"无","篮球","足球","文学","上网"};
```

}

持久对象和值对象定义后,接着编写 DAO 接口 TUserDAO,定义了增加、删除、修改及根据登录名获取用户、查看所有用户、分页查看用户、按条件搜索用户等方法。

文件 TUserDAO.java 代码如下:

```
package cn.edu.sau.web.ch4.dao;
...
public interface TUserDAO {
    public void insert(TUserVO data) throws Exception;
    public void delete(TUserVO data) throws Exception;
    public void update(String oldUname,TUserVO data) throws Exception;
    public TUserVO getTUser(String uname) throws Exception;
    public List<TUserVO> list();
    public List<TUserVO> list(String wstr);
    public List<TUserVO> list(int beginIndex,int pageSize);
    public List<TUserVO> list(int beginIndex,int pageSize,String wstr);
    public int getCount();
}
```

下面编写 TUserDAO 的具体实现类,在该类中实际封装了所有针对 tuser 表的操作,其他部分只有通过调用这个类的方法来达到操作 tuser 表的目的。关于 tuser 表操作的所有 SQL 语句只能出现在这个类中,这样方便管理和维护。

文件 TUserDAOImpl.java 部分代码如下:

```
package cn.edu.sau.web.ch4.dao.impl;
...
public class TUserDAOImpl implements TUserDAO {
    private int count = 0;
    @Override
    public void insert(TUserVO data) throws Exception {
        DBUtil dbu = null;
        PreparedStatement ps = null;
        try {
            if (data == null) {throw new Exception("插入的用户数据为空!");}
            dbu = new DBUtil();
            Connection con = dbu.getConnection();
            ps = con.prepareStatement("insert into tuser(uname,upwd,uphone,umail,unews,uhobby) values(?,?,?,?,?,?)");
            ps.setString(1, data.getUname());
            ps.setString(2, data.getUpwd());
            ps.setString(3, data.getUphone());
            ps.setString(4, data.getUmail());
```

```java
                ps.setString(5, data.getUnews());
                ps.setInt(6, data.getUhobby());
                ps.executeUpdate();
        } catch (Exception e) { throw e;
        } finally {dbu.commit(ps);}
    }
    @Override
    public void delete(TUserVO data) throws Exception {
              ...
    }
    @Override
    public void update(String oldUname, TUserVO data) throws Exception {
              ...
    }
    @Override
    public TUserVO getTUser(String uname) throws Exception {
        DBUtil dbu = null;
        PreparedStatement ps = null;
        ResultSet rs = null;
        TUserVO user = null;
        try {
            if (uname == null) {throw new Exception("查找的用户名为空!");}
            dbu = new DBUtil();
            Connection con = dbu.getConnection();
            ps = con.prepareStatement("select uname,upwd,uphone,umail,unews,uhobby from tuser where uname = ?");
            ps.setString(1, uname);
            rs = ps.executeQuery();
            if (rs.next()) { user = this.getObjectFromResult(rs); }
        } catch (Exception e) {throw e;
        } finally { dbu.commit(ps, rs); }
        return user;
    }
    @Override
    public List<TUserVO> list() { return this.list(-1, -1, null); }
    @Override
    public List<TUserVO> list(String wstr) { return this.list(-1, -1, wstr); }
    @Override
    public List<TUserVO> list(int beginIndex, int pageSize) { return this.list(beginIndex, pageSize, null);}
    @Override
    public List<TUserVO> list(int beginIndex, int pageSize, String wstr) {
```

```java
            DBUtil dbu = null;
            PreparedStatement ps = null;
            ResultSet rs = null;
            List<TUserVO> list = new ArrayList<TUserVO>();
            try {
                String sql = "select uname,upwd,uphone,umail,unews,uhobby from tuser";
                if (wstr != null) {sql += " where " + wstr;}
                dbu = new DBUtil();
                Connection con = dbu.getConnection();
                ps = con.prepareStatement(sql);
                rs = ps.executeQuery();
                rs.last();
                count = rs.getRow();
                if (beginIndex < 0) {beginIndex = 1;}
                int i = 0;
                int len = pageSize;
                if (len < 1)                        //获取全部数据
                {
                    len = count;
                }
                if (rs.absolute(beginIndex)) {
                    do {
                        TUserVO tmp = this.getObjectFromResult(rs);
                        list.add(tmp);
                        i++;
                        if (i == len) {break;}
                    } while (rs.next());
                }
            } catch (Exception e) {
            } finally {dbu.commit(ps, rs);}
            return list;
        }
        @Override
        public int getCount() {
            return count;
        }
        ...
    }
```

下面是获取所有 DAO 接口的工厂接口,目前这个工厂接口中只定义了一个获取 TUserDAO 的接口。实际项目中这样的方法会有很多,基本上一个表对应一个。

文件 DAOFactory.java 代码如下:

```java
package cn.edu.sau.web.ch4.factory;
import cn.edu.sau.web.ch4.dao.TUserDAO;
public interface DAOFactory {
    public TUserDAO createTUserDAO();
}
```

针对不同的数据源，这个工厂接口的工厂类可以有不同的实现方法，目前系统里只有一个针对 MySQL 数据库的工厂实现类 MySQLDAOFactory。

文件 MySQLDAOFactory.java 代码如下：

```java
package cn.edu.sau.web.ch4.factory.impl;
...
public class MySQLDAOFactory implements DAOFactory {
    @Override
    public TUserDAO createTUserDAO() {
        TUserDAO mrg = null;
        try {
            mrg = new TUserDAOImpl();
        } catch (Exception e) { }
        return mrg;
    }
}
```

在获取 TUserDAO 接口的方法里，实例化了 TUserDAOImpl 类并返回。所有 DAO 接口，都是在这个工厂类中获取并实例化为具体的实现类。在一个系统中，可以有多个工厂类，每个工厂类都有一批方法，用于获取所有 DAO 实现类，代表了对某一个数据源的访问代码。

可以通过一个 Servlet 来获取系统使用的 DAO 工厂类。DAO 工厂类的全类名配置在 web.xml 中，在 FactoryServlet 中动态加载该类，并实例化，返回 DAO 工厂方法。当更换数据源时，只要实现该数据源的一个工厂类以及所有 DAO 实现类，然后修改 web.xml 中的参数即可，因为 DAO 接口不变，所以调用代码不用修改。

文件 FactoryServlet.java 代码如下：

```java
package cn.edu.sau.web.ch4.servlet;
...
public class FactoryServlet extends HttpServlet {
    static String dbFactoryName = null;
    @Override
    public void init() throws ServletException {
        dbFactoryName = this.getInitParameter("dbfactory");
    }
    public static DAOFactory getDAOFactory() {
```

```
            DAOFactory dbFactory = null;
            if (dbFactoryName != null) {
                try {
                    dbFactory = (DAOFactory) Class.forName(dbFactoryName).newInstance();
                } catch (Exception e) { dbFactory = null;}
            }
            return dbFactory;
        }
    }
```

工厂类的全类名配置为 FactoryServlet 的初始化参数 dbfactory,为了以后修改方便,没有采用注解的方法,而是在 web.xml 中定义:

```xml
<servlet>
    <servlet-name>FactoryServlet</servlet-name>
    <servlet-class>cn.edu.sau.web.ch4.servlet.FactoryServlet</servlet-class>
    <init-param>
        <param-name>dbfactory</param-name>
        <param-value>cn.edu.sau.web.ch4.factory.impl.MySQLDAOFactory</param-value>
    </init-param>
    <load-on-startup>1</load-on-startup>
</servlet>
<servlet-mapping>
    <servlet-name>FactoryServlet</servlet-name>
    <url-pattern>/FactoryServlet</url-pattern>
</servlet-mapping>
```

其中标签<load-on-startup>表示该 Servlet 会随着 Tomcat 服务器自动启动,不用等待用户调用。下面改写一个以前显示用户列表的例子。

文件 listUser.jsp 部分代码如下:

```jsp
<%@page contentType="text/html" pageEncoding="UTF-8"%>
<%@page import="cn.edu.sau.web.ch4.dao.*,cn.edu.sau.web.ch4.vo.*,cn.edu.sau.web.ch4.servlet.*"%>
<%@page import="cn.edu.sau.web.ch4.factory.*,cn.edu.sau.web.ch4.util.*,java.util.*"%>
...
            <table>
                <caption>用户列表</caption>
                <tr>
                    <th>用户名</th><th>手机</th><th>电子邮件</th> <th>
```

业务爱好</th><th>允许推送邮件</th>
        </tr>
<%
    //获取起始记录
    Integer beginIndex = ParamUtil.getInt(request, "beginIndex", 0);
    if(beginIndex <= 0)   beginIndex = 1;
    Integer pageSize = 10;   //设置页面大小
    Integer count = 0;
    Integer preIndex = 0;
    Integer nextIndex = 0;
    DAOFactory factory = FactoryServlet.getDAOFactory();
    TUserDAO userMrg = factory.createTUserDAO();
    List<TUserVO> list = userMrg.list(beginIndex, pageSize);
    count = userMrg.getCount();
    for (int i = 0; i < list.size(); i++) {
        TUserVO user = (TUserVO) list.get(i);
        String uname = user.displayUname();
        String uphone = user.displayUphone();
        String umail = user.displayUmail();
        String uhobby = user.displayUhobby();
        String strnews = user.displayUnews();
%>
        <tr>
            <td><%=uname%></td><td><%=uphone%></td><td><%=umail%></td>
            <td><%=uhobby%></td><td><%=strnews%></td>
        </tr>
<% }
    //上一页开始记录索引
    preIndex = beginIndex - pageSize;
    if (preIndex < 0) { preIndex = 0;}
    //下一页开始记录索引
    nextIndex = beginIndex + list.size();
    if (nextIndex > count) { nextIndex = count;}
%>
        <tr>
            <td colspan="5">
                总人数:<%=count%>
                <a href="?beginIndex=<%=preIndex%>">上一页</a>

                <a href="?beginIndex=<%=nextIndex%>">下一页</a>
            </td>

```
        </tr>
    </table>
...
```

在代码中，通过 FactoryServlet 的静态方法获取 DAOFactory 接口，然后调用该接口的方法获取 TUserDAO 接口，接着调用该接口的方法获取 TUserVO 值对象的列表。大家注意，除了值对象，这里使用的都是接口，因此当更换实现类时，JSP 代码是不需要修改的。文件中没有出现任何访问数据库的代码以及 SQL 语句，方便以后维护，代码量也大大减少了。

另外，在 JSP 文件中使用了一个工具类 ParamUtil，这个工具类是方便获取 request 参数而设计的。目前只有获取 String 和 Integer 类型的参数，以后可以增加其他类型参数的获取方法。

文件 ParamUtil.java 代码如下：

```java
package cn.edu.sau.web.ch4.util;
import javax.servlet.http.HttpServletRequest;
public class ParamUtil {
    public static String getString(HttpServletRequest request, String paramName) {
        return getString(request, paramName, null);
    }
    public static String getString (HttpServletRequest request, String paramName, String defaultString) {
        String temp = request.getParameter(paramName);
        if (temp != null) {
            temp = temp.trim();
            if (temp.equals("null") || temp.equals("")) { temp = null;}
        }
        if (temp == null) {temp = defaultString;}
        return temp;
    }
    public static Integer getInt(HttpServletRequest request, String paramName) {
        return getInt(request, paramName, null);
    }
    public static Integer getInt(HttpServletRequest request, String paramName, Integer defaultInt) {
        try {
            String temp = getString(request, paramName);
            if (temp == null) {return defaultInt;} else {return new Integer(temp);}
        } catch (NumberFormatException e) {return defaultInt;}
    }
}
```

这些文件分散到不同的包中,包结构如图 4-8 所示,虽然感觉文件比较多,尤其是在数据库表比较多的时候。但是这种设计模式,对象之间的耦合性比较松散,方便系统维护和升级。另外,有许多代码其实是可以根据数据库自动生成的。访问 listUser.jsp 的显示页面如图 4-9 所示。

图 4-8 DAO 模式包结构

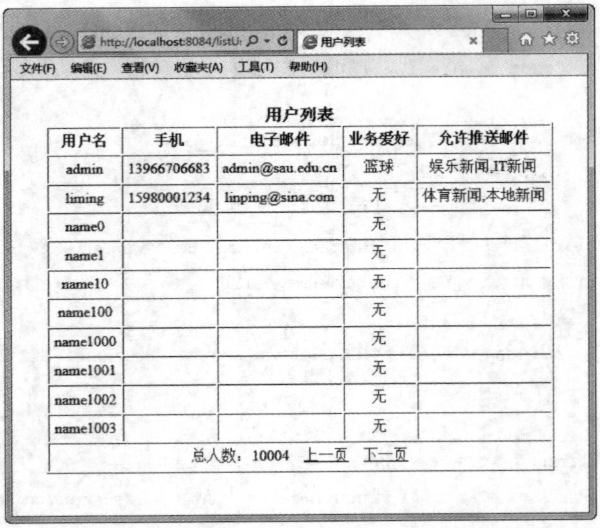

图 4-9 改造后的用户列表

4.4 习　题

1. JDBC 驱动程序有哪些不同类型？优缺点分别是什么？
2. 简述使用 JDBC 访问数据库的基本步骤。
3. JDBC API 中有哪几种语句接口，并详细说明。
4. 语句接口中有哪几种执行 SQL 语句的方法？并详细说明。
5. 如何调用存储过程？并详细说明执行过程。
6. 为什么要使用数据库连接池？
7. 简述 JDBC 中的事务隔离级别及其作用。
8. JDBC 如何设置和使用保存点(Savepoint)？有什么好处？
9. 修改用户列表页面，完善分页显示和控制，要求：①允许用户选择每页显示的记录数；②允许用户直接输入要访问的页码。
10. 参考 4-2.jsp，使用批处理机制完成批量删除用户的功能。
11. 简述读写 Blob 字段的几种方法。
12. 简述读写 Clob 字段的几种方法。
13. DAO 模式一般有哪些类和接口组成？各有什么优点？

第 5 章 MVC 模式

从上章的例子来看，采用 DAO 模式实现访问数据功能，并把访问数据的逻辑独立出来，形成了 DAO 层。但是，在 JSP 中应用逻辑代码和显式代码混合在一起，还存在代码复杂、难以维护的缺点。为了解决这个问题，需要引入模型-视图-控制器 (Model View Controller, MVC) 模式。在 Java Web 开发中，除了 DAO 模式外，MVC 模式是最常用的设计模式。MVC 模式想要达到的目的是：实现应用逻辑代码和显示代码分离，其中模型中包含原来的应用逻辑代码，视图中包含原来的显示代码，而控制器包含了把模型和视图结合在一起的控制代码。

本章主要介绍组成 MVC 模式的各个方面，包括 JavaBean、Servlet 和 JSP，重点是 JSP 的 EL 表达式、JSTL 标签和自定义标签等。

5.1 JavaBean

JavaBean 是用 Java 语言描述的软件组件模型，是一些重复利用率比较高的代码集合。JavaBean 一般分为可视化组件和非可视化组件两种。JavaBean 传统的应用在于可视化的领域，例如在一些 IDE 工具中可视化创建桌面程序界面等。自从 JSP 诞生后，JavaBean 更多地应用在非可视化领域，尤其是在服务器端应用方面表现出越来越强的生命力。JavaBean 的产生，使 JSP 页面中的业务逻辑变得更加清晰，程序中的实体对象及业务逻辑可以单独封装到 Java 类之中，JSP 页面通过自身操作 JavaBean 的动作标签对其进行操作，改变了 HTML 标签与 Java 代码混合的编写方式，不仅提高了程序的可读性、易维护性，而且还提高了代码的重用性。

本节主要讨论的是非可视化的 JavaBean，首先介绍 JavaBean 的相关概念，然后介绍在 JSP 文件中如何使用 JavaBean 以及 JavaBean 的四个作用域，在介绍的过程中同时会穿插一些例子进行辅助说明。

5.1.1 JavaBean 规范

JavaBean 其实就是符合一定规范的 Java 类，可视化的 JavaBean 组件规范比较复杂，但是非可视化的 JavaBean 规范相对简单，只需要符合以下规则：

① JavaBean 类必须是一个公共类。

② JavaBean 类必须有一个无参数的构造函数，注意在 Java 类中如果没有构造函数，则会有一个缺省的无参数构造函数。因此，在定义 JavaBean 类时，可以不定义任何构造函数；如果定义了带参数的构造函数，那么必须定义一个无参数构造函数。

推荐在 JavaBean 类中显式定义一个无参数构造函数。

③ JavaBean 类属性必须是私有的,需要通过一组存取方法来访问,该存取方法必须符合如表 5-1 所列规则。需要注意的是,属性名不要设置首字母大写,否则会找不到属性。例如属性名 Uname,读取方法为 getUname(),设置方法为 setUname(),其他类读取这个 JavaBean,会认为默认属性是 uname。

表 5-1 JavaBean 属性存取方法规则

属性命名	存取方法	例 子
小写字母开头,第二个字母不是大写。uname	读取方法是 get+首字母大写的属性名 设置方法是 set+首字母大写的属性名	public String getUame() {…} public void setUame(String uname) {…}
第二个字母大写。uName	读取方法是 get+属性名 设置方法是 set+属性名	public String getuName() {…} public void setuName(String uName) {…}
首字母大写。Uname	读取方法是 get+属性名 设置方法是 set+属性名	public String getUname() {…} public void setUname(String Uname) {…}
前两个字母大写,或全大写。UNAME	读取方法是 get+属性名 设置方法是 set+属性名	public String getUNAME() {…} public void setUNAME(String UNAME) {…}
属性数据类型为布尔型。admin	命名遵循上面的规则,唯一区别是读取方法可以用 is 替代 get	public boolean isAdmin() {…} public void setAdmin(boolean admin) {…}

在实际开发中,属性命名推荐采用驼峰命名法。所谓驼峰命名法是指:当变量名或方法名是由一个或多个单字组成时,为了提高程序代码的可读性,将第一个单字以小写字母开始,第二个单字的首字母大写或每一个单字的首字母都采用大写字母,如 userName、addUser、getUserByName 等。此种命名方式非常适用于 Java 开发,也符合 Java 中的一些命名规范。当使用 NetBeans 这种 IDE 工具编写 JavaBean 时,可以只定义私有属性,然后由 IDE 工具自动生成读取和设置属性的方法。

④ 推荐 JavaBean 应该直接或间接实现 java.io.Serializable 接口,以支持序列化机制。所谓序列化是指可以把 JavaBean 对象转换为字节数据保存到文件中,或在网络中传输。大部分情况下,JavaBean 对象不需要在网络中传输,此时不需要实现这个接口。不过考虑到系统的可扩展性,推荐 JavaBean 应该实现 Serializable 接口,因为如果在网络上传输 JavaBean 对象,则必须实现这个接口。

其实,上章例子中的持久对象 TUserPO 就是一个 JavaBean,加上推荐的 java.io.Serializable 接口,并显式定义无参数构造函数。

```
package cn.edu.sau.web.ch4.po;
public class TUserPO    implements java.io.Serializable {//实现序列化接口
    private static final long serialVersionUID = 1L;
//私有属性
```

```
        private String uname, upwd, uphone, umail, unews;
        private int uhobby;
//无参数构造函数
        public TUserPO(){}
//公共访问属性的存取和设置方法
        public String getUname() {
            return uname;
        }
        public void setUname(String uname) {
            this.uname = uname;
        }
        ...
}
```

5.1.2 JSP 与 JavaBean

JavaBean 和普通 Java 类的唯一区别，就是遵循了上小节介绍的规范，在 JSP 文件中可以在脚本段里直接调用。这种调用 JavaBean 的方法如下所示：

```
<%
        TUserPO user = new TUserPO();
        user.setUname("admin");
%>
<h1>用户名：<% = user.getUname() %></h1>
```

这样调用 JavaBean 的方法没有体现使用 JavaBean 的优势，Java 代码和 HTML 语言代码还是混合在一起，JSP 文件还是难以维护。而且这种调用方法可以调用任何 Java 类，没有必要一定要使用 JavaBean。因此，在 JSP 文件中需要使用 JSP 动作标签调用 JavaBean，有三个标准的标签：<jsp:useBean>、<jsp:getProperty>以及<jsp:setProperty>。

1. <jsp:useBean>

在指定的域范围内查找指定名称的 JavaBean 对象，如果存在则直接返回该 JavaBean 对象的引用，如果不存在则实例化一个新的 JavaBean 对象，并以指定的名称存储到指定的域范围中。

其具体语法如下：

```
<jsp:useBean id = "name" scope = "page|request|session|application" typeSpec>
        body
</jsp:useBean>
```

其中，typeSpec 定义如下

```
typeSpec ::= class = "className"
```

```
| class = "className" type = "typeName"
| type = "typeName" class = "className"
| beanName = "beanName" type = "typeName"
| type = "typeName" beanName = "beanName"
| type = "typeName"
```

<jsp:useBean>标签中相关属性的含义如表 5-2 所示。

表 5-2 <jsp:useBean>常用属性

属性名	说 明
id	id 属性是 JavaBean 对象的唯一标识,代表了一个 JavaBean 对象的实例。JSP 可以在设定的范围内查找该 id 属性的 JavaBean 对象,以后可以在 JSP 文件中使用这个 JavaBean 对象的属性和方法
scope	scope 属性代表了 Javabean 对象的生存期,可以是 page、request、session 和 application 中的一种,scope 属性的四个取值含义与隐含对象介绍的是一致的,默认值为 page
class	代表了 JavaBean 对象的 class 名字,注意要写全类名
type	type 指定引用该对象变量的类型,必须是 JavaBean 的类名、超类名或该类所实现的接口名之一,同样需要写全类名,变量的名字是由 id 属性指定的
beanName	表示 Bean 的名称,通常使用 java.beans.Beans 的方法 instantiate()实例化 JavaBean 对象,如果提供了 type 属性和 beanName 属性,则允许省略 class 属性

例 5-1 使用上章 DAO 模式例子的项目 ch4 修改为 ch5,在项目中增加目录 testbean,在目录内新增三个 JSP 文件,说明 type 和 class 的用法。为了使用方便,把项目中所有的包导入语句写在一个新文件 incs/const.jsp 中。

文件 const.jsp 代码如下:

```
<%@page contentType = "text/html" pageEncoding = "UTF-8" %>
<%@page import = "cn.edu.sau.web.ch5.dao.*,cn.edu.sau.web.ch5.vo.*" %>
<%@page import = "cn.edu.sau.web.ch5.factory.*,cn.edu.sau.web.ch5.util.*" %>
<%@page import = "cn.edu.sau.web.ch5.servlet.*,java.util.*" %>
```

然后在所有 JSP 文件的头部静态包含 const.jsp 文件,统一导入所有包。
文件 usebean1.jsp 代码如下:

```
<%@page contentType = "text/html" pageEncoding = "UTF-8" %>
<%@include file = "/incs/const.jsp" %>
<jsp:useBean id = "u1" class = "cn.edu.sau.web.ch5.vo.TUserVO" scope = "request"/>
<!DOCTYPE html>
<html>
    <head>
        <meta http-equiv = "Content-Type" content = "text/html; charset = UTF-8">
        <title>useBean1</title>
```

```
</head>
<body>
    <% u1.setUname("usebean1 put username"); %>
    <h3>userbean1: <% = u1.displayUname() %></h3>
    <jsp:include page = "usebean2.jsp"/>
    <jsp:include page = "usebean3.jsp"/>
</body>
</html>
```

在文件开始,通过<%@include>指令包含了const.jsp文件内容,然后使用<jsp:useBean>标签创建一个JavaBean对象,注意<jsp:useBean>标签符合XML标签的写法,可以自封闭。如果有内容则必须写首标签和尾标签:

```
<jsp:useBean id = "u1" class = "cn.edu.sau.web.ch5.vo.TUserVO" scope = "request">
    ...
</jsp:useBean>
```

如果没有内容,则可以有更有效的写法:

```
<jsp:useBean id = "u1" class = "cn.edu.sau.web.ch5.vo.TUserVO" scope = "request"/>
```

创建了cn.edu.sau.web.ch5.vo.TUserVO类的实例变量u1,有效范围为一次HTTP请求。创建成功之后,可以在脚本段内使用u1调用TUserVO类的方法。最后使用<jsp:include>标签动态包含usebean2.jsp和usebean3.jsp,动态包含指令直接把request传入到这两个JSP文件中。

文件usebean2.jsp部分代码如下:

```
<%@page contentType = "text/html" pageEncoding = "UTF-8" %>
<%@include file = "/incs/const.jsp" %>
<jsp:useBean id = "u1" class = "cn.edu.sau.web.ch5.vo.TUserVO" scope = "request"/>
<jsp:useBean id = "u2" type = "cn.edu.sau.web.ch5.po.TUserPO" scope = "request"/>
<jsp:useBean id = "u3" type = "cn.edu.sau.web.ch5.po.TUserPO" class = "cn.edu.sau.web.ch5.vo.TUserVO"  scope = "request"/>
    ...
    <h1>begin userbean2</h1>
    <h3>userbean2  u1: <% = u1.displayUname() %></h3>
    <h3>userbean2  u2: <% = u2.getUname() %></h3>
    <h3>userbean2  u3: <% = u3.getUname() %></h3>
    <h1>end userbean2</h1>
    ...
```

在usebean2.jsp中使用了三个<jsp:useBean>标签,根据JSP上的这个标签用法和转译后的Java代码分析一下。

第一个＜jsp:useBean＞标签如下：

＜jsp:useBean id = "**u1**" class = "**cn.edu.sau.web.ch5.vo.TUserVO**" scope = "request"/＞

转译后的 Java 代码如下：

```
cn.edu.sau.web.ch5.vo.TUserVO u1 = null;
u1 = (cn.edu.sau.web.ch5.vo.TUserVO)_jspx_page_context.getAttribute("u1",
    javax.servlet.jsp.PageContext.REQUEST_SCOPE);
if (u1 == null) {
    u1 = new cn.edu.sau.web.ch5.vo.TUserVO();
    _jspx_page_context.setAttribute("u1", u1, javax.servlet.jsp.PageContext.REQUEST_SCOPE);
}
```

通过加粗代码的对应关系可见，＜jsp:useBean＞标签中的 id 属性对应 JavaBean 对象的变量名，class 属性对应的是变量 u1 的全类名，scope 属性表示 JavaBean 对象有效的范围。另外，注意到在＜jsp:useBean＞标签中，没有指定如何实例化 JavaBean 对象，而在 Java 代码中是直接调用 JavaBean 类的无参数构造函数来实例化对象，因此规范要求 JavaBean 必须有一个无参数构造函数，如果没有就无法在＜jsp:useBean＞标签中使用该类。

第二个＜jsp:useBean＞标签如下：

＜jsp:useBean id = "u2" type = "**cn.edu.sau.web.ch5.po.TUserPO**" scope = "request"/＞

转译后的 Java 代码如下：

```
cn.edu.sau.web.ch5.po.TUserPO u2 = null;
u2 = (cn.edu.sau.web.ch5.po.TUserPO)_jspx_page_context.getAttribute("u2",
    javax.servlet.jsp.PageContext.REQUEST_SCOPE);
if (u2 == null) {
    throw new java.lang.InstantiationException("bean u2 not found within scope");
}
```

第三个＜jsp:useBean＞标签如下：

＜jsp:useBean id = "u3" type = "**cn.edu.sau.web.ch5.po.TUserPO**" class = "**cn.edu.sau.web.ch5.vo.TUserVO**" scope = "request"/＞

转译后的 Java 代码如下：

```
cn.edu.sau.web.ch5.po.TUserPO u3 = null;
u3 = (cn.edu.sau.web.ch5.po.TUserPO)_jspx_page_context.getAttribute("u3",
    javax.servlet.jsp.PageContext.REQUEST_SCOPE);
if (u3 == null) {
    u3 = new cn.edu.sau.web.ch5.vo.TUserVO();
    _jspx_page_context.setAttribute("u3", u3, javax.servlet.jsp.PageContext.REQUEST
```

_SCOPE);
        }

通过第二和第三<jsp:useBean>标签的代码对应关系可见,<jsp:useBean>标签中,type属性对应JavaBean对象变量的全类名。type属性和class属性都是JavaBean对象变量的类型,二者的区别如下:

① class属性指明的类必须是可实例化的,不能是抽象类或接口;type属性可以是抽象类和接口,但是必须与class属性指明的类有关系,可以是父类或被实现的接口。例如,第三个标签中type属性指明的持久对象类cn.edu.sau.web.ch5.po.TUserPO是class属性指明的值对象类cn.edu.sau.web.ch5.vo.TUserVO的父类。

② 在scope属性指定的范围内查找JavaBean对象,如果没有找到,则会实例化class属性所指明的类,但是不会实例化type属性所指明的类。例如,第二个标签转译的代码可见,当u2未找到时,会直接抛出异常;而第三个标签转译的代码可见,当u3未找到时,会调用cn.edu.sau.web.ch5.vo.TUserVO类的无参数构造函数实例化JavaBean对象。

因此,当运行usebean1.jsp时,浏览器会显示下面的错误信息:

```
java.lang.InstantiationException: bean u2 not found within scope
    org.apache.jsp.testbean.usebean2_jsp._jspService(usebean2_jsp.java:91)
```

因为在usebean1.jsp中实例化了一个JavaBean对象,变量名为u1,然后把这个对象保存进request的属性中,属性名为u1。所以,在usebean2.jsp中,从request中获取属性名为u2的对象,返回为null。因为只设置了type属性,所以会直接抛出异常。

```
if (u2 == null) {
    throw new java.lang.InstantiationException("bean u2 not found within scope");
}
```

需要把usebean2.jsp中的第二个<jsp:useBean>标签注释掉,才能正常运行。

文件usebean3.jsp部分代码如下:

```
<%@page contentType="text/html" pageEncoding="UTF-8"%>
<%@include file="/incs/const.jsp"%>
<jsp:useBean id="u1" type="cn.edu.sau.web.ch5.po.TUserPO" scope="request"/>
...
        <h1>begin userbean3</h1>
        <h3>userbean2  u1: <%=u1.getUname()%></h3>
        <h1>end userbean3</h1>
...
```

转译后的代码如下:

```
cn.edu.sau.web.ch5.po.TUserPO u1 = null;
u1 = (cn.edu.sau.web.ch5.po.TUserPO) _jspx_page_context.getAttribute("u1",
    javax.servlet.jsp.PageContext.REQUEST_SCOPE);
if (u1 == null){
    throw new java.lang.InstantiationException("bean u1 not found within scope");
}
```

与 usebean2.jsp 的第二个＜jsp:useBean＞标签不同,id 属性设置为 u1。因此,在 usebean3.jsp 中,从 request 中获取属性名为 u1 的对象,返回在 usebean1.jsp 中设置的 JavaBean 对象。但是这个对象会被强制转换为 type 属性设置的类 cn.edu.sau.web.ch5.po.TUserPO,因此,获取属性的方法只能使用 TUserPO 的 getXXX()方法,不能使用 displayXXX()方法,这是 TUserVO 的方法。

```
<h3>userbean2 u1: <% = u1.getUname() %></h3>
```

2. ＜jsp:getProperty＞

获取 JavaBean 对象的属性值,并转换为字符串对象,传递给隐含对象 out,输出到 HTTP 响应中,JavaBean 对象必须在＜jsp:getProperty＞前面定义。＜jsp:getProperty＞标签具体的语法如下:

```
<jsp:getProperty name = "name" property = "propertyName" />
```

其中,属性 name 表示想要获得属性值的 JavaBean 对象的变量名,一般指在前面定义的标签＜jsp:useBean＞中属性 id 的值。属性 property 表示想要获得值的属性名。

修改一下前面的 usebean1.jsp 代码,把

```
<h3>userbean1: <% = u1.displayUname() %></h3>
```

修改为

```
<h3>userbean1: <jsp:getProperty name = "u1" property = "uname"/></h3>
```

转译后的代码如下:

```
out.write("       <h3>userbean1: ");
out.write(org.apache.jasper.runtime.JspRuntimeLibrary.toString((((cn.edu.sau.web.ch5.vo.TUserVO)_jspx_page_context.findAttribute("u1")).getUname())));
out.write("</h3>\n");
```

从代码中可见,＜jsp:getProperty＞标签的 property 属性值给定了要访问的属性名,转译后自动调用 getXXX(),这个方法是根据 JavaBean 规范生成的,因此 JavaBean 必须遵循读取和设置属性方法的命名规则。另外,对比在脚本段里获取属性和使用＜jsp:getProperty＞标签获取属性,二者都是传递给隐含对象 out,输出到

HTTP 响应流中。二者的区别是:脚本段中可以显示地调用 JavaBean 的任何方法,例如 displayUname();而通过<jsp:getProperty>标签只能调用按照 JavaBean 规范命名的 getXXX()方法。

3. <jsp:setProperty>

设置 JavaBean 对象的属性值,可使用多种方法来设定属性值:通过用户输入的所有值(被作为参数存储于 request 对象中)来匹配 JavaBean 中的属性;通过用户输入指定的 request 中的参数名来匹配属性;在运行时使用一个表达式或常量值来匹配 JavaBean 的属性。JavaBean 对象必须在<jsp:setProperty>前面定义。

<jsp:setProperty>标签具体的语法格式如下:

<jsp:setProperty name = "beanName" last_syntax />

last_syntax 代表的语法如下:

property = " * " |
property = "propertyName" |
property = "propertyName" param = "parameterName" |
property = "propertyName" value = "propertyValue"

使用<jsp:setProperty>标签设置属性可以有四种形式:
(1) <jps:setProperty name = "beanName" property = " * "/>

这种形式是设置 JavaBean 属性的,JavaBean 的属性名必须和隐含对象 request 中的参数名相同,从 request 对象获取的参数值都是字符串类型,设置该 JavaBean 时,自动转换为属性对应的数据类型。所有名字和 JavaBean 属性名匹配的请求参数,都将被设置给相应的属性。

例 5-2 在项目 ch5 中加入前面写的用户注册页面,并把用户信息提交给 setproperty1.jsp,演示<jsp:setProperty>标签的第一种方式。

修改文件 2-7.html,调整表单的 action 属性为 setproperty1.jsp。

<form id = "myfrm" action = "**setproperty1.jsp**">

文件 setproperty1.jsp 部分代码如下:

<%@page contentType = "text/html" pageEncoding = "UTF-8"%>
<!DOCTYPE html>
<**jsp:useBean id = "userData" class = "cn.edu.sau.web.ch5.vo.TUserVO"** />
<**jsp:setProperty name = "userData" property = " * "** />
...
        <table>
            <tr>
                <td>用户名</td>

```
                    <td><jsp:getProperty name = "userData" property = "uname"/></td>
                </tr>
                ...
                <tr>
                    <td>推荐邮件</td>
                    <td><jsp:getProperty name = "userData" property = "unews"/></td>
                </tr>
            </table>
...
```

文件中首先创建了 JavaBean 对象,名称为 userData,然后<jsp:setProperty>标签设置属性,把来自用户输入的数据设置到 userData 同名的属性中。

```
<jsp:useBean id = "userData" class = "cn.edu.sau.web.ch5.vo.TUserVO" />
<jsp:setProperty name = "userData" property = " * " />
```

接着,通过<jsp:getProperty>标签获取 userData 的各个属性值。userData 是 TUserVO 类的实例变量,也是 TUserPO 的子类。TUserPO 的属性定义代码如下所示:

```
private String uname, upwd, uphone, umail, unews;
private int uhobby;
```

对比 2-7.html 里面的表单内元素的 name 属性名,即隐含对象 request 中各个参数的参数名,大部分参数名和 TUserPO 的属性名是相同的。只有推荐邮件这个属性,在 TUserPO 中定义为 unews,而在 2-7.html 表单内表示这个属性的参数名是 advert。

```
<fieldset id = "fadvert">
    <legend>推荐邮件</legend>
    <span>
            <input type = "checkbox" id = "local" name = "advert" value = "0"/>
<label for = "local">本地新闻</label>
    </span>
            ...
</fieldset>
```

用户注册时输入的信息如图 5-1 所示,运行结果如图 5-2 所示。

图 5-1 用户输入信息 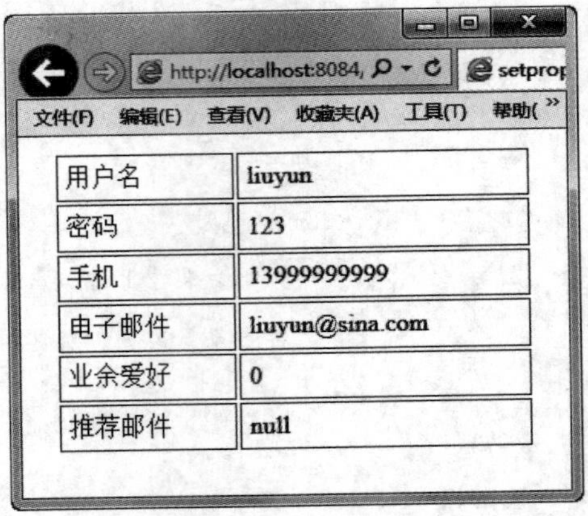　　　　图 5-2 ＜jsp:setProperty＞标签用法一

对比输入和输出的信息发现：①业余爱好 uhobby 属性类型是 int，使用＜jsp:setProperty＞设置属性时，把来自 request 的字符串参数值自动转换为 int 类型；②对于推荐邮件，TUserPO 的属性名是 unews，而 request 对应的参数名是 advert，没有和 unews 属性名匹配的参数值，因此推荐邮件的属性值是 null。

文件 setproperty1.jsp 中这种形式的＜jsp:setProperty＞标签转译代码如下：

```
org.apache.jasper.runtime.JspRuntimeLibrary.introspect(_jspx_page_context.findAttribute("userData"), request);
```

可以查看一下 Tomcat 的源码包，JspRuntimeLibrary 类的方法 introspect()代码如下：

```
public static void introspect(Object bean, ServletRequest request)
                    throws JasperException
{
    Enumeration<String> e = request.getParameterNames();
    while ( e.hasMoreElements() ){
        String name  = e.nextElement();
        String value = request.getParameter(name);
        introspecthelper(bean, name, value, request, name, true);
    }
}
```

获取 request 隐含对象中的所有参数，对于每个参数都调用与 JavaBean 对象属性匹配的方法。最后匹配的部分代码如下：

```
if(value == null || (param != null && value.equals(""))) return;
//设置属性值为 request 的参数值
    ...
```

其中 value 是参数的值，param 是参数名，如果 request 的参数值为 null 或者空串，则不会设置匹配的属性值。这部分代码说明，如果当前请求没有参数，则什么事情也不做，系统不会把 JavaBean 属性值设置为 null，只有当请求参数明确指定了新值时才修改默认属性值。

（2）<jsp:setProperty name="beanName" property="propertyName" param="parameterName"/>

这种形式可以解决上面提到的参数名和属性名不匹配的问题，可以把 request 中的参数值设置给 JavaBean 中命名不同的属性。其中，属性 property 指明要设置的 JavaBean 属性名，属性 param 指定要设置给 JavaBean 属性的参数名，JavaBean 属性和 request 参数的名字可以不同。

对于上个例子，可以增加一个<jsp:setProperty>标签，把 advert 参数与 unews 属性匹配起来。

```
<jsp:useBean id="userData" class="cn.edu.sau.web.ch5.vo.TUserVO" />
<jsp:setProperty name="userData" property="*" />
<jsp:setProperty name="userData" property="unews" param="advert" />
```

不过从图 5-3 所示的显示结果看，用户选择的推荐邮件有两个，但是只显示了第一个推荐邮件的索引，因为使用这种形式只能把 request 的单值参数设置到属性中。

（3）<jsp:setProperty name="beanName" property="propertyName" value="propertyValue"/>

这种形式可以解决上面的问题，value 用来指定 JavaBean 属性的值，可以设置表达式或常量值。在调用这个标签前，可以对要设置的值做各种处理。但是，不可避免需要在 JSP 文件中引入 Java 代码。

读取参数名是 advert 的所有参数值，然后关联到一个字符串中，再调用<jsp:setProperty>标签，设置到 JavaBean 的属性 unews 中。代码如下：

```
<jsp:useBean id="userData" class="cn.edu.sau.web.ch5.vo.TUserVO" />
<jsp:setProperty name="userData" property="*" />
<%
    String[] pstrs = request.getParameterValues("advert");
    String unews = "";
    for(int i=0;i<pstrs.length;i++){
        if(!unews.equals(""))
            unews += ",";
        unews += pstrs[i];
    }
%>
<jsp:setProperty name="userData" property="unews" value="<%=unews%>" />
```

运行的结果如图5-4所示。

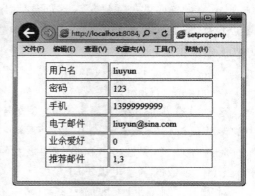

图5-3 ＜jsp:setProperty＞标签用法二　　图5-4 ＜jsp:setProperty＞标签用法三

（4）＜jsp:setProperty name="beanName" property="propertyName" /＞

使用隐含对象request中的一个参数值来设置JavaBean中的一个属性值。其中，property指定JavaBean的属性名，而且该属性名和request参数的名字应相同。这种形式写法比第一种形式更灵活些，可以选择设置那些属性，但是第一种写法更简洁，一条语句就可以设置JavaBean的所有属性。

4. JavaBean的初始化方法

使用＜jsp:useBean＞标签创建JavaBean实例，调用的是JavaBean的无参数构造函数，如果需要在实例化JavaBean时传入参数进行初始化，则需要在＜jsp:useBean＞元素的内容体中使用＜jsp:setProperty＞标签。

JavaBean的初始化方法如下所示：

```
＜jsp:useBean id="name" scope="page|request|session|application" typeSpec＞
        ＜jsp:setProperty name="beanName" last_syntax /＞
        …
＜/jsp:useBean＞
```

需要注意的是，＜jsp:setProperty＞标签必须写在＜jsp:useBean＞元素的内容体中，下面的这种写法实现的不是初始化功能。

```
＜jsp:useBean id="name" scope="page|request|session|application" typeSpec /＞
        ＜jsp:setProperty name="beanName" last_syntax /＞
        …
```

例5-3 设计两个JSP文件，分别使用以上两种方式设置属性。

文件usebeanA.jsp部分代码如下：

```
＜%@page contentType="text/html" pageEncoding="UTF-8"%＞
＜!DOCTYPE html＞
```

```
<jsp:useBean id = "userData" class = "cn.edu.sau.web.ch5.vo.TUserVO" scope = "session"/>
    <jsp:setProperty name = "userData" property = "uname" value = "userBeanA" />
    <jsp:setProperty name = "userData" property = "uphone" value = "13988888888" />
...
        <title>userbeanA</title>
...
        <tr>
            <td>用户名</td><td><jsp:getProperty name = "userData" property = "uname"/></td>
        </tr>
        <tr>
            <td>手机</td><td><jsp:getProperty name = "userData" property = "uphone"/></td>
        </tr>
...
```

在 usebeanA.jsp 文件中,先创建 JavaBean 对象,然后设置 JavaBean 对象的属性 uname 和 uphone。采用的方式如下:

```
<jsp:useBean id = "userData" class = "cn.edu.sau.web.ch5.vo.TUserVO" scope = "session"/>
    <jsp:setProperty name = "userData" property = "uname" value = "userBeanA" />
    <jsp:setProperty name = "userData" property = "uphone" value = "13988888888" />
```

转译后的代码如下:

```
cn.edu.sau.web.ch5.vo.TUserVO userData = null;
synchronized (session) {
    userData = (cn.edu.sau.web.ch5.vo.TUserVO) _jspx_page_context.getAttribute("userData", Javax.servlet.jsp.PageContext.SESSION_SCOPE);
        if (userData == null) {
            userData = new cn.edu.sau.web.ch5.vo.TUserVO();
            _jspx_page_context.setAttribute("userData", userData, javax.servlet.jsp.PageContext.SESSION_SCOPE);
        }
}
    org.apache.jasper.runtime.JspRuntimeLibrary.introspecthelper(_jspx_page_context.findAttribute("userData"), "uname", "userBeanA", null, null, false);
    org.apache.jasper.runtime.JspRuntimeLibrary.introspecthelper(_jspx_page_context.findAttribute("userData"), "uphone", "13988888888", null, null, false);
```

从代码中可见<jsp:userBean>标签的使用流程,从 session 对象中查找名称为

userData 的属性,并强制转换为 TUserVO 对象。如果没有找到,则实例化 TUserVO 对象 userData,并把 userData 变量设置到 session 对象的属性中,属性名为 userData。接着,设置 userData 对象的 uname 属性为 userBeanA,uphone 属性为 1398888888。

文件 usebeanB.jsp 的代码如下:

```jsp
<%@page contentType="text/html" pageEncoding="UTF-8"%>
<!DOCTYPE html>
<jsp:useBean id="userData" class="cn.edu.sau.web.ch5.vo.TUserVO" scope="session">
    <jsp:setProperty name="userData" property="uname" value="userBeanB" />
    <jsp:setProperty name="userData" property="uphone" value="13911111111" />
</jsp:useBean>
...
    <title>userbeanB</title>
...
        <tr>
            <td>用户名</td><td><jsp:getProperty name="userData" property="uname"/></td>
        </tr>
        <tr>
            <td>手机</td> <td><jsp:getProperty name="userData" property="uphone"/></td>
        </tr>
...
```

在 usebeanB.jsp 文件中,在创建 JavaBean 对象时,初始化 JavaBean 对象的属性 uname 和 uphone。采用的方式如下:

```jsp
<jsp:useBean id="userData" class="cn.edu.sau.web.ch5.vo.TUserVO" scope="session">
    <jsp:setProperty name="userData" property="uname" value="userBeanB" />
    <jsp:setProperty name="userData" property="uphone" value="13911111111" />
</jsp:useBean>
```

转译后的代码如下:

```java
cn.edu.sau.web.ch5.vo.TUserVO userData = null;
synchronized (session) {
    userData = (cn.edu.sau.web.ch5.vo.TUserVO) _jspx_page_context.getAt-
```

```
tribute("userData", javax.servlet.jsp.PageContext.SESSION_SCOPE);
                if (userData == null){
                    userData = new cn.edu.sau.web.ch5.vo.TUserVO();
                    _jspx_page_context.setAttribute("userData", userData, javax.serv-
let.jsp.PageContext.SESSION_SCOPE);
                    org.apache.jasper.runtime.JspRuntimeLibrary.introspecthelper(_jspx
_page_context.findAttribute("userData"), "uname", "userBeanB", null, null, false);
                    org.apache.jasper.runtime.JspRuntimeLibrary.introspecthelper(_jspx_
page_context.findAttribute("userData"), "uphone", "13911111111", null, null, false);
                }
            }
```

从代码中可见，如果从 session 对象中无法找到名称为 userData 的属性对象，则实例化 TUserVO 对象 userData，并把 userData 变量设置到 session 对象的属性中，属性名为 userData。同时，设置 userData 对象的 uname 属性为 userBeanB，uphone 属性为 13911111111。如果能在 session 对象中找到 TUserVO 对象，则不会执行设置属性的代码。

首先访问 usebeanA.jsp，显示如图 5-5 所示，然后再访问 usebeanB.jsp，显示如图 5-6 所示。

图 5-5　先访问 usebeanA　　　　　　图 5-6　再访问 usebeanB

因为在 usebeanA.jsp 中创建了 TUserVO 对象 userData，并且作用范围为 session。当访问 usebeanB.jsp 时，因为在 session 范围内 userData 变量不为 null，所以不会重新设置属性，仍然是原来的属性。

关闭浏览器，重新启动，相当于重新开启了一个新的会话。首先访问 usebeanB.jsp，显示如图 5-7 所示，然后再访问 usebeanA.jsp，显示如图 5-8 所示。

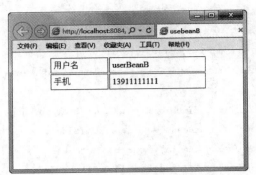

图5-7 先访问 usebeanB

图5-8 再访问 usebeanA

因为在 usebeanB.jsp 中创建了 TUserVO 对象 userData,并且作用范围为 session。当访问 usebeanA.jsp 时,从 session 范围内获取 TUserVO 对象 userData,然后重新设置属性。

5.2 标签与 EL

在传统的 Web 开发中,JSP 文件中包含了大量的 Java 代码。虽然可以把一部分逻辑代码封装在 JavaBean 中,然后在 JSP 文件中使用＜jsp:useBean＞、＜jsp:getProperty＞以及＜jsp:setProperty＞标签调用 JavaBean,可以减少 JSP 文件中的 Java 代码量。但是,仅利用目前学到的标签,无法做到在 JSP 文件中"零 Java 代码"。因为必须使用 Java 代码来实现一些页面显示逻辑,例如,根据某个条件来决定显示哪个网页片段,或是循环显示数据列表等。

为了解决这个问题,JSP 规范允许在 JSP 文件中使用自定义标签取代 Java 代码,并且可以重复利用,方便不熟悉 Java 编程的网页设计人员。

5.2.1 自定义标签

开发和使用自定义标签的基本步骤分为:创建标签的处理类、创建标签库描述文件、在 web.xml 文件中配置元素和在 JSP 文件中引入标签库。

如图 5-9 所示,创建标签处理类需要继承或实现的类和接口位于 javax.servlet.jsp.tagext 包里,分为两类:JSP 2.0 之后的简单标签和 JSP 2.0 之前的传统标签。

JspTag 是 JSP 2.0 中新定义的一个接口,是所有自定义标签的父接口,这个接口没有任何属性和方法,只是一个标识。JspTag 接口有 Tag 和 SimpleTag 两个直接子接口,JSP 2.0 以前的版本中只有 Tag 接口,所以把实现 Tag 接口的自定义标签也叫做传统标签,把实现 SimpleTag 接口的自定义标签叫做简单标签。本小节主要介绍如何利用简单标签接口开发自定义标签类，因为简单标签能够取代传统标签，并且开发更为简单。

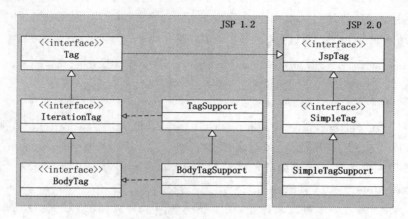

图 5-9　JspTag 相关类和接口层次图

传统标签中完成不同的功能需要不同的标签接口，而且需要在不同阶段调用不同的方法，开发比较繁琐。因此，在 JSP 2.0 中定义了一个更简单的接口 SimpleTag。与传统标签接口最大的区别在于：SimpleTag 接口只定义了一个用于处理标签逻辑的 doTag()方法，使用传统标签接口所完成的所有功能，例如重复执行标签体内容、对标签体内容进行再处理等，都可以由这个方法实现。

SimpleTag 接口常用方法如表 5-3 所列。

表 5-3　SimpleTag 常用方法

方法名	说　明
void doTag()	包含了处理标签逻辑的代码，由开发者实现，容器调用
void setParent(JspTag parent)	当存在嵌套标签时，由容器调用，设置父标签
JspTag getParent()	返回父标签
void setJspContext(JspContext pc)	由容器设置 JspContext 对象，通过这个对象可以取得所有隐含对象等
void setJspBody(JspFragment jspBody)	由容器调用，设置标签体内容

JSP API 中提供了 SimpleTag 接口的实现类 SimpleTagSupport，在编写简单标签处理类时，可以继承和扩展 SimpleTagSupport 类，简化开发工作。

SimpleTagSupport 类实现了 SimpleTag 接口的所有方法，并增加了两个方法：

```
protected JspContext getJspContext()
protected JspFragment getJspBody()
```

方法 getJspContext()返回容器设置的 JspContext 对象，如果要获取所有的隐含对象，则需要强制转换为 PageContext 对象。

方法 getJspBody()返回 javax.servlet.jsp.tagext.JspFragment。JspFragment

是一个抽象类，由容器负责继承该类并实现其中的方法，代表 JSP 文件中一段不包含 JSP 脚本元素的片段。容器在处理自定义标签时，实例化一个 JspFragment 对象表示标签体内容，并通过 setJspBody() 方法把 JspFragment 对象传递给标签处理类对象。JspFragment 类中只定义了两个方法，如下所示：

```
public abstract void invoke(java.io.Writer out) throws JspException,java.io.IOException
public abstract JspContext getJspContext()
```

其中，方法 getJspContext() 用于返回代表调用页面的 JspContext 对象。方法 invoke() 用于执行 JspFragment 对象所代表的 JSP 代码片段，JspFragment 对象的执行结果写入到参数 out 引用的输出流对象中，如果 out 为 null，则将执行结果写入到 JspContext.getOut() 方法返回的输出流对象中。

例 5-4 编写一个自定义标签，用于显示访问 JSP 页面的客户端 IP 地址。

文件 ClientIPTagHandler.java 部分代码如下：

```
package cn.edu.sau.web.ch5.taglib;
...
public class ClientIPTagHandler extends SimpleTagSupport {
    @Override
    public void doTag() throws JspException {
        JspWriter out = getJspContext().getOut();
        try {
            PageContext pc = (PageContext) this.getJspContext();
            HttpServletRequest req = (HttpServletRequest) pc.getRequest();
            String clientIP = req.getRemoteAddr();
            out.println("<span style='font-size:16px;'>" + clientIP + "</span>");
            JspFragment f = getJspBody();
            if (f != null) { f.invoke(out); }
        } catch (java.io.IOException ex) { throw new JspException("Error in ClientIPTagHandler tag", ex); }
    }
}
```

代码中，把 getJspContext() 方法返回对象强制转换为 PageContext 对象，然后从这个对象获取 HttpServletRequest 对象 req，接着调用 req 的方法 getRemoteAddr() 获取客户端 IP 地址，输入到 out。其实，变量 out 代表了输出到浏览器的流对象。而以下代码表示把标签体的内容输出到 out 中，最后 out 中的内容输出到浏览器。

```
JspFragment f = getJspBody();
if (f != null) {
    f.invoke(out);
}
```

在 WEB-INF/tlds 目录下新建一个 ch5tag.tld 文件,该文件是标签库描述(Tag Library Descriptor,TLD)文件,在 ch5tag.tld 文件中添加对该标签处理类的描述,如下:

```
<? xml version = "1.0" encoding = "UTF-8"?>
<taglib version = "2.1" xmlns = "http://java.sun.com/xml/ns/javaee"
xmlns:xsi = "http://www.w3.org/2001/XMLSchema-instance"
xsi:schemaLocation = "http://java.sun.com/xml/ns/javaee http://java.sun.com/xml/ns/javaee/web-jsptaglibrary_2_1.xsd">
    <tlib-version>1.0</tlib-version>
    <short-name>ch5</short-name>
    <uri>/WEB-INF/tlds/ch5tag</uri>
    <tag>
        <name>ClientIPTagHandler</name>
        <tag-class>cn.edu.sau.web.ch5.taglib.ClientIPTagHandler</tag-class>
        <body-content>scriptless</body-content>
    </tag>
</taglib>
```

TLD 文件一般放在 WEB-INF 目录下,不过也可以放在 Web 应用其他目录内。如果标签处理类和 TLD 文件打包成 jar 文件发布,则需要把 TLD 文件放在 META-INF 目录下。

TLD 文件中常用的元素如表 5-4 所列。

表 5-4 TLD 文件中的常用元素

标 签	说 明
`<taglib>`	TLD 文件根标签,表示标签库
`<tlib-version>`	此标签库版本
`<short-name>`	当在 JSP 中使用标签时,此标签库首选或者建议的前缀,可以忽略该建议
`<uri>`	为自定义标签库设置一个访问路径,访问路径必须以"/"开头,在 JSP 文件中引用标签库时需要用到
`<tag>`	标签,一个标签库可以有多个标签

tag 元素的常用子元素如表 5-5 所列。

表 5-5 tag 元素的常用子元素

标　签	说　明
<description>	对标签的描述
<name>	为标签处理类配一个标签名,在 JSP 文件中使用标签时,通过该标签名来找到要调用的标签处理类
<tag-class>	标签处理类全称
<body-content>	empty:没有标签体;scriptless:标签体内不允许出现脚本元素;tagdepentend:标签体里面的内容是给标签处理器类使用的。默认为 empty

tag1.jsp 中通过 taglib 指令引入这个自定义标签库,uri 属性与 TLD 文件中的 <uri>元素内容要相同。

文件 tag1.jsp 代码如下:

<%@page contentType="text/html" pageEncoding="UTF-8"%>
<%@taglib prefix="ch5" uri="/WEB-INF/ch5tag"%>
...
　　<h1>客户端 IP</h1>
　　<ch5:ClientIPTagHandler/>
...

运行结果如图 5-10 所示,修改一下标签调用语句增加了标签体内容:

　　<ch5:ClientIPTagHandler>
　　　标签内容
　　</ch5:ClientIPTagHandler>

运行结果如图 5-11 所示,对比两个结果,验证 JspFragment 的 invoke()方法,把标签体内容输出到浏览器。

图 5-10 空标签体执行结果

图 5-11 非空标签体执行结果

例 5-5　编写一个自定义标签,根据属性设置重复显示标签体内容。

文件 InputTagHandler.java 代码如下:

```
package cn.edu.sau.web.ch5.taglib;
```

```
...
public class InputTagHandler extends SimpleTagSupport {
    private int count;
    private boolean upper;
    @Override
    public void doTag() throws JspException {
        JspWriter out = getJspContext().getOut();
        try {
            StringWriter sw = new StringWriter();
            JspFragment f = getJspBody();
            if (f != null) {
                for (int i = 0; i < count; i++) {
                    f.invoke(sw);
                }
                String str = sw.getBuffer().toString();
                if (upper) {
                    str = str.toUpperCase();
                }
                out.write(str);
            }
        } catch (java.io.IOException ex) { throw new JspException("Error in InputTagHandler tag", ex);}
    }
    public void setUpper(boolean upper) {
        this.upper = upper;
    }
    public void setCount(int count) {
        this.count = count;
    }
}
```

代码中 invoke()方法的参数由 out 换成了 sw,原来是把标签体内容输出到 out 流对象中,发送给浏览器。这次是输出到 sw 对象中暂存,目的是可以对标签体内容做后续处理。根据 count 的值,重复调用 invoke()方法,相当于重复输出标签体内容。获取 sw 对象的内容,赋值给字符串对象 str。根据 upper 的值,决定是否把 str 的内容全变成大写。最后把 str 输出到 out 对象中,发送给浏览器。count 和 upper 为设置在标签的属性,属性的相关信息配置在 TLD 文件中。

```
<tag>
    <name>InputTagHandler</name>
    <tag-class>cn.edu.sau.web.ch5.taglib.InputTagHandler</tag-class>
    <body-content>scriptless</body-content>
```

```xml
<attribute>
    <name>count</name>
    <required>true</required>
    <rtexprvalue>true</rtexprvalue>
    <type>int</type>
</attribute>
<attribute>
    <name>upper</name>
    <required>false</required>
    <rtexprvalue>true</rtexprvalue>
    <type>boolean</type>
</attribute>
</tag>
```

attribute 元素的常用子元素如表 5-6 所列。

表 5-6　attribute 元素的常用子元素

标　签	说　明
\<description\>	对标签的描述
\<name\>	属性名
\<required\>	属性是否是必须设置的，默认是 false
\<rtexprvalue\>	指定属性是否能接受请求时表达式的值，默认是 false
\<type\>	属性的数据类型，当\<rtexprvalue\>为 true 时有效。默认 String

在 tag3.jsp 调用该标签，并设置 count 属性为 3，部分代码如下：

```
<%@page contentType="text/html" pageEncoding="UTF-8"%>
<%@taglib prefix="ch5" uri="/WEB-INF/ch5tag"%>
...
    <h1>循环测试</h1>
    <ch5:InputTagHandler count="3">
        Hello World
    </ch5:InputTagHandler>
...
```

运行结果如图 5-12 所示，标签体内容重复显示 3 次。修改标签调用代码，设置标签的 upper 属性为 true，部分代码如下：

```
    <ch5:InputTagHandler count="3" upper="true">
        Hello World
    </ch5:InputTagHandler>
```

运行结果如图 5-13 所示，输出内容全部大写。

图 5-12 循环输出标签体　　　　图 5-13 循环输出大写标签体

自定义标签库,可以使用 NetBeans 开发,在 NetBeans 中可以新建文件,在 Web 分类中,可以新建"标记处理程序"和"标记库描述符"。注意,先在 WEB-INF 目录内创建"标记库描述符",即 TLD 文件,然后创建"标记处理程序",创建时选择刚创建的 TLD 文件,每一个"标记处理程序"都表示一个标签,可以创建多个标签,对应一个 TLD 文件。

在简单标签推出之前,使用传统标签接口开发自定义标签很复杂,效率比较低。而且每个人都开发自定义标签,会出现很多实现相同功能的标签。因此,有很多人共享了自己开发的标签库,出现了很多的开源标签库,包括很多开源框架都有自己的标签库。

Java 标准化组织 JCP(Java Community Process,JCP)推荐了一个标签库规范——JSP 标准标签库(JSP Standard Tag Library,JSTL),在 JSTL 中引入了 EL,简化写法。下面介绍 EL 和 JSTL 的基本用法。

5.2.2　EL

EL 原本是 JSTL 1.0 为方便存取数据所自定义的语言,当时 EL 只能在 JSTL 标签中使用,不能直接在 JSP 网页中使用。从 JSP 2.0 开始,EL 正式成为标准规范之一。只要是支持 Servlet 2.4/JSP 2.0 的容器,都可以在 JSP 网页中直接使用 EL。

EL 语法很简单,最大的特点就是使用上很方便。例如,根据原来的 x 坐标值和位移,计算新的 x 坐标值,代码如下:

```
<%
    String x = request.getParameter("x");
    String len = request.getParameter("len");
    Integer y = null;
    try{
        y = new Integer(x) + new Integer(len);
    }catch(Exception e){}
%>
<h1>非 EL:<% = (y == null?"":y) %></h1>
```

如果使用 EL,只需要一行代码即可:

<h1>EL:${param.x + param.len}</h1>

1. 基本语法

EL 的主要语法结构为 ${...},大括号里面可以写变量、隐含对象等。

调用对象的属性可以采用".""和"[]"两种方式。上面的例子可以改写为:

<h1>EL:${param["x"] + param["len"]}</h1>

大部分情况下,两种方式表达的意思一样。不过,有以下两点不同:

(1)当要存取的属性名称中包含一些特殊字符时,如"."或"-"等非字母或数字的符号,就一定要使用"[]",例如:

${param.real-name}

采用这种方式无法获取 real-name 参数值,应当改为:${param["real-name"]}。

(2)采用"[]"方法可以传入变量,因此可以动态取值,根据变量不同的值获取不同的属性值。例如:

${param.user[propname]}

其中,propname 是一个变量,表示属性名,当 propname 是 uname 时,则相当于:

${param.user["uname"]}   或 ${param.user.uname}

当 propname 是 realname 时,则相当于:

${param.user["realname"]}   或 ${param.user.realname}

因此,如果要动态取值时,需要用"[]",不能用"."。

2. 变量

EL 里面存取的变量是指保存在某个隐含对象里,作为对象的属性存在。获取变量的方法如表 5-7 所列。

表 5-7　EL 变量范围

范围	EL 中的名称	范例	说明
page	pageScope	${pageScope.tuser}	取出 page 范围的 tuser 变量
request	requestScope	${requestScope.tuser}	取出 request 范围的 tuser 变量
session	sessionScope	${sessionScope.tuser}	取出 session 范围的 tuser 变量
application	applicationScope	${applicationScope.tuser}	取出 application 范围的 tuser 变量

其中,pageScope、requestScope、sessionScope 和 applicationScope 都是 EL 的隐

含对象。例如:从 session 范围内取出的 tuser 的属性 uname 值,tuser 是 TUserVO 类的实例:

$\{sessionScope.tuser.uname\}$

这种方法与下面的代码是等价的:

```
TUserVO tuser = (TUserVO) session.getAttribute("tuser");
tuser.getUname();
```

如果没有指定范围,例如 ${tuser},默认会按 page、request、session、application 的顺序依次寻找是否有属性名为 tuser 的变量。假如找到 tuser,就直接回传,不再继续找下去;但是如果全部的范围都没有找到时,就回传 null,此时 EL 表达式会对空值显示做出优化,页面上显示空白。

EL 可以自动转变类型,例如上面的例子:

$\{param.x + param.len\}$

其中,x 和 len 都是 request 的参数,返回的都是字符串对象。在 EL 中自动转换为整数,然后进行计算。

3. 隐含对象

JSP 有九个隐含对象,EL 也有自己的隐含对象。如表 5-8 所列,EL 隐含对象共有 11 个。

表 5-8 EL 隐含对象

隐含对象	类型	说明
pageContext	ServletContext	表示此 JSP 的 PageContext,可获得所有隐含对象
pageScope	java.util.Map	取得 page 范围的属性名称所对应的值
requestScope	java.util.Map	取得 request 范围的属性名称所对应的值
sessionScope	java.util.Map	取得 session 范围的属性名称所对应的值
applicationScope	java.util.Map	取得 application 范围的属性名称所对应的值
param	java.util.Map	String 类型,取得 request 中的单个参数值,相当于 getParameter()
paramValues	java.util.Map	String[]数组,取得 request 中的多个参数值,相当于 getParameterValues()
header	java.util.Map	String 类型,获得请求头部信息,相当于 getHeader()
headerValues	java.util.Map	String[]数组,获得多个请求头部信息,相当于 getHeaders()
cookie	java.util.Map	获得 Cookie,相当于 getCookies()
initParam	java.util.Map	获得初始参数值,相当于 ServletContext.getInitParameter(String name)

与范围有关的 EL 隐含对象包括:pageScope、requestScope、sessionScope 和 applicationScope,基本和 JSP 的 pageContext、request、session 和 application 范围一样。这四个隐含对象只能用来取得范围属性值,即 JSP 中的 getAttribute(String name)。

通过 pageContext 可以获得 JSP 中的隐含对象，获得隐含对象的各种信息，例如获取用户的 IP 地址，

$\{pageContext.request.remoteAddr\}$

4. 运算符

在 EL 中支持的运算符包括：①算术运算符包括加法(＋)、减法(－)、乘法(＊)、除法(/或 div)以及取余(％或 mod)；②逻辑运算符包括 and、or、not；③关系运算符包括小于(＜或 lt)、小于等于(＜＝或 le)、大于(＞或 gt)、大于等于(＞＝或 ge)、等于(＝＝或 eq)以及不等于(!＝或 ne)。EL 不仅可在数字与数字之间比较，还可在字符与字符之间比较，字符串的比较是根据其对应的 UNICODE 值来比较大小的；④ Empty 运算符主要用来判断值是否为空(NULL，空字符串，空集合)；⑤条件运算符 $\{A? B：C\}$，A 为 true 时返回 B，为 false 时返回 C。

5.2.3 JSTL

EL 的出现让 Web 显示层发生了重大变革，现在 JSP 文件中获取数据都采用 EL 方法。但是 EL 没有控制逻辑，无法实现页面显示逻辑。所以，一般 EL 都是和 JSTL 结合在一起使用的。采用 JSLT 标签的目的就是不希望在 JSP 页面中出现 Java 代码，JSTL 把许多 Web 应用程序通用的核心功能封装成简单标签，目前支持核心标签、国际化标签、数据库标签、XML 标签和 JSTL 函数等。这里主要介绍使用频率最高的核心标签。

从 Java EE 5 开始，JSTL 1.2 版本已经成为平台的一部分。JSTL 是一个单独的标准规范，需要从官网(https://jstl.java.net/)下载 jar 文件。JSTL 标签库需要下载两个 jar 文件：javax.servlet.jsp.jstl-1.2.1.jar 和 javax.servlet.jsp.jstl-api-1.2.1.jar，下载后把 jar 文件放到＜Web 应用程序＞/WEB-INF/lib 目录内。如果使用 NetBeans 开发，可以直接添加 JSTL 的库，不需要去网站下载。

JSTL 核心标签库中的标签能够完成 JSP 页面的基本功能，减少编码工作。在 JSP 页面引入核心标签库的代码为：

＜％@ taglib prefix = "c" uri = "http://java.sun.com/jsp/jstl/core" ％＞

从功能上可以分为 4 类：表达式控制标签、流程控制标签、循环标签和 URL 操作标签。

1. 表达式控制标签

（1）＜c:out＞

＜c:out＞标签是一个最常用的标签，用于在 JSP 中显示数据。常用属性如表 5－9 所列。

表5-9 <c:out>标签属性

属 性	描 述
value	输出到页面的数据,可以是 EL 表达式或常量(必须)
default	当 value 为 null 时显示的数据(可选),不设置时,null 值不显示
escapeXml	当设置为 true 时会主动更换特殊字符,例如,"<"转换为"<"(可选,默认为 true)

在 JSTL 1.0 的时候,在页面显示数据必须使用 <c:out> 来进行。到了 JSTL1.1 后,由于 JSP 2.0 规范已经默认支持了 EL 表达式,因此可以直接在 JSP 页面使用表达式。但是使用<c:out>可以自动转换特殊字符,可以指定为 null 时的缺省值。例如:

<h3>用户名:<c:out value = "＄{param.uname}"/></h3>
<h3>用户名:<c:out value = "＄{param.uname}" default = "未设置"/></h3>
<h3>用户名:<c:out value = "＄{param.uname}" default = "未设置" escapeXml = "false"/></h3>

当 uname 参数不设置时,返回的 HTML 代码如下:

<h3>用户名:</h3>
<h3>用户名:未设置</h3>
<h3>用户名:未设置</h3>

当 uname 参数值为"<p>admin</p>"时,返回的 HTML 代码如下:

<h3>用户名:<p>admin</p></h3>
<h3>用户名:<p>admin</p></h3>
<h3>用户名:<p>admin</p></h3>

(2) <c:set>

<c:set>标签用于为变量或 JavaBean 中的属性赋值,常用属性如表 5-10 所列。

表5-10 <c:set>标签属性

属 性	描 述
value	值的信息,可以是 EL 表达式或常量
target	被赋值的 JavaBean 实例的名称,若存在该属性则必须存在 property 属性(可选)
property	JavaBean 实例的变量属性名称(可选)
var	被赋值的变量名(可选)
scope	变量的作用范围,若没有指定,则默认为 page(可选)

当不存在 value 的属性时,将以包含在标签内的实体数据作为赋值的内容。例如:

```
<c:set value = "admin" var = "uname"/>
<c:set var = "msg">
   hello world
</c:set>
```

变量 uname 的值被设置为 admin,变量 msg 的值被设置为 hello word,作用范围都为 page。

(3) <c:remove>

<c:remove>标签用于删除存在于 scope 中的变量,常用属性如表 5-11 所列。

表 5-11 <c:remove>标签属性

属 性	描 述
var	需要被删除的变量名
scope	变量的作用范围,若没有指定,默认为全部查找(可选)

使用<c:remove>标签删除上面例子中创建的两个变量 uname 和 msg。代码如下:

```
<c:remove var = "uname" scope = "request"/>
<c:remove var = "msg"/>
```

其中,uname 没有被删除,而 msg 被删除。因为 uname 和 msg 的作用范围都是 page,第一个删除标签在 request 范围内查找不到 uname 变量;而第二个删除标签没有设置 scope 属性,需要按 page、request、session 和 application 的顺序查找 msg 变量,就可以成功删除。

(4) <c:catch>

<c:catch>标签的作用类似 Java 中的"try{...}catch(){...}"语句,允许在 JSP 页面中捕捉异常,捕获的异常对象赋值给属性 var 所指定的变量。例如:

```
<c:catch var = "myerror">
   ...   //处理语句
</c:catch>
${myerror}   //处理或者显示 myerror
```

当处理语句抛出异常时,该异常对象赋值给 myerror 变量,然后就可以处理 myerror。

2. 流程控制标签

(1) <c:if>

<c:if>标签用于简单的条件语句,常用属性如表 5-12 所列。

表 5-12 ＜c:if＞标签属性

属 性	描 述
test	需要判断的条件
var	保存判断结果 true 或 false 的变量名(可选)
scope	变量的作用范围,默认为 page(可选)

对于上面的异常对象变量 myerror,显示前需要判断是否为 null,如果不为 null,则显示异常消息,例如:

```
<c:if test="${myerror != null}" var="flag">
    ${myerror.message}<br/>
</c:if>
```

变量 flag 中保存了判断条件的结果,作用范围 page。如果后续不需要处理,一般可以不设置 var 属性。

(2) ＜c:choose＞

用于复杂判断的 ＜c:choose＞、＜c:when＞、＜c:otherwise＞标签,类似 Java 中的"if...else...if..."的条件语句。其中,＜c:choose＞标签没有属性,可以被认为是父标签,＜c:when＞、＜c:otherwise＞将作为其子标签来使用;＜c:when＞标签等价于 if 语句,包含一个 test 属性,该属性表示需要判断的条件;＜c:otherwise＞标签没有属性,等价于 else 语句。

下面的例子根据参数 roleid 的值输出不同的字符串。

```
<c:choose>
    <c:when test="${param.roleid<0}">
        roleid lt 0 <br/>
    </c:when>
    <c:when test="${param.roleid eq 0}">
        roleid = 0 <br/>
    </c:when>
    <c:otherwise>
        大于 0...<br/>
    </c:otherwise>
</c:choose>
```

3. 循环标签

(1) ＜c:forEach＞

＜c:forEach＞为循环控制标签,类似 Java 中的 for 语句,常用属性如表 5-13 所列。

表 5 – 13 ＜c:forEach＞标签属性

属 性	描 述
items	进行循环的集合(可选)
begin	开始条件(可选)
end	结束条件(可选)
step	循环的步长,默认为 1(可选)
var	做循环的对象变量名,若存在 items 属性,则表示循环集合中对象的变量名(可选)
varStatus	显示循环状态的变量(可选)

JSTL 中的 varStatus 变量描述了迭代的当前状态,可以获取如表 5 – 14 所列的特性。

表 5 – 14 varStatus 常用属性

属 性	描 述
current	当前这次迭代的(集合中的)项
index	当前这次迭代从 0 开始的迭代索引
count	当前这次迭代从 1 开始的迭代计数
first	用来表明当前这轮迭代是否为第一次迭代的标志
last	用来表明当前这轮迭代是否为最后一次迭代的标志
begin	begin 属性值
end	end 属性值
step	step 属性值

下面代码是一个简单的循环,显示 1～10 的数字,并且显示每次迭代的属性。

```
<c:forEach var = "i" begin = "1" end = "10" step = "1" varStatus = "status">
${status.current},${status.index},${status.begin},${status.end},
${status.count},${status.first},${status.last},${status.step}<br/>
    ${i}<br />
</c:forEach>
```

下面看一个更实用的例子,把 TUserVO 的对象列表保存在 request 属性中,属性名为 listuser,下面的代码循环显示用户列表：

```
<c:forEach var = "user" items = "${requestScope.listuser}">
    <tr>
        <td>${user.uname}</td>
        <td>${user.uphone}</td>
```

```
            <td>${user.umail}</td>
            <td>${user.uhobby}</td>
            <td>${user.unews}</td>
        </tr>
</c:forEach>
```

<c:forEach>标签的 items 属性支持 Java 平台所提供的所有标准集合类型,还可以使用该操作来迭代数组中的元素。所支持的集合类型以及迭代的元素包括 java.util.Collection、java.util.Map、java.util.Iterator、java.util.Enumeration、Object 实例数组、基本类型值数组以及用逗号分隔的字符串。<c:forEach>标签可以处理字符串,但是分隔符必须是逗号。如果要处理任意分隔符的字符串,可以使用<c:forTokens>标签。

(2) <c:forTokens>

<c:forTokens>标签相当于 java.util.StringTokenizer 类,常用属性如表 5-15 所列。

表 5-15 <c:forTokens>常用属性

属 性	描 述
items	进行分隔的 EL 表达式或常量
delims	分隔符
begin	开始条件(可选)
end	结束条件(可选)
step	循环的步长,默认为 1(可选)
var	做循环的对象变量名(可选)
varStatus	显示循环状态的变量(可选)

下面的例子循环显示以分号为分隔符的字符串的子串:

```
<c:forTokens var="str" delims=";" items="北京;上海;天津;重庆">
        ${str}<br />
</c:forTokens>
```

4. URL 操作标签

(1) <c:import>

<c:import>标签用于包含一个 JSP 文件,与 JSP 的动态包含<jsp:include>最大的区别在于:<jsp:include>只能包含和自己同一个 Web 应用下的文件;而<c:import>除了可以包含同一个 Web 应用下的文件,还可以包含不同 Web 应用或者其他网站的文件。常用属性如表 5-16 所列。

表 5 – 16　＜c:import＞常用属性

属　性	描　述
url	需要导入页面的 URL
context	表示 Web 应用的前缀,必须以"/"开头,此时也需要 url 属性以"/"开头(可选)
charEncoding	导入页面的字符集(可选)
var	存储被包含的文件内容,String 类型(可选)
scope	导入文本的变量名作用范围(可选)
varReader	存储被包含的文件内容,java.io.Reader 类型(可选)

　　＜c:import＞标签必须设置 url 属性,可以设置绝对地址和相对地址。设置相对地址时,如果要访问其他 Web 应用的文件,则需要设置 context 属性。例如:

　　＜c:import url = "http://www.sau.edu.cn"/＞
　　＜c:import url = "listUser.jsp"/＞
　　＜c:import url = "/incs/note.txt" context = "/othersite" /＞

　　该示例演示了三种不同的导入方法:第一种是绝对地址,导入其他网站网页;第二种是相对地址,是在同一 Web 应用下的导入;第三种是在不同 Web 应用下的导入,导入"othersite"Web 应用下的文件"/incs/note.txt"。

　　如果设置了 var 属性,那么这时导入的文件不会输出到页面,而是把文件内容以字符串的形式赋值给 var 属性所指的变量。

　　在＜c:import＞里面可以使用＜c:param＞标签,表示传递给被包含文件的参数。＜c:param＞标签包括两个属性:name 表示参数名,value 表示参数值,不设置表示标签体内容。

　　例如,下面的例子向被包含的文件传递两个参数,其中一个参数值是 admin,由 value 属性设置的,另一个参数值是 Welcome,是由标签体内容设置的。

　　＜c:import url = "5test.jsp"＞
　　　＜c:param name = "uname" value = "admin"/＞
　　　＜c:param name = "msg"＞
　　　　　Welcome
　　　＜/c:param＞
　　＜/c:import＞

　　(2) ＜c:url＞
　　＜c:url＞标签用于得到一个 URL 地址,常用属性如表 5 – 17 所列。

表 5-17 ＜c:url＞常用属性

属 性	描 述
value	页面的 URL
context	表示 Web 应用的前缀，必须以"/"开头，此时也需要 url 属性以"/"开头(可选)
charEncoding	导入页面的字符集(可选)
var	存储 URL 的变量名(可选)
scope	导入文本的变量名作用范围(可选)

例如，可以把得到的一个 URL 设置为超链接的 href 属性值：

＜c:url value = "/listUser.jsp" var = "MyURL" /＞
＜a href = "＄{MyURL}"＞用户列表＜/a＞

(3) ＜c:redirect＞

＜c:redirect＞标签用于页面的重定向，相当于 response.setRedirect()方法，包含 url 和 context 两个属性，属性含义和 ＜c:url＞标签相同。

例如，重定向到 listUser.jsp 文件的代码如下：

＜c:redirect url = "/MyHtml.html"/＞

在＜c:url＞和＜c:redirect＞标签都可以使用＜c:param＞标签。

5.3 基于 Servlet 的 MVC 模式

MVC 模式是 20 世纪 80 年代 Smalltalk 语言中出现的一种软件设计模式，现在已经被广泛应用。其中，模型是表示业务数据或者业务逻辑，是应用程序的主体部分；视图是用户看到并与之交互的界面；控制器工作就是根据用户的输入，控制用户界面数据显示和更新模型对象状态。MVC 实现了模型和视图的分离，同一个模型可以对应多个视图，例如，超市的销售数据可以分别用柱状图、饼图来表示。而控制器则实现模型和视图的同步，一旦模型改变，视图应该同步更新。

尽管 MVC 模式在桌面开发中应用广泛，但是却不适合早期的 Web 应用开发。因为在早期 Web 应用开发中广泛使用的技术，不管是 CGI 还是 ASP 之类的脚本语言，都是负责显示的 HTML 语言，和负责处理逻辑的程序语言混合在一起，难以分离，无法区分出模型和视图。直到 JSP Model 2 出现后，MVC 模式才成为 Web 应用开发中使用最多的设计模式之一。Model 2 是 Sun 公司推荐的一种 Web 开发架构模式，借鉴了 MVC 设计模式来实现显示内容和业务逻辑的完全分离，综合采用 Servlet、JSP 和 JavaBean 技术。其中 Servlet 实现控制器的功能，处理请求和控制业务流程；JSP 实现视图的功能，输出响应结果；JavaBean 实现模型的功能，负责具体的业务数据和业务逻辑。

5.3.1 从 Model 1 到 Model 2

早期 JSP 规范提出了开发 Web 应用的两种基本架构模式,分别被称为 Model 1 和 Model 2。如图 5-14 所示,在 Model 1 体系中,JSP 文件负责处理 HTTP 请求,返回处理结果。JavaBean 负责执行应用逻辑,存取数据。

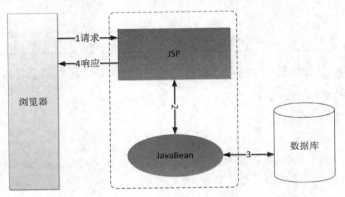

图 5-14 Model 1

在 Model 1 模式下,JSP 文件是 Web 应用的核心,负责接收处理客户端请求,对请求处理后直接做出响应。JavaBean 用来完成数据访问层功能。早期有很多使用 ASP 和 JSP 技术开发的 Web 应用都采用了 Model 1 架构。实际上,前面实现的大部分例子都属于 Model 1 模式。

Model 1 模式的实现比较简单,适用于快速开发小规模项目。但是 JSP 页面身兼视图和控制器两种角色,将控制逻辑和表现逻辑混杂在一起,导致代码的重用性非常低,增加了 Web 应用扩展和维护的难度。从根本上讲,Model 1 将导致角色定义不清和职责分配不明,给项目管理带来不必要的麻烦。因此,Model 1 不适合在大型项目开发中应用。

在大型项目中,推荐使用 Model 2 模式。如图 5-15 所示,在 Model 2 模式下,Servlet 承担了原来属于 JSP 的控制器功能,HTTP 请求发送给 Servlet,由 Servlet 根据用户的请求决定把哪个 JSP 文件传给请求者,同时实例化该 JSP 文件所需要的 JavaBean 对象;JavaBean 负责访问数据库,并把数据传递给 JSP 文件;JSP 不再承担控制器的责任,不包含任何处理逻辑,只负责将 JavaBean 传递的数据与本身的模板数据结合在一起,最后把结果返回给浏览器。

Model 2 采用 MVC 模式,模型、视图和控制器三者各司其职,互不影响。例如,随着移动互联网的发展,现在需要增加适应手机的界面,那么只要修改视图部分即可,不会影响其他两个部分的代码。另外,这种职责分明的特点,还有利于分工协作,不同部分由不同专业的人员负责,网页设计人员可以对视图层中的 JSP 进行开发,对业务熟悉的人员可开发业务模型,而其他人员可开发控制器。

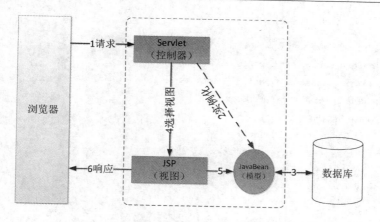

图 5-15 Model 2

Model 2 提供了更好的可扩展性及可维护性,更适用于大规模应用的开发,但却增加了前期开发成本和应用开发的复杂程度。从某种程度上讲,Model 2 为了降低系统后期维护的复杂度,导致前期开发更高的复杂度。

5.3.2 Model 2 开发流程

现在的 Web 应用开发大多采用现成的支持 MVC 模式的开源框架,为了更好地理解 MVC 设计模式,下面介绍一下 Model 2 的开发流程。

首先,根据数据库结构创建数据访问层,包括数据库访问工具类、各个表的持久对象和值对象、各个表的 DAO 接口和实现类、DAO 工厂接口和实现类等。在数据访问层上封装一个服务类,提供多个服务方法。

接着,根据功能需求编写 JSP 文件实现显示界面,在 JSP 文件中不添加 Java 代码,使用 JSTL 和 EL 等标签实现显示逻辑。

最后,创建 Servlet 类,根据应用规模的大小选择不同的实现策略:每个表实现一个 Servlet;整个 Web 应用实现一个 Servlet,负责所有的访问控制;按功能分组,每组实现一个 Servlet。

每个 JSP 文件接收用户的输入数据后,提交给对应的 Servlet 类,在 Servlet 里面,根据访问路径,把 HTTP 请求分发到不同的服务类里。每个服务类调用 DAO 层的类访问数据库,执行应用逻辑,根据操作结果返回不同的 JSP 文件。为了灵活配置,可以开发一个配置类,负责读写配置文件,管理访问路径与服务类的映射关系等。

例 5-6 重写用户列表 JSP 文件,实现一个控制器 Servlet,可以根据不同的访问路径分发不同的处理类。为了访问在 JSP 文件中使用 JSTL 和 EL,重写 TUserVO 类,修改 displayXXX() 为 getXXX() 方法,并且新建了一个新属性 strHobby,保存"业余爱好"的名称。

文件 TUserVO.java 如下：

```java
package cn.edu.sau.web.ch5.vo;
import cn.edu.sau.web.ch5.po.TUserPO;
import cn.edu.sau.web.ch5.util.IConstants;
public class TUserVO extends TUserPO {
    private String strHobby = "";
    public String getStrHobby() {
        Integer i = super.getUhobby();
        if (i == null || i < 0) {
            i = 0;
        }
        return IConstants.HOBBY_NAMES[i];
    }
    @Override
    public String getUnews() {
        String news = super.getUnews();
        if (news == null) {
            news = "";
        }
        String strnews = "";
        for (int i = 0; i < news.length(); i++) {
            if (!strnews.equals("")) {
                strnews += ",";
            }
            strnews += IConstants.NEWS_NAMES[(int)(news.charAt(i) - '0')];
        }
        return strnews;
    }
    ...
    @Override
    public String getUname() {
        String str = super.getUname();
        if (str == null) {
            str = "";
        }
        return str;
    }
}
```

创建了一个带分页信息的值对象，该对象中保存分页所需要的属性以及数据列表。

文件 ListPage.java 代码如下：

```java
package cn.edu.sau.web.ch5.page;
import java.util.ArrayList;
import java.util.List;
public class ListPage {
    private boolean page = false;              //是否需要分页
    private List listData = new ArrayList();   //数据列表
    //beginIndex:开始记录索引;count:总记录数;preIndex:上一页开始记录索引;nextIndex:下一页开始记录索引
    private Integer beginIndex = 0, count = 0, preIndex = 0, nextIndex = 0;
    private Integer pageSize = 10;             //每页记录数
    public boolean isPage() {return page;}
    public void setPage(boolean page) {this.page = page;}
    public List getListData() {return listData;}
    public void setListData(List listData) {this.listData = listData;}
    public Integer getBeginIndex() {return beginIndex;}
    public void setBeginIndex(Integer beginIndex) {this.beginIndex = beginIndex;}
    public Integer getCount() {return count;}
    public void setCount(Integer count) {this.count = count;}
    public Integer getPreIndex() {return preIndex;}
    public void setPreIndex(Integer preIndex) {this.preIndex = preIndex;}
    public Integer getNextIndex() {return nextIndex;}
    public void setNextIndex(Integer nextIndex) {this.nextIndex = nextIndex;}
    public Integer getPageSize() {return pageSize;}
    public void setPageSize(Integer pageSize) {this.pageSize = pageSize;}
}
```

修改 DAO 接口，在数据更新的方法中传入参数类型修改为 TUserPO，数据查询的方法返回值修改为 ListPage 对象或 ListPage 对象的列表，并且增加了一个删除方法。

文件 TUserDAO.java 代码如下：

```java
package cn.edu.sau.web.ch5.dao;
import cn.edu.sau.web.ch5.page.ListPage;
import cn.edu.sau.web.ch5.po.TUserPO;
import cn.edu.sau.web.ch5.vo.TUserVO;
public interface TUserDAO {
    public void insert(TUserPO data) throws Exception;
    public void delete(TUserPO data) throws Exception;
    public void delete(String delstr) throws Exception;
    public void update(String oldUname,TUserPO data) throws Exception;
    public TUserVO getTUser(String uname) throws Exception;
```

```
    public ListPage list();
    public ListPage list(String wstr);
    public ListPage list(int beginIndex,int pageSize);
    public ListPage list(int beginIndex,int pageSize,String wstr);
}
```

修改 DAO 实现类中对应的方法,下面只列出比较大的改动,增加的一个删除方法和 list()方法。

文件 UserDAOImpl.java 的部分代码如下:

```
package cn.edu.sau.web.ch5.dao.impl;
...
public class TUserDAOImpl implements TUserDAO {
    ...
    @Override
    public ListPage list(int beginIndex, int pageSize, String wstr) {
        DBUtil dbu = null;
        PreparedStatement ps = null;
        ResultSet rs = null;
        ListPage listPage = new ListPage();
        List<TUserVO> list = new ArrayList<TUserVO>();
        try {
            String sql = "select uname,upwd,uphone,umail,unews,uhobby from tuser";
            if (wstr != null) { sql += " where " + wstr;}
            dbu = new DBUtil();
            Connection con = dbu.getConnection();
            ps = con.prepareStatement(sql);
            rs = ps.executeQuery();
            rs.last();
            int count = rs.getRow();
            if (beginIndex <= 0) {beginIndex = 1;}
            int i = 0;
            int len = pageSize;
            boolean page = true;
            if (len < 1)                         //获取全部数据
            {
                len = count;
                page = false;
            }
            if (rs.absolute(beginIndex)) {
                do {
                    TUserVO tmp = this.getObjectFromResult(rs);
```

```java
                    list.add(tmp);
                    i++;
                    if (i == len) {break;}
                } while (rs.next());
            }
            //上一页开始记录索引
            Integer preIndex = beginIndex - pageSize;
            if (preIndex < 0) {preIndex = 0;}
            //下一页开始记录索引
            Integer nextIndex = beginIndex + list.size();
            if (nextIndex > count) { nextIndex = count;}
            listPage.setBeginIndex(beginIndex);
            listPage.setCount(count);
            listPage.setListData(list);
            listPage.setNextIndex(nextIndex);
            listPage.setPageSize(pageSize);
            listPage.setPreIndex(preIndex);
            listPage.setPage(page);

        } catch (Exception e) {
        } finally { dbu.commit(ps, rs);}
        return listPage;
    }
    @Override
    public void delete(String delstr) throws Exception {
        DBUtil dbu = null;
        PreparedStatement ps = null;
        try {
            if (delstr == null||delstr.trim().equals("")) {
                throw new Exception("删除的用户数据为空!");
            }
            dbu = new DBUtil();
            Connection con = dbu.getConnection();
            ps = con.prepareStatement("delete from tuser where " + delstr);
            ps.executeUpdate();
        } catch (Exception e) {
            throw e;
        } finally { dbu.commit(ps);}
    }
}
```

其中,delete()方法传入参数作为删除条件,需要动态拼接 SQL 语句;list()方法中,增加了计算上下页开始记录索引的代码,其实是把原来在 listUser.jsp 中的代码转移到这里。现在,listUser.jsp 中没有任何 Java 代码,而且这个文件移动到/WEB-INF/admin/user 目录内,这样无法直接访问这个 JSP 文件,只能由 Servlet 转发了。

文件 listUser.jsp 部分代码如下:

```
<%@page contentType="text/html" pageEncoding="UTF-8"%>
<%@ taglib prefix="c" uri="http://java.sun.com/jsp/jstl/core" %>
<%@include file="/incs/const.jsp"%>
...
        <table>
            <caption>用户列表</caption>
            <tr>
                <th>用户名</th><th>手机</th><th>电子邮件</th>
                <th>业务爱好</th><th>允许推送邮件</th><th>操作</th>
            </tr>
            <c:forEach var="user" items="${requestScope.listPage.listData}">
            <tr>
                <td>${user.uname}</td><td>${user.uphone}</td><td>${user.umail}</td>
                <td>${user.strHobby}</td> <td>${user.unews}</td>
                <td><a href="admin?page=user&myaction=del&uname=${user.uname}">删除</a></td>
            </tr>
            </c:forEach>
            <tr>
                <td colspan="5">
                    总人数:${requestScope.listPage.count}  
                    <a href="admin?page=user&beginIndex=${requestScope.listPage.preIndex}">上一页</a>
                      
                    <a href="admin?page=user&beginIndex=${requestScope.listPage.nextIndex}">下一页</a>
                </td>
            </tr>
        </table>
...
```

注意到 JSP 文件中没有任何 Java 代码,结构比较清晰,便于理解。超链接发送的目标是一个 Servlet,访问路径是 admin。这个 Servlet 负责接收用户输入,并根据参数 page 值动态实例化服务类。在初始化参数中配置参数名为 page 值,初始化参数值为服务类的全称。在初始化时,把初始化参数读入 Map 中,关键字为 page 值,内容为服务类全称。

```java
package cn.edu.sau.web.ch5.servlet;
...
@WebServlet(name = "AdminServlet", urlPatterns = {"/admin"}, initParams = {
    @WebInitParam(name = "user", value = "cn.edu.sau.web.ch5.service.impl.UserService")})
public class AdminServlet extends HttpServlet {
    private Map<String,String> serviceMap = new HashMap<String,String>();
    @Override
    public void init() throws ServletException {
        Enumeration em = this.getInitParameterNames();
        while(em.hasMoreElements()){
            String paraName = (String)em.nextElement();
            String paraValue = this.getInitParameter(paraName);
            serviceMap.put(paraName, paraValue);
        }
    }
    protected void processRequest(HttpServletRequest request, HttpServletResponse response)
            throws ServletException, IOException {
        String path = request.getContextPath() + "/";
        String page = ParamUtil.getString(request, "page");
        String fwPage = path + "WEB-INF/admin/error.jsp";
        try {
            String serviceName = serviceMap.get(page);
            Service service = (Service)(Class.forName(serviceName).newInstance());
            fwPage = path + service.execute(request, response);
        } catch (Exception e) {
            request.setAttribute("errorObj", e);
        }
        request.getRequestDispatcher(fwPage).forward(request, response);
    }
    ...
}
```

在服务方法中，实例化服务类并调用 execute() 方法。该方法的返回值就是要调用的 JSP 文件。服务类是新增的一层，包括一个接口和一个实现类。

文件 Service.java 代码如下：

```java
package cn.edu.sau.web.ch5.service;
import javax.servlet.http.HttpServletRequest;
import javax.servlet.http.HttpServletResponse;
public interface Service {
```

public String execute(HttpServletRequest req,HttpServletResponse res) throws Exception;
　　}

文件 UserService.java 代码如下：

```
package cn.edu.sau.web.ch5.service.impl;
...
public class UserService implements Service {
    public static final String DEL_ACTION = "del";
    private static final String JSP_DIR = "WEB-INF/admin/user/";
    private TUserDAO userMrg = null;
    public UserService() {
        DAOFactory factory = FactoryServlet.getDAOFactory();
        this.userMrg = factory.createTUserDAO();
    }
    @Override
    public String execute(HttpServletRequest req, HttpServletResponse res) throws Exception {
        String myaction = ParamUtil.getString(req, "myaction","list");
        String page = null;
        switch (myaction) {
            ...
            case DEL_ACTION:
                page = onDel(req, res);
                break;
            default:
                page = onList(req, res);
        }
        return page;
    }
    public String onDel(HttpServletRequest req, HttpServletResponse res) throws Exception {
        String page = JSP_DIR + "msg.jsp";
        String uname = ParamUtil.getString(req, "uname");
        if (uname == null) { throw new Exception("没有指定要删除的用户!");}
        userMrg.delete(" uname = '" + uname + "'");
        req.setAttribute("msg","成功删除用户【" + uname + "】");
        return page;
    }
    public String onList(HttpServletRequest req, HttpServletResponse res) throws Exception {
        String page = JSP_DIR + "listUser.jsp";
```

```
        Integer beginIndex = ParamUtil.getInt(req, "beginIndex",0);
        ListPage listPage = userMrg.list(beginIndex, IConstants.pageSize);
        req.setAttribute("listPage", listPage);
        return page;
    }
    ...
}
```

在 UserServcie 构造函数中创建 TUserDAO 的实例,负责操作数据库。在服务方法 execute()中,依据 myaction 的参数调用不同的方法,在每个方法中执行操作数据库的方法,然后把要在 JSP 文件中显示的数据放到 request 属性中,接着返回 JSP 文件的路径。

运行起来,当访问"admin? page=user"时,显示如图 5-16 的页面,点击 name1 后面的"删除"连接,显示如图 5-17 的页面。

图 5-16 用户列表　　　　　　　　图 5-17 删除用户成功消息

输入"admin? page=user"时,这个请求提交给 AdminServlet,解析 page 参数得到值 user,然后从 serviceMap 获取名称是 user 的值 cn.edu.sau.web.ch5.service.impl.UserService,接着调用这个类的 execute()方法。

在 UserService 类的 execute()方法中,获取 myaction 参数的值,如果缺省是 list,则调用 onList()方法。在这个方法里,执行 TUserDAO 类的 list()方法获取 ListPage 对象,把这个对象设置到 request 名称为 listPage 的属性中,并返回 WEB-INF/admin/user/listUser.jsp。

然后在 ActionServlet 接收到这个返回值,通过 request 的 getRequestDispatcher(…).forward()方法调用 listUser.jsp。

在 listUser.jsp 中通过 ${requestScope.listPage}获取 ListPage 的各个属性,进行显示。当点击"删除"时,则发送链接 admin? page=user&myaction=del&uname

=name1,在 UserService 的 execute()方法中,根据 myaction 的值调用 onDel()方法,最后转向 msg.jsp 文件。

5.4 习　题

1. JavaBean 和一般意义上的 Java 类有何区别?
2. 比较＜jsp:setProperty＞标签几种用法的区别。
3. 如何利用简单标签开发标签体内容可重复的自定义标签处理类?
4. 开发一个自定义标签,有两个属性:一个是必须设置的属性 var,另一个是可选择的属性 def。基本功能:如果 var 属性值为 null 或空串,并且设置了 def 属性,则输出 def 属性值,否则输出空串;如果 var 属性值不为 null,则输出 var 属性值两侧去掉空格后的值。例子如下:

＜ch5:myout var = "管理员　"/＞输出"管理员"
＜ch5:myout var = "管理员　" def = "没设置"/＞输出"管理员"
＜ch5:myout var = "" def = "没设置"/＞输出"没设置"
＜ch5:myout var = "" /＞输出""

5. 为什么要在 JSP 文件中使用 JSTL 和 EL?
6. 简述 EL 中有哪些隐含对象? 分别有什么作用?
7. 简述＜c:import＞与＜jsp:include＞的区别。
8. 参照 listUser.jsp,为了方便用户浏览数据列表,设置奇数行背景色为浅灰色,偶数行背景色为浅绿色,要求使用 JSTL 标签实现,不允许使用脚本元素。
9. 简述 Model 1 和 Model 2 两种开发模式的优缺点。
10. 什么是 MVC 模式?

第 6 章 高级技术

Servlet 过滤器和监听器功能是对 J2EE 体系的一个重要补充。过滤器使得 Servlet 开发者能够在请求到达 Servlet 之前截取请求,在 Servlet 处理请求之后修改应答;Servlet 监听器可以监听客户端的请求、服务器端的操作,通过监听器可以自动激发一些操作,如监听应用的启动和停止等。Ajax 技术和传统 Web 开发中采用的同步方式不同,能大大增强用户在浏览器端的操作体验。

本章主要介绍 Servlet 过滤器、监听器以及 Ajax 技术的基本原理,并给出几个在实际开发中应用这些技术的例子。

6.1 Servlet 过滤器

Servlet 过滤器是设计模式中责任链模式(Chain of Responsibility)的典型应用,在 Servlet 过滤器规范推出之前,已经有很多第三方软件在 Java Web 开发中实现了过滤器的功能。2000 年 10 月,Sun 公司发布了 Servlet 2.3,首次在 Servlet 规范中增加了过滤器功能。随后 Servlet 过滤器种类不断增加,应用越来越广泛。

6.1.1 过滤器原理

过滤器与 Servlet 类似,是一些可以绑定到 Web 应用程序中的组件。但是与其他 Web 应用程序组件不同的是,过滤器是由"过滤链"在容器的处理过程中进行调用的。在一个 Web 应用中,过滤器可以有多个,可以与多个 JSP 文件或 Servlet 进行关联。

如图 6-1 所示,当浏览器发出一个 HTTP 请求后,首先判断是否有过滤器与被请求的资源关联。如果有,则这个请求首先被过滤器 1 截获,执行过滤代码,可以对 HTTP 请求进行修改,甚至可以阻止对某些资源的访问或者重定向访问;接着通过过滤链方法调用下一个过滤器,如果没有下一个过滤器,则调用访问资源的服务方法;JSP 或 Servlet 提供服务之后,逆向调用 HTTP 请求经过的过滤器,执行对 HTTP 响应进行处理的过滤代码,最后把修改后的 HTTP 响应发送给浏览器。

Servlet 过滤器的优点:

① 配置上的灵活性。Servlet 过滤器可以通过 Web 部署描述符(web.xml)中的 XML 标签来声明,并且无需修改应用代码就可以添加或删除。

② 操作上的透明性。在 HTTP 请求和响应链中,过滤器是为了补充,而不是替代 JSP 或 Servlet。过滤器在运行时由 Servlet 容器自动拦截来处理 HTTP

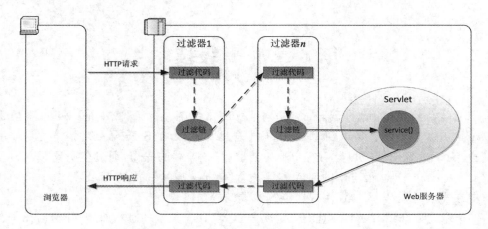

图 6-1 过滤器执行流程

请求和响应。因此,过滤器可以根据需要添加或删除,而不会破坏 Servlet 或 JSP 文件。

③ 功能上的可重用性。一般过滤器实现的都是通用功能,与具体应用的逻辑无关,可以很容易地应用在不同的项目中。而且过滤器也是由 Java 语言实现的、符合一定规范的 Java 类,与操作平台和容器无关,可以很容易地移植和重用。

需要注意的是,过滤器只能应用在实现了 Servlet 2.3 规范以上版本的服务器上。如果 Web 应用需要部署在旧版服务器中,就不能使用过滤器。

6.1.2 过滤器核心对象

Servlet 过滤器的核心对象有三个:javax.servlet.FilterChain 接口、javax.servlet.FilterConfig 接口和 javax.servlet.Filter 接口。Servlet 容器通过实现这三个接口来支持过滤器功能。

1. FilterChain

Servlet 容器通过实现 FilterChain 接口来支持过滤链功能,FilterChain 接口只有一个方法,定义如下:

```
public void doFilter(ServletRequest request,ServletResponse response)
            throws java.io.IOException,ServletException
```

在过滤器的过滤方法中必须调用 FilterChian 接口的 doFilter()方法。如果有下一个需要执行的过滤器,则执行该过滤器的过滤方法;如果没有,表示这是最后一个过滤器,则调用请求的资源。过滤链所包含的过滤器以及执行顺序可以在 web.xml 文件中配置。

2. FilterConfig

Servlet 容器通过实现 FilterConfig 接口来向过滤器传递初始化信息,类似于

ServletConfig 接口。过滤器的初始化信息可以配置在 web.xml 文件中,在过滤器中可以通过 FilterConfig 接口的方法获取。常用方法如表 6-1 所列。

表 6-1 FilterConfig 常用方法

方法	描述
String getFilterName()	返回配置文件中过滤器的名称
ServletContext getServletContext()	返回 ServletContext 接口,Web 应用程序相关信息
String getInitParameter(String name)	返回指定名称的初始化参数,没有则返回 null
Enumeration getInitParameterNames()	返回所有初始化参数名称的枚举

3. Filter

每一个过滤器必须实现 Filter 接口,过滤器并不是一个标准的 Servlet,既不能处理用户请求,也不能对客户端生成响应。主要用于对 HttpServletRequest 进行预处理,也可以对 HttpServletResponse 进行后处理。

Filter 接口含有三个方法:

```
public void init(FilterConfig filterConfig)    throws ServletException
public void destroy()
public void doFilter(ServletRequest request, ServletResponse response, FilterChain chain)
                                  throws java.io.IOException,ServletException
```

(1) init()

过滤器的初始化方法,由容器负责在过滤器实例化时调用一次,在过滤器执行过滤方法前必须执行成功。在初始化方法中,容器负责把从 web.xml 文件中获取的过滤器初始化信息封装成 FilterConfig 传入到过滤器类中。如果要对过滤器进行初始化操作,则可以重写这个方法,但是一定要调用父类的 init()方法。

(2) destroy()

由容器调用的销毁过滤器实例的方法,容器在销毁过滤器实例前必须保证执行该过滤器的所有线程都已经结束。释放资源的代码可以写在这个方法里。

(3) doFilter()

这个方法里包含了过滤器完成过滤的所有代码。该方法可以被容器多次调用,每次调用传入分别指向 HTTP 请求的 ServletRequest、HTTP 响应的 ServletResponse 和 FilterChain 对象的引用。然后过滤器就可以处理 HTTP 请求,将处理任务传递给链中的下一个资源(通过调用 FilterChain 对象引用上的 doFilter()方法),之后在处理控制权返回该过滤器时处理 HTTP 响应。

6.1.3 过滤器的开发与配置

创建一个过滤器只需两个步骤:① 编写一个实现了 Filter 接口的处理类;② 在

web.xml 文件中配置这个过滤器处理类。

例 6-1 通过一个例子介绍过滤器的开发和配置过程。编写四个过滤器处理类，分别绑定到不同 URL 路径，测试过滤器的执行顺序。

采用 NetBeans 开发过滤器，首先选择"新建"，然后在 Web 分类下选择"过滤器"。过滤器类需要进行配置，如图 6-2 所示，配置信息可以添加到 web.xml 文件中，也可以使用注解的方式，缺省是注解。为了测试方便，勾选"将信息添加到部署描述符"。过滤器在使用之前，还需要进行映射，绑定要处理的资源。点击"新建"，弹出如图 6-3 所示的过滤器映射对话框。

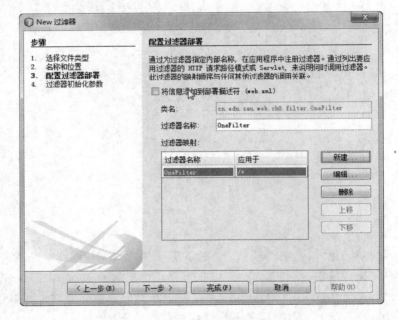

图 6-2 配置过滤器部署

过滤器映射有两种方式：①直接映射到某个 Servlet 实体；②通过 URL 模式进行匹配。其中，通过 URL 模式匹配可以通过通配符映射到多个资源上。

URL 模式匹配有以下几种写法：

① 完全匹配。以"/"开头，以字母（非"*"）结束，例如：

<url-pattern>/admin/listUser.jsp</url-pattern>

② 路径匹配。以"/"开头且以"/*"结尾，例如：

<url-pattern>/admin/*</url-pattern>
<url-pattern>/*</url-pattern>

③ 扩展名匹配。以"*."开头，以扩展名结束，例如：

<url-pattern>*.jsp</url-pattern>

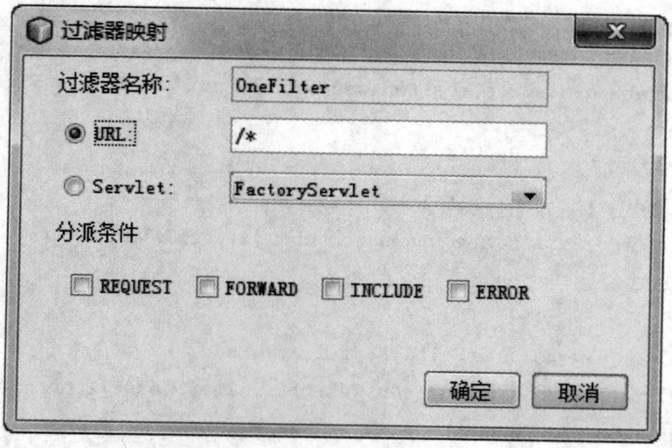

图 6-3　过滤器映射

如果写错,则会出现错误,例如:

<url-pattern>/*.jsp</url-pattern>
Caused by: java.lang.IllegalArgumentException: Invalid <url-pattern> /*.jsp in filter mapping

分派条件是指过滤器对资源的哪种调用方式进行拦截,在 web.xml 文件中,使用<dispatcher>标签进行配置。用户可以设置多个<dispatcher>子元素用来指定过滤器对资源的多种调用方式进行拦截。分派条件有四种:①REQUEST 缺省设置,当用户直接访问页面时,Web 容器将会调用过滤器;②FORWARD,如果目标资源是通过 RequestDispatcher 的 forward()方法访问,那么该过滤器将被调用;③IN-CLUDE,如果目标资源是通过 RequestDispatcher 的 include()方法访问,那么该过滤器将被调用;④ERROR,如果目标资源是通过异常处理机制调用,那么该过滤器将被调用。

一个过滤器类是比较简单的,首先需要实现 Filter 接口,然后实现 doFilter()方法,在这个方法里调用 chain.doFilter()方法。然后,截获 HTTP 请求的代码写在 chain.doFilter()之前,截获 HTTP 响应的代码写在 chain.doFilter()方法之后。NetBeans 生成的过滤器对这些代码进行了封装,过滤器截获 HTTP 请求的代码写在 doBeforeProcessing()方法中,截获 HTTP 响应的代码写在 doAfterProcessing()方法中。

接着再编写三个过滤器,都只是在过滤方法中打印一条信息,表示执行的过滤器名称。过滤器的配置信息都设置在 web.xml 中,web.xml 相关代码如下:

```
<filter>
    <filter-name>OneFilter</filter-name>
    <filter-class>cn.edu.sau.web.ch6.filter.OneFilter</filter-class>
</filter>
```

```xml
<filter>
    <filter-name>TwoFilter</filter-name>
    <filter-class>cn.edu.sau.web.ch6.filter.TWOFilter</filter-class>
</filter>
<filter>
    <filter-name>ThreeFilter</filter-name>
    <filter-class>cn.edu.sau.web.ch6.filter.ThreeFilter</filter-class>
</filter>
<filter>
    <filter-name>FourFilter</filter-name>
    <filter-class>cn.edu.sau.web.ch6.filter.FourFilter</filter-class>
</filter>
<filter-mapping>
    <filter-name>OneFilter</filter-name>
    <url-pattern>/*</url-pattern>
</filter-mapping>
<filter-mapping>
    <filter-name>ThreeFilter</filter-name>
    <servlet-name>HelloServlet</servlet-name>
</filter-mapping>
<filter-mapping>
    <filter-name>TwoFilter</filter-name>
    <url-pattern>/admin/*</url-pattern>
</filter-mapping>
<filter-mapping>
    <filter-name>FourFilter</filter-name>
    <servlet-name>HelloServlet</servlet-name>
</filter-mapping>
<servlet>
    <servlet-name>HelloServlet</servlet-name>
    <servlet-class>cn.edu.sau.web.ch5.servlet.HelloServlet</servlet-class>
</servlet>
<servlet-mapping>
    <servlet-name>HelloServlet</servlet-name>
    <url-pattern>/admin/hello</url-pattern>
</servlet-mapping>
```

Web 应用中配置了一个 Servlet：名称 HelloServlet，访问路径/admin/hello。四个过滤器：OneFilter 过滤器关联访问路径"/*"，表示关联所有资源；TwoFilter 过滤器关联访问路径"/admin/*"，表示关联 URL 访问路径前缀是 admin 的所有资源；ThreeFilter 和 FourFilter 过滤器都关联 HelloServlet。当访问输入/admin/hello 访问 HelloServlet 时，在输出控制台显示如下信息：

```
OneFilter before
TwoFilter before
ThreeFilter before
FourFilter before
FourFilter after
ThreeFilter after
TwoFilter after
OneFilter after
```

从信息输出顺序可以看出，过滤器的执行顺序是 OneFilter、TwoFilter、ThreeFilter 和 FourFilter。而过滤器在 web.xml 文件中的声明顺序是 OneFilter、ThreeFilter、TwoFilter 和 FourFilter，并且 OneFilter 和 TwoFilter 两个过滤器使用＜url-pattern＞标签表示关联的资源，ThreeFilter 和 FourFilter 两个过滤器使用标签＜servlet-name＞表示关联的资源。

说明过滤器执行顺序遵守的规则是：①先执行带有＜url-pattern＞标签的过滤器，再执行带有＜servlet-name＞标签的过滤器，前者优先执行；②如果同为＜url-pattern＞或＜servlet-name＞，则会按照在 web.xml 中的声明顺序执行。

从 Servlet 3.0 开始，过滤器也可以采用注解方式。@WebFilter 用于将一个类声明为过滤器，该注解将会在部署时被容器处理，容器将根据具体的配置属性将相应的类部署为过滤器。@WebFilter 的常用属性如表 6-2 所列。

表 6-2 @WebFilter 常用属性

属 性	类 型	描 述
filterName	String	指定过滤器的 name 属性，等价于 ＜filter-name＞
value	String[]	该属性等价于 urlPatterns 属性，两个属性不能同时使用
urlPatterns	String[]	指定一组 Servlet 的 URL 匹配模式，等价于 ＜url-pattern＞
servletNames	String[]	指定过滤器将应用于哪些 Servlet。取值是 @WebServlet 中 name 属性的取值，或 web.xml 中 ＜servlet-name＞ 的取值
dispatcherTypes	DispatcherType	指定过滤器的转发模式
initParams	WebInitParam[]	指定一组 Servlet 初始化参数，等价于 ＜init-param＞
description	String	该 Servlet 的描述信息，等价于 ＜description＞
displayName	String	该 Servlet 的显示名，通常配合工具使用，等价于 ＜display-name＞

6.1.4 中文编码

过滤器的应用比较多，解决中文编码的过滤器是其中比较典型的一种应用。中文编码问题一直是困扰 Java 开发者的大问题，尤其是开发 JSP 文件，容易出现中文编码问题的地方很多。

1. JSP 文件显示乱码

JSP 文件在浏览器中显示,经过三个阶段:JSP 文件转译成 Java 源文件、Java 源文件编译成字节码、返回给浏览器的运行结果。每个阶段都涉及到中文如何编码的问题,如果双方使用的编码规则不同,那么中文就无法正确解析,会显示乱码。

其中,Java 源文件编译成字节码时,采用的是 Java 内部的编码规则 UTF-8,因此,推荐 Java 程序中中文编码采用 UTF-8。通过 pageEncoding 告诉 JSP 解析程序将 JSP 文件转译成 Java 源文件时采用哪种编码规则:

```
<%@page contentType = "text/html" pageEncoding = "UTF-8"%>
```

如果是 HTML 文件,可以通过以下语句通知浏览器采用哪种编码规则解析文件中的中文字符:

```
<meta http-equiv = "Content-Type" content = "text/html; charset = UTF-8" />
```

如果是 JSP 文件,则只需要设置 pageEncoding,不需要设置<meta>元素,浏览器也能正确显示页面。下面看一个没有设置这两条语句的例子,文件 1.jsp 代码如下:

```
<! doctype html>
<html>
    <head>    <title>中文编码测试</title>    </head>
    <body>
        中文
    </body>
</html>
```

这个文件是使用 Notepad++编辑器编辑的,采用的编码是 UTF-8,但是转译成的_1_jsp.java 文件的部分代码如下:

```
out.write("<! doctype html>\r\n");
out.write("<html>\r\n");
out.write("    <head><title>ä-æç1/4 çæ µ ē</title></head>\r\n");
out.write("    <body>\r\n");
out.write("        ä-æ\r\n");
out.write("    </body>\r\n");
out.write("</html>");
```

其中中文部分显示都是乱码,原因是在 JSP 中没有指明是采用什么编码,JSP 解析程序在转译过程中,缺省认为是英文的 ISO8859-1,把中文当作英文来解析,当然会显示乱码,但是注意中文数据并没有丢失,只是没有正确解释。因此,虽然运行结果如图 6-4 所示,显示乱码,但是可以通过选择浏览器的菜单把编码从"西欧（ISO）"修改为"Unicode（UTF-8）"，然后浏览器就能正确解析中文字符了，显示如图6-5所示结果。但是，不可能要求用户每次都自己手工去修改浏览器的编码规则，必须为文件标明所使用的编码规则，以便于浏览器能自动选择合适的编码。

图6-4 访问显示乱码

图6-5 更换编码后显示正常

2. 请求参数乱码

中文参数由浏览器发送给Web服务器要经过三个过程：①浏览器对包含中文的字符进行编码，转换成字节形式；②通过网络将字节流传输给Web服务器；③Web服务器收到字节流后，按照某个编码规则，从字节流中还原出字符。

中文参数出现乱码的原因在于双方没有采取相同的编码规则，如图6-6所示，浏览器收到用户输入的中文"我"，假设浏览器采用UTF-8处理字符，一个汉字"我"用三个字节（E68891）表示；在网络中传输时，都是表示为二进制流的方式，没有字符的概念；假设Web服务器采用ISO-8859-1对字节进行字符编码，ISO-8859-1字符集中，一个字节表示一个字符，因此E68891被认为是三个字符："æ"（编码E6）、"^"（编码88）、""（编码91）。因此，一个汉字"我"变成了乱码"æ^"。

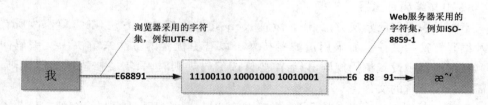

图6-6 中文参数出现乱码

浏览器根据JSP文件中pageEncoding的属性值来对字符进行编码，如果是HTML文件，则根据＜meta＞元素的charset值。如果没有设置这两个属性，则浏览器采用缺省编码规则。Web服务器端接收参数时按ISO-8859-1的编码规则生成字符。因为双方采用了不同的编码规则，因此变量str内的字符串就是乱码。可以对字符重新编码，首先str.getBytes("ISO-8859-1")把字符串转换成二进制串，然后再按UTF-8规则对二进制串重新编码，生成字符串。例如：String newstr＝new String(str.getBytes("ISO-8859-1"),"UTF-8")；

采用这种方式可以完成不同编码规则之间的转换，但是比较繁琐，因为要在所有需要接收中文参数的文件中都做这种转换工作。而且 Web 服务器对于采用不同方法(GET 或 POST)发送的参数,选择的编码规则也不同。

(1) POST 发送参数

POST 发送的参数在 HTTP 请求的数据体里可以通过 request 的方法修改接收参数时生成字符的编码规则,缺省时是 ISO-8859-1,下面的语句可以把编码规则修改成 UTF-8:

```
request.setCharacterEncoding("UTF-8");
```

这条语句需要设置在 request 的 getParameter()方法之前,而且传入的编码规则需要和页面设置的一致。不过通过这条语句设置的编码规则对通过 GET 方法发送的参数不起作用。

(2) GET 发送参数

GET 发送的参数在 HTTP 请求的请求行里,要修改接收参数时生成字符的编码规则,需要修改 Web 服务器的配置文件。对于 Tomcat 来说,需要修改＜Tomcat 安装目录＞/conf/server.xml 文件:

```
<Connector port = "8080" protocol = "HTTP/1.1"    connectionTimeout = "20000"
redirectPort = "8443"    URIEncoding = "UTF-8" />
```

＜Connector＞元素中增加属性 URIEncoding,属性值就是 Tomcat 解析参数时采用的编码规则。需要注意的是,Tomcat 8.0 以前缺省采用的编码规则是 ISO-8859-1,而 Tomcat 8.0 缺省采用的编码规则则是 UTF-8,也就是说编码是 UTF-8 的页面不需要修改 server.xml 文件,Tomcat 就能正确解析 GET 请求参数。

3. 中文编码过滤器

不管是采用编码转换方法,还是设置 request 编码规则的方法,都需要修改所有涉及编码转换的文件。而采用过滤器技术可以有更优雅的方法来解决中文编码问题。在过滤器中设置编码规则,以后需要修改编码规则时,只需要修改过滤器代码,不需要修改所有的文件。

例 6-2　开发一个中文编码过滤器,在 web.xml 中配置过滤器的三种初始化参数,分别设置 POST 编码规则、GET 的转换前编码规则和转换后编码规则,在过滤方法中设置 request 的编码规则为 POST 编码规则,然后重写 request 的 getParameter()方法,在该方法里进行编码转换。

文件 EncodingFilter.java 部分代码如下:

```
...
public class EncodingFilter implements Filter {
    private FilterConfig filterConfig = null;
    String postcharset = null;                  //POST 编码规则
    String oldcharset = null;                   //GET 转换前编码规则
```

```java
        String newcharset = null;                    //GET 转换后编码规则
...
    private void doBeforeProcessing(RequestWrapper request, ServletResponse response)
            throws IOException, ServletException {
        if (postcharset != null) {    //如果设置了 POST 编码规则,则设置为 request 的编码规则
            request.setCharacterEncoding(postcharset);
        }
    }
    public void doFilter(ServletRequest request, ServletResponse response, FilterChain chain) throws IOException, ServletException {
        //创建一个 ServletRequest 的包装类
        RequestWrapper wrappedRequest = new RequestWrapper((HttpServletRequest) request, oldcharset, newcharset);
        doBeforeProcessing(wrappedRequest, response);
        chain.doFilter(wrappedRequest, response);
        doAfterProcessing(wrappedRequest, response);
    }
    public void init(FilterConfig filterConfig) {
        this.filterConfig = filterConfig;
        if (this.filterConfig != null) {
            //读取初始化参数
            this.postcharset = this.filterConfig.getInitParameter("postcharset");
            this.oldcharset = this.filterConfig.getInitParameter("oldcharset");
            this.newcharset = this.filterConfig.getInitParameter("newcharset");
        }
    }

    //HttpServletRequest 的包装类
    class RequestWrapper extends HttpServletRequestWrapper {
        String oldcharset = null;
        String newcharset = null;
        HttpServletRequest request = null;
        public RequestWrapper(HttpServletRequest request, String oldcharset, String newcharset) {
            super(request);
            this.request = request;
            this.oldcharset = oldcharset;
```

```java
            this.newcharset = newcharset;
    }
        @Override
        public String getParameter(String name) {
            String str = request.getParameter(name);
            //GET 方法提交的需要转换编码
            if (str != null && request.getMethod().equalsIgnoreCase("get")
                    && this.oldcharset != null && this.newcharset != null) {
                try {
                    str = new String(str.getBytes(this.oldcharset), this.newcharset);
                } catch (Exception e) {
                }
            }
            return str;
        }
        @Override
        public String[] getParameterValues(String name) {
            String[] str = request.getParameterValues(name);
            //GET 方法提交的需要转换编码
            if (request.getMethod().equalsIgnoreCase("get")
                    && this.oldcharset != null && this.newcharset != null) {
                try {
                    for (int i = 0; i < str.length; i++) {
                        str[i] = new String(str[i].getBytes(this.oldcharset), this.newcharset);
                    }
                } catch (Exception e) {
                }
            }
            return str;
        }
    }
}
```

其中 javax.servlet.http.HttpServletRequestWrapper 类是 HttpServletRequest 的装饰类,通过继承该类并重写 request 获取参数的方法来达到自动进行编码转换的目的。而且为了适应 Tomcat 服务器不同版本之间的差异,增加了过滤器的初始化参数。如果使用的是 Tomcat 8.0,则对 GET 请求参数缺省就是采用 UTF-8 的编码规则,因此不需要配置 oldcharset 和 newcharset 两个初始化参数;如果是 Tomcat 8.0 以前版本,则需要配置这两个参数,其中 oldcharset 配置为 ISO-8859-1。

文件 web.xml 的部分代码如下:

```xml
<filter>
    <filter-name>EncodingFilter</filter-name>
    <filter-class>cn.edu.sau.web.ch6.filter.EncodingFilter</filter-class>
    <init-param>
        <param-name>postcharset</param-name>
        <param-value>UTF-8</param-value>
    </init-param>
</filter>
<filter-mapping>
    <filter-name>EncodingFilter</filter-name>
    <url-pattern>/*</url-pattern>
</filter-mapping>
```

文件 index.jsp 代码如下:

```jsp
<%@page contentType="text/html" pageEncoding="UTF-8"%>
<!doctype html>
<html>
    <head>    <title>中文编码测试</title>    </head>
    <body>
        <a href="3.jsp?uname=测试员">测试</a>
        <form action="3.jsp" method="post">
            用户名:<input name="uname"/>
    <input type="submit" vlaue="提交"/>
        </form>
    </body>
</html>
```

处理文件 3.jsp 代码如下:

```jsp
<%@page contentType="text/html" pageEncoding="UTF-8"%>
<!doctype html>
<html>
    <head>    <title>中文编码测试</title>    <head>
    <body>  中文参数:${param.uname}   </body>
</html>
```

运行 index.jsp 显示如图 6-7 所示,输入用户名"管理员",点击"提交查询内容"。没有配置过滤器时,显示如图 6-8 所示乱码。配置过滤器后,不需要修改 JSP 文件的代码,如图 6-9 所示中文显示正常。

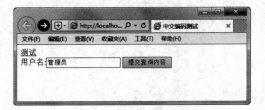

图 6-7 中文编码测试页面

图 6-8 无过滤器乱码

图 6-9 配置过滤器后显示正常

6.2 Servlet 监听器

在 Web 应用程序中,事件的处理也是通过事件监听器接口处理的。Web 应用事件处理的原理为:当 Web 应用中某些状态改变时,Servlet 容器就产生某种事件。例如,向 Session 对象中增加属性对象,则会发出一个事件,事件监听器收到这个事件后,可以执行相应的处理代码。Servlet 监听器的开发过程分为两步:首先根据要监控的事件实现不同的监听器以及不同的事件处理方法;接着在 web.xml 文件中注册监听器。Servlet 监听器用于监听 Web 应用程序中的 ServletContext、HttpSession 和 ServletRequest 等对象的创建与销毁事件,以及监听这些对象中属性变化的事件。

6.2.1 ServletContext 监听器

ServletContext 监听器分为两种:①生命周期监听器,监听 Web 应用程序中 ServletContext 对象的创建和销毁事件;②属性监听器,监听 ServletContext 对象中属性的添加、替换和删除等事件。

1. ServletContext 生命周期监听器

ServletContext 生命周期监听器需要实现 ServletContextListener 接口,该接口定义如下:

```
package javax.servlet;
```

```java
import java.util.EventListener;
public interface ServletContextListener  extends EventListener{
    public abstract  void  contextInitialized ( ServletContextEvent servletcontextevent);
    public abstract void contextDestroyed(ServletContextEvent servletcontextevent);
}
```

当 ServletContext 对象创建时调用方法 contextInitialized()，ServletContext 对象销毁时调用方法 contextDestroyed()。两个方式的参数是 javax.servlet.ServletContextEvent 类，该类有以下方法：

```
public ServletContext getServletContext()
```

通过这个方法可以在事件处理方法里面获得 ServletContext 对象。ServletContext 对象代表了一个 Web 应用程序，一个 Web 服务器可以运行多个 Web 应用程序。当 Web 服务器启动某个 Web 应用程序时，会创建一个 ServletContext 对象，此时会调用 ServletContextListener 接口实现类的 contextInitialized() 方法，contextInitialized() 方法会在过滤器和 Servlet 装载前执行，因此可以把一些初始化资源的代码放在这个方法里；当 Web 应用程序停止时，会销毁 ServletContext 对象，此时会调用 ServletContextListener 接口实现类的 contextDestroyed() 方法，contextDestroyed() 方法会在过滤器和 Servlet 销毁后执行，因此可以把一些释放资源的代码放在这个方法里。

例 6-3 改进前面获取 DAO 工厂类的方式，使用 ServletContext 生命周期监听器获取 DAO 工厂类。前面的例子中使用了 FactoryServlet 类获取 DAO 工厂类，这是一个 Servlet，通过设置＜load-on-startup＞标签使这个 Servlet 在 Web 应用程序启动时装载。这也是 Servlet 监听器出现之前实现一些初始化资源的方法。

文件 DAOFactoryListener.java 部分代码如下：

```java
...
public class DAOFactoryListener implements ServletContextListener {
    @Override
    public void contextInitialized(ServletContextEvent sce) {
        ServletContext sc = sce.getServletContext();
        String tmp = sc.getInitParameter("dbfactory");
        if (tmp != null) {
            DAOFactory df = this.getDAOFactory(tmp);
            if (df != null) {
                sc.setAttribute("dbfactory", df);
            }
        }
    }
```

```
    private DAOFactory getDAOFactory(String dbFactoryName) {
        DAOFactory dbFactory = null;
        if (dbFactoryName != null) {
            try {
                dbFactory = (DAOFactory) Class.forName(dbFactoryName).newInstance();
            } catch (Exception e) {
                dbFactory = null;
            }
        }
        return dbFactory;
    }
}
```

在监听器实现类中，从 ServletContextEvent 事件对象中获取 ServletContext 对象，然后读取该对象的初始化参数，创建 DAO 工厂类，最后需要把这个工厂类对象保存到 ServletContext 对象的属性中，以便以后被其他文件使用。这里要注意，这个初始化参数是属于 ServletContext 对象的，因此要使用<context-param>标签配置。同时需要在 Web.xml 中注册该监听器实现类。

```xml
<context-param>
    <param-name>dbfactory</param-name>
    <param-value>cn.edu.sau.web.ch5.factory.impl.MySQLDAOFactory</param-value>
</context-param>
<listener>
    <description>ServletContextListener</description>
    <listener-class>cn.edu.sau.web.ch6.listener.DAOFactoryListener</listener-class>
</listener>
```

使用 DAOFactoryManager 类替代原来的 FactoryServlet，用于获取 DAO 工厂类，部分代码如下：

```java
public class DAOFactoryManager {
    public static DAOFactory getDAOFactory(ServletContext sc) {
        DAOFactory dbFactory;
        try {
            dbFactory = (DAOFactory) sc.getAttribute("dbfactory");
        } catch (Exception e) {
            dbFactory = null;
        }
        return dbFactory;
```

        }
    }

2. ServletContext 属性监听器

ServletContext 属性监听器需要实现 ServletContextAttributeListener 接口,该接口的代码如下:

```
package javax.servlet;
import java.util.EventListener;
public interface ServletContextAttributeListener extends EventListener{
    public abstract void attributeAdded(ServletContextAttributeEvent servletcontextattributeevent);
    public abstract void attributeRemoved(ServletContextAttributeEvent servletcontextattributeevent);
    public abstract void attributeReplaced(ServletContextAttributeEvent servletcontextattributeevent);
}
```

在该接口中定义了添加、删除和替换 ServletContext 属性的监听方法。方法所用的事件参数为 javax.servlet.ServletContextAttributeEvent 类,该类有以下方法:

```
public java.lang.String getName()
public java.lang.Object getValue()
```

getName()获取属性的名称;geValue()获取属性的值,如果是替换属性,则获取的是替换前的属性值。

6.2.2 HttpSession 监听器

HttpSession 监听器分为四类:①HttpSession 生命周期监听器,用于监听 Web 应用程序中 HttpSession 对象的创建和销毁事件;②HttpSession 属性监听器,监听 HttpSession 对象中属性的添加、替换和删除等事件;③HttpSession 属性绑定监听器,由属性对象实现,监听 HttpSession 对象中该属性的添加和删除事件;④HttpSession 状态监听器,由属性对象实现,监听 HttpSession 对象的活化和钝化事件。后两个监听器比较特别,不需要在 Web.xml 文件中配置。

1. HttpSession 生命周期监听器

HttpSession 生命周期监听器需要实现 HttpSessionListener 接口,该接口的代码如下:

```
package javax.servlet.http;
import java.util.EventListener;
public interface HttpSessionListener extends EventListener {
    public void sessionCreated(HttpSessionEvent se);
```

```
public void sessionDestroyed(HttpSessionEvent se);
}
```

HttpSession 对象创建时调用方法 sessionCreated()，HttpSession 对象销毁时调用方法 sessionDestroyed()。两个方法的参数是 javax.servlet.http.HttpSessionEvent 类，该类有以下方法：

```
public HttpSession getSession()
```

通过这个方法，可以在事件处理方法里面获得 HttpSession 对象。

例 6-4 监控系统中的 HttpSession 对象个数，如果只用 HttpSession 保存用户的登录状态，则可以用 HttpSession 对象个数表示在线人数。

文件 CountListener.java 部分代码如下：

```
...
public class CountListener implements HttpSessionListener {
    ...
//计算在线人数,保存到 ServletContext 对象的属性里
    private void count(HttpSession session, int i){
        ServletContext sc = session.getServletContext();
        Integer count = (Integer)sc.getAttribute(IConstants.ONLINE_COUNT);
        if(count == null)
            count = 0;
        count = count + i;
        if(count<0)
            count = 0;
        sc.setAttribute(IConstants.ONLINE_COUNT, count);
    }
    @Override
    public void sessionCreated(HttpSessionEvent se) {
//HttpSession 创建时,在线人数加 1
        this.count(se.getSession(), 1);
    }
    @Override
     public void sessionDestroyed(HttpSessionEvent se) {
//HttpSession 销毁时,在线人数减 1
        this.count(se.getSession(), -1);
    }
}
```

使用 HttpSession 对象个数表示在线人数并不准确，例如，验证码的值保存在 HttpSession 对象中，所以即使没有人登录，HttpSession 对象也创建了。可以通过监控 HttpSession 对象中保存用户登录状态属性值的变化来记录在线人数。

2. HttpSession 属性监听器

HttpSession 属性监听器需要实现 HttpSessionAttributeListener 接口,该接口的代码如下:

```
package javax.servlet.http;
import java.util.EventListener;
public interface HttpSessionAttributeListener extends EventListener {
    public void attributeAdded(HttpSessionBindingEvent se);
    public void attributeRemoved(HttpSessionBindingEvent se);
    public void attributeReplaced(HttpSessionBindingEvent se);
}
```

在该接口中定义了添加、删除和替换 HttpSession 属性的监听方法。方法所用的事件参数为 javax.servlet.http.HttpSessionBindingEvent 类,该类有以下方法:

```
public HttpSession getSession()
public String getName()
public Object getValue()
```

其中,getSession()获得 HttpSession 对象,getName()获取属性的名称,geValue()获取属性的值,如果是替换属性,获取的则是替换前的属性值。

例 6-5 使用 HttpSession 属性监听器完成在线人数列表,同时实现同一个用户只允许登录一次,如果重复登录,则以前的登录状态将被清除。

文件 OnlineUser.java 代码如下:

```
package cn.edu.sau.web.ch5.vo;
import java.util.HashMap;
import java.util.Map;
import javax.servlet.http.HttpSession;
public class OnlineUser {
    private Map<String, HttpSession> userMap;
    private int count = 0;
    public HttpSession get(String name) {
        return userMap.get(name);
    }
    public HttpSession put(String name, HttpSession value) {
        count ++;
        return userMap.put(name, value);
    }
    public HttpSession remove(String name) {
        count --;
        return userMap.remove(name);
    }
```

```java
    public OnlineUser() {
        userMap = new HashMap<String, HttpSession>();
    }
    public Map<String, HttpSession> getUserMap() {
        return userMap;
    }
    public void setUserMap(Map<String, HttpSession> userMap) {
        this.userMap = userMap;
    }
    public int getCount() {
        return count;
    }
}
```

OnlineUser 是在线用户类,记录了在线人数和一个保存了用户登录信息的 Map 类,其中关键字是用户登录名,值是用户的 HttpSession 对象。实际项目中,OnlineUser 类可以有更多的属性,例如登录 IP、登录时间以及用户的 PO 类属性等。

监听器 OnlineListener.java 部分代码如下:

```java
...
public class OnlineListener implements HttpSessionAttributeListener {
    ...
    private void onlineUser(HttpSessionBindingEvent event, int action) {
        HttpSession session = event.getSession();
        String value = (String) event.getValue();
        ServletContext sc = session.getServletContext();
        OnlineUser onlineUser = (OnlineUser) sc.getAttribute(IConstants.ONLINE_USER);
        if (onlineUser == null) {
            onlineUser = new OnlineUser();
        }
        switch (action) {
            case 1:            //增加,如果已有则表示用户重复登录,直接注销以前的登录
            {
                HttpSession s = (HttpSession) onlineUser.get(value);
                if (s != null) {            //表示同一个用户已经登录过了
                    s.invalidate();
                }
                onlineUser.put(value, session);
                break;
            }
            case 2:                         //删除,则直接注销已有的登录
```

```
            {
                onlineUser.remove(value);
                session.invalidate();
                break;
            }
        }
        sc.setAttribute(IConstants.ONLINE_USER, onlineUser);
    }
    @Override
    public void attributeAdded(HttpSessionBindingEvent event) {
        String name = event.getName();
        if (name.equals(IConstants.SESSION_USER)) {
            this.onlineUser(event, 1);
        }
    }
    @Override
    public void attributeRemoved(HttpSessionBindingEvent event) {
        String name = event.getName();
        if (name.equals(IConstants.SESSION_USER)) {
            this.onlineUser(event, 2);
        }
    }
}
```

使用 HttpSession 属性监听器可以对在线用户进行更有效的管理。用户登录成功后,设置 HttpSession 属性值触发 attributeAdded()方法。如果属性名是 IConstants.SESSION_USER,则从在线用户类中获取该属性值对应的 HttpSession 对象;如果有对应的 HttpSession 对象,表示用户重复登录,则销毁这个 HttpSession 对象,最后把该属性值和传入的 HttpSession 对象添加到在线用户类中。

用户注销或者 HttpSession 过期,属性被删除时触发 attributeRemoved()方法,如果属性名是 IConstants.SESSION_USER,则从在线用户类中获取该属性值对应的 HttpSession 对象,销毁 HttpSession 对象,并从在线用户类中删除该属性值。

在 JSP 文件中显示在线人数的代码如下:

```
<h3>当前人数:<a href = "/listOnlineUser.jsp">${applicationScope.online_user.count}</a></h3>
```

文件 listOnlineUser.jsp 显示在线用户信息,代码如下:

```
<%@page contentType = "text/html" pageEncoding = "UTF-8" %>
<%@ taglib prefix = "c" uri = "http://java.sun.com/jsp/jstl/core" %>
<!DOCTYPE html>
```

```
<html>
    <head>
        <meta http-equiv="Content-Type" content="text/html;charset=UTF-8">
        <title>在线用户列表</title>
    </head>
    <body>
        <h2>
            <c:forEach var="user" varStatus="vstatus" items="${applicationScope.online_user.userMap}">
                <c:if test="${vstatus.index!=0}">
                    |
                </c:if>
                ${user.key}
                <c:if test="${(vstatus.index+1)%5==0}">
                    <br/>
                </c:if>
            </c:forEach>
        </h2>
    </body>
</html>
```

运行结果如图 6-10 所示,点击数字 2,出现如图 6-11 的页面,显示当前登录的用户列表。

图 6-10 在线人数显示

图 6-11 在线用户列表

上面的当前人数是通过监听 HttpSession 对象个数获得的,下面的是通过监听 HttpSession 中保存登录用户状态属性获得的,对比可见,HttpSession 属性监听器获得的在线人数才是准确的。

3. HttpSession 属性绑定监听器

HttpSession 属性绑定监听器实现 HttpSessionBindingListener 接口,这个接口与以上两个监听器接口不同,一般由属性对象实现,并且不需要在 web.xml 文件中

配置。该接口代码如下:

```
package javax.servlet.http;
import java.util.EventListener;
public interface HttpSessionBindingListener extends EventListener {
    public void valueBound(HttpSessionBindingEvent event);
    public void valueUnbound(HttpSessionBindingEvent event);
}
```

当属性对象加入到 HttpSession 对象中时,会触发 valueBound()方法;当属性对象从 HttpSession 对象中删除时,会触发 valueUnbound()方法。事件处理方法所用参数为 javax.servlet.http.HttpSessionBindingEvent 类,该类有以下方法:

```
public HttpSession getSession()
public String getName()
public Object getValue()
```

其中,getSession()获取 HttpSession 对象,getName()获取属性的名称,geValue()获取属性的值,如果是替换属性,则获取的是替换前的属性值。

HttpSessionBindingListener 和 HttpSessionAttributeListener 接口都是对 HttpSession 属性的监控,而且传递的事件对象都是 HttpSessionBindingEvent。这两个接口的区别如下:

(1) HttpSessionBindingListener 监听器类需要在 web.xml 文件中设置,监听所有的 HttpSession 对象,所有 HttpSession 对象中任何属性发生变化,都会触发这个监听器的方法。因此,需要在方法中根据属性名来区分发生变化的是哪个属性。

(2) HttpSessionAttributeListener 监听器类不需要在 web.xml 文件中设置,这个监听器类需要作为某个 HttpSession 对象的属性,也就是说监听器类与 HttpSession 对象是一对一的,只有当这个监听器类作为 HttpSession 的属性对象发生了变化,才会触发该监听器的方法。因此,在方法中接收的属性对象就是该监听器对象。

HttpSessionBindingListener 监听器也可以用来实现在线用户列表,在监听器类里包含了一个 TUserVO 对象作为在线用户类。然后,需要修改用户登录验证部分代码,保存到 HttpSession 对象里的用户状态从用户登录名,修改为 OnlineUser 对象。

```
OnlineTUser onlineUser = new OnlineTUser(user);
session.setAttribute(IConstants.SESSION_USER, uname);
```

4. HttpSession 状态监听器

HttpSession 状态监听器实现了 HttpSessionActivationListener 接口,该接口与 HttpSession 属性绑定监听器类似,都是由属性对象实现的,不需要在 web.xml 文件中进行设置。实现代码如下:

```
package javax.servlet.http;
import java.util.EventListener;
public interface HttpSessionActivationListener extends EventListener {
    public void sessionWillPassivate(HttpSessionEvent se);
    public void sessionDidActivate(HttpSessionEvent se);
}
```

假设某个实现了 HttpSessionActivationListener 接口的属性对象被添加到 HttpSession 对象中,在绑定到 HttpSession 对象中的属性对象将要随 HttpSession 对象被钝化(序列化)之前,容器调用该属性对象的 sessionWillPassivate() 方法,以便属性对象可以做钝化准备工作;在绑定到 HttpSession 对象中的属性对象将要随 HttpSession 对象被活化(反序列化)之后,容器调用该属性对象的 sessionDidActive() 方法,以便属性对象可以做活化后的初始化工作。

在大多数情况下,很难用到 HttpSession 状态监听器。一般用在分布式环境中,应用程序的对象可能分散在多个 Java 虚拟机中,而且这些对象需要在不同的 Java 虚拟机中相互传递。当 HttpSession 要从一个 Java 虚拟机传递到另一个 Java 虚拟机时,必须要先进行序列化,然后通过网络流传输,最后再进行反序列化。在这个过程中,HttpSession 中的属性对象如果实现了 HttpSessionActivationListener 接口,就可以做一些处理工作。

6.2.3 HttpServletRequest 监听器

HttpServletRequest 监听器分为两种:①生命周期监听器,监听 Web 应用程序中 HttpServletRequest 对象的创建和销毁事件;②属性监听器,监听 HttpServletRequest 对象中属性的添加、替换和删除等事件。

1. HttpServletRequest 生命周期监听器

HttpServletRequest 生命周期监听器需要实现 ServletRequestListener 接口,该接口定义如下:

```
package javax.servlet;
import java.util.EventListener;
public interface ServletRequestListener extends EventListener {
    public void requestDestroyed( ServletRequestEvent sre );
    public void requestInitialized( ServletRequestEvent sre );
}
```

当 HttpServletRequest 对象创建时调用方法 requestInitialized(),HttpServletRequest 对象销毁时调用方法 requestDestroyed()。两个方式的参数是 javax.servlet.ServletRequestEvent 类,该类有以下方法:

```
public ServletRequest getServletRequest()
```

```
public ServletContext getServletContext()
```

通过这个方法可以在事件处理方法里面获得 ServletContext 对象和 HttpServletRequest 对象。

2. HttpServletRequest 属性监听器

HttpServletRequest 属性监听器需要实现 ServletRequestAttributeListener 接口，该接口的代码如下：

```
package javax.servlet;
import java.util.EventListener;
public interface ServletRequestAttributeListener extends EventListener{
    public abstract void attributeAdded(ServletRequestAttributeEvent servletcontextattributeevent);
    public abstract void attributeRemoved(ServletRequestAttributeEvent servletcontextattributeevent);
    public abstract void attributeReplaced(ServletRequestAttributeEvent servletcontextattributeevent);
}
```

在该接口中定义了添加、删除和替换 HttpServletRequest 属性的监听方法。方法所用的事件参数为 javax.servlet.ServletRequestAttributeEvent 类，该类有以下方法：

```
public java.lang.String getName()
public java.lang.Object getValue()
```

其中，getName()获取属性的名称；geValue()获取属性的值，如果是替换属性，则获取的是替换前的属性值。

6.2.4 配置监听器

实现 HttpSessionBindingListener 和 HttpSessionActivationListener 接口的实现类不需要配置，可以直接使用。实现其他接口的监听器类都必须在 Web.xml 文件中配置或者使用注解方法配置，包括 ServletContextListener、ServletContextAttributeListener、ServletRequestListener、HttpSessionListener、HttpSessionAttributeListener 和 ServletRequestAttributeListener 六个接口。

在 Web.xml 中通过<listener>标签配置，可以配置多个监听器：

```
<listener>
    <description>ServletContextListener</description>
    <listener-class>cn.edu.sau.web.ch6.listener.DAOFactoryListener</listener-class>
</listener>
```

```
<listener>
    <description>ServletContextAttributeListener</description>
    <listener-class>cn.edu.sau.web.ch6.listener.SCValueListener</listener-class>
</listener>
<listener>
    <description>HttpSessionListener</description>
    <listener-class>cn.edu.sau.web.ch6.listener.CountListener</listener-class>
</listener>
<listener>
    <description>HttpSessionAttributeListener</description>
    <listener-class>cn.edu.sau.web.ch6.listener.OnlineListener</listener-class>
</listener>
```

在 Servlet 3.0 之后,可以使用注解@WebListener 进行配置,只有一个属性 value 表示对监听器的描述,监听器类可以同时实现多个监听器接口。

```
@WebListener("在线人数统计")
public class OnlineListener implements HttpSessionListener,HttpSessionAttributeListener{
    ...
}
```

6.3　Ajax 技术

在前面的例子中,显示的在线人数不能实时变化,如果有其他用户登录了,只有主动刷新页面,才能看到在线人数的变化。当然,可以通过 JavaScript 的定时函数对服务器中的在线人数进行轮询,及时获取数据,但是显示效果不好。因为是整个页面刷新,会出现明显的闪烁,用户的体验很差。其实在实际开发中,这种需求很常见。例如,办公系统中需要能实时刷新提醒事项。

解决这类问题可以采用 Ajax 技术,Ajax 不是新的编程语言,而是一种使用现有标准的新方法,包括 HTML、JavaScript、CSS 和 DOM 等,使用 Ajax 可以将单纯的 Web 界面转化成交互性的 Ajax 应用程序。

当点击"刷新"按钮或者使用定时函数时循环调用发送函数,请求在线人数,如图 6-12 所示,传统方式是通过浏览器发送 HTTP 请求后,在等待 Web 服务器处理的时候,浏览器是没有显示的,一直等到返回完整的 HTML 文件,每次刷新都会重载整个页面,用户会感觉页面闪烁,页面文件越大闪烁越明显;Ajax 方式是通过异步对象提交 HTTP 请求,提交请求后,浏览器显示的页面不变。等到返回部分数据后,数据格式有可能是 XML 文件、文本数据或者其他格式数据,数据由异步对象负责接收,然后调用回调函数,通过 DOM 方式动态修改 HTML 元素的值,更新在线人数。发送请求、获取数据和更新页面区域的过程都是在后台进行的,整个页面不需要重新加载。

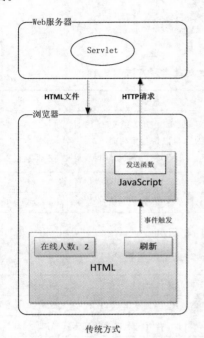
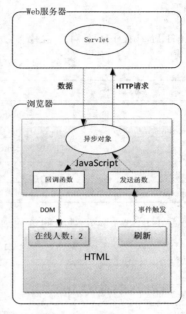

图 6-12　传统方式和 Ajax 方式对比

异步对象 XMLHttpRequest 是 Ajax 的核心对象,这是一个 JavaScript 对象。所有现代浏览器均支持 XMLHttpRequest 对象,但是 IE 7 以下的浏览器需要使用 ActiveXObject。

创建 XMLHttpRequest 对象的语法:

```
xmlHttp = new XMLHttpRequest();
```

IE 7 以下的浏览器使用 ActiveX 对象:

```
xmlHttp = new ActiveXObject("Microsoft.XMLHTTP");
```

为了兼容所有的浏览器,一般的做法是先创建 XMLHttpRequest 对象,如果不成功则创建 ActiveXObject。部分代码如下:

```
var xmlHttp = null;
try {
    xmlHttp = new XMLHttpRequest();
} catch (e) {
```

```
try {
    xmlHttp = new ActiveXObject("Msxml2.XMLHTTP");
} catch (e) {
    xmlHttp = new ActiveXObject("Microsoft.XMLHTTP");
}
```

XMLHttpRequest 对象常用方法如表 6-3 所列。

表 6-3 XMLHttpRequest 对象常用方法

方 法	描 述
open(method,url,async)	method：HTTP 请求的方法（GET 或 POST）。 url：请求的资源 URL，可以带参数列表。 async：true 异步提交，不需要等待；false 同步提交，必须等待
send(string)	返回 ServletContext 接口，Web 应用程序相关信息
setRequestHeader(header,value)	向请求添加 HTTP 头。header：规定头的名称；value：规定头的值

XMLHttpRequest 对象的常用属性如表 6-4 所列。

表 6-4 XMLHttpRequest 对象常用属性

属 性	描 述
responseText	保存字符串形式的响应数据，适用于简单数据，当请求未成功或还未发送时为 null
responseXML	保存 XML 形式的响应数据，适用于复杂数据，当请求未成功或还未发送时为 null
onreadystatechange	事件句柄，一个 JavaScript 函数对象，每当 readyState 属性改变时，就会调用该函数
readyState	存有 XMLHttpRequest 的状态： 0：请求未初始化，open()方法还未被调用； 1：服务器连接已建立，send()方法还未被调用； 2：请求已接收，send()方法已经被调用，响应头和响应状态已经返回； 3：请求处理中，响应体下载中，responseText 中已经获取了部分数据； 4：请求已完成，且响应已就绪，整个请求过程已经完毕
status	请求的响应状态码，例如 200 为访问成功，404 为未找到页面

使用 GET 方法发送数据，采用同步提交方式，如果服务器端处理过程复杂，则等待时间会比较长：

```
xmlhttp.open("GET","/online?type=1",false);
xmlhttp.send();
document.getElementById("onlinecount").innerHTML = xmlhttp.responseText;
```

使用 POST 方法发送数据，如果需要像 HTML 表单那样在请求体里发送参数数据，则可以使用方法 setRequestHeader() 来添加 HTTP 头：

```
xmlhttp.open("POST","/online",true);
xmlhttp.setRequestHeader("Content-type","application/x-www-form-urlencoded");
xmlhttp.send("type=1");
```

上面的发送数据方法采用的是异步提交方式，需要设置事件句柄 onreadystatechange，当服务器的响应数据下载结束后会触发这个事件，可以通过回调函数处理数据：

```
xmlhttp.onreadystatechange = function(){
        if (xmlhttp.readyState == 4 && xmlhttp.status == 200){
document.getElementById("onlinecount").innerHTML = xmlhttp.responseText;
              }
}
```

例 6-6 采用 Ajax 方式获取在线人数和用户登录名列表，首先需要开发一个 Servlet 负责接收 Ajax 请求，并根据参数返回在线人数或用户登录名列表，然后需要修改显示在线人数的 JSP 文件，并增加一个显示在线用户登录名列表的 JSP 文件。

文件 OnlineServlet.java 部分代码如下：

```java
...
@WebServlet(name = "OnlineServlet", urlPatterns = {"/online"})
public class OnlineServlet extends HttpServlet {
    //发送纯文本数据
    private void sendText(HttpServletResponse response, PrintWriter out, String msg) {
        response.setContentType("text/html;charset=UTF-8");
        out.println(msg);
    }
    //发送 XML 文件
    private void sendXml(HttpServletResponse response, PrintWriter out, Map<String, HttpSession> userMap) {
        if (userMap == null) {
            userMap = new HashMap<String, HttpSession>();
        }
        response.setContentType("text/xml;charset=UTF-8");
        out.println("<?xml version=\"1.0\" encoding=\"UTF-8\" ?>");
        out.println("<userlist>");
        Iterator<String> unames = userMap.keySet().iterator();
        while (unames.hasNext()) {
            String uname = unames.next();
            out.println("<uname>" + uname + "</uname>");
        }
        out.println("</userlist>");
    }
```

```java
    protected void processRequest(HttpServletRequest request, HttpServletResponse response)
            throws ServletException, IOException {
        try (PrintWriter out = response.getWriter()) {
            int type = ParamUtil.getInt(request, "type", -1);
            if (type == -1) {
                sendText(response, out, "未设置类型");
            } else {
                ServletContext sc = request.getServletContext();
                OnlineUser onlineUser = (OnlineUser) sc.getAttribute(IConstants.ONLINE_USER);
                if (type == 1) {                          //在线人数 text
                    int count = 0;
                    if (onlineUser != null) {
                        count = onlineUser.getCount();
                    }
                    sendText(response, out, count + "");
                } else if (type == 2) {                   //在线用户名单 xml
                    Map<String, HttpSession> userMap = null;
                    if (onlineUser != null) {
                        userMap = onlineUser.getUserMap();
                    }
                    sendXml(response, out, userMap);
                } else {
                    sendText(response, out, "非法类型");
                }
            }
        }
    }
    ...
}
```

这个 Servlet 负责处理用户关于在线用户的请求,当 type 等于 1 时以纯文本形式返回在线用户人数;当 type 等于 2 时以 XML 文件形式返回在线用户登录名列表。

访问在线人数部分代码如下:

```
<script>
    window.onload = function() {
        setInterval("refresh()", 60000);    //定时 1 min,每间隔 1 min,调用一次 refresh()函数
    };
    //创建异步对象
```

```
            var xmlHttp = null;
            try {
                xmlHttp = new XMLHttpRequest();
            } catch (e) {
                try {
                    xmlHttp = new ActiveXObject("Msxml2.XMLHTTP");
                } catch (e) {
                    xmlHttp = new ActiveXObject("Microsoft.XMLHTTP");
                }
            }
        //获取在线人数的方法
        function refresh() {
            //以 GET 方法请求/online 资源,参数 type 的值为 1,采用异步通信方式
            xmlHttp.open("GET", "/online?type=1", true);
            xmlHttp.send();
        }
        //设置事件句柄
        xmlHttp.onreadystatechange = function() {
            //当 readyState 属性发生变化时就会调用该函数
            if (xmlHttp.readyState == 4 && xmlHttp.status == 200) {
                //当请求过程结束并且请求成功时则修改 id 值为 onlinecount 的元素内容
                document.getElementById("onlinecount").innerHTML = xmlHttp.responseText;
            }
        }
    </script>
    ...
    <h3>
        当前人数:<a href="/listOnlineUser.jsp" id="onlinecount">${applicationScope.online_user.count}</a>
        <button onclick="refresh()">刷新</button>
    </h3>
    ...
```

访问用户名列表部分代码如下:

```
<%@page contentType="text/html" pageEncoding="UTF-8" %>
<%@ taglib prefix="c" uri="http://java.sun.com/jsp/jstl/core" %>
...
        <script>
            //创建异步对象
            ...
            //获取在线用户名列表的方法
```

```
            function refresh() {
                xmlHttp.open("POST", "/online", true);
                xmlHttp.setRequestHeader("Content-type", "application/x-www-
form-urlencoded");
                xmlHttp.send("type=2");            //参数 type 值为 2,放到请求体中
            }
            //设置事件句柄
            xmlHttp.onreadystatechange = function() {
                    //当 readyState 属性发生变化时就会调用该函数
                if (xmlHttp.readyState == 4 && xmlHttp.status == 200) {
                        //当请求过程结束并且请求成功时则解析返回的 XML 文件
                    var xmlDoc = xmlHttp.responseXML;
                    var txtuserlist = "";
                    //返回 uname 元素列表
                    var uname = xmlDoc.getElementsByTagName("uname");
                    for (i = 0; uname!=null&&i < uname.length; i++)
                    {
                        if (i > 0)
                            txtuserlist += " | ";
                        txtuserlist += uname[i].childNodes[0].nodeValue;
                        if ((i + 1) % 5 == 0)
                            txtuserlist += "<br />";
                    }
                    document.getElementById("userlist").innerHTML = txtuserlist;
                }
            }
            //设置间隔 1min,调用过一次 refresh()方法
            window.onload = function() {
                setInterval("refresh()", 60000)//1 min
            }
        </script>
...
        <h2><button onclick="refresh()">刷新</button></h2>
        <h2 id="userlist">
            <c:forEach var="user" varStatus="vstatus" items="${applicationScope.online_user.userMap}">
                <c:if test="${vstatus.index!=0}">
                    |
                </c:if>
                ${user.key}
                <c:if test="${(vstatus.index+1)%5==0}">
                    <br/>
```

```
            </c:if>
        </c:forEach>
    </h2>
...
```

例6-7 修改用户登录验证过程,使用过滤器完成用户是否登录验证以及用户自动登录等功能。

首先,修改用户服务类 UserService,增加对用户登录和注销操作的处理方法,部分代码如下:

```java
@Override
public String execute(HttpServletRequest req, HttpServletResponse res) throws Exception {
    String myaction = ParamUtil.getString(req, "myaction", "list");
    String page = null;
    switch (myaction) {
        ...
        case IConstants.LOGIN_ACTION:
            page = onLogin(req, res);
            break;
        case IConstants.LOGOUT_ACTION:
            page = onLogout(req, res);
            break;
        default:
            page = onList(req, res);
    }
    return page;
}
public String onLogin(HttpServletRequest request, HttpServletResponse response) throws Exception {
    String page = JSP_DIR + "msg.jsp";
    //获取用户登录名,并检验
    String uname = ParamUtil.getString(request, "uname", "");
    if (uname.equals("")) {
        throw new Exception("用户名必须填写!");
    }
    //获取用户登录密码,并检验
    String upwd = ParamUtil.getString(request, "upwd", "");
    if (upwd.equals("")) {
        throw new Exception("用户密码必须填写!");
    }
    HttpSession session = request.getSession();
```

```java
        //获取用户输入验证码
        String qcheckcode = ParamUtil.getString(request,"checkcode","");
        if (! qcheckcode.equals("-1")) {
            //获取保存在session中自动生成的验证码
            String scheckcode = (String) session.getAttribute("checkCode");
            if (qcheckcode.equals("") || scheckcode == null || ! qcheckcode.equals(scheckcode)) {
                throw new Exception("验证码输入错误!");
            }
        }
        //验证用户名和密码
        if (! onLogin(request, uname, upwd)) {
            throw new Exception("用户或密码输入错误!");
        }
        //保存登录成功状态到session中
        session.setAttribute(IConstants.SESSION_USER, uname);
        Integer isavetime = ParamUtil.getInt(request,"savetime",-1);
        if (isavetime != -1) {
            //选择了自动登录,把用户名和密码加入到Cookie
            Cookie cname = new Cookie(IConstants.COOKIE_UNAME, uname);
            cname.setMaxAge(isavetime * 24 * 3600);
            cname.setPath("/");
            response.addCookie(cname);
            Cookie cpwd = new Cookie(IConstants.COOKIE_UPWD, upwd);
            cpwd.setMaxAge(isavetime * 24 * 3600);
            cpwd.setPath("/");
            response.addCookie(cpwd);
        }
        request.setAttribute("msg", "用户【" + uname + "】登录成功!");
        return page;
    }
    public boolean onLogin(HttpServletRequest req, String uname, String upwd) {
        boolean f = false;
        try {
            TUserDAO umrg = this.getUserDAO(req.getServletContext());
            TUserVO user = umrg.getTUser(uname);
            if (user != null && upwd != null && upwd.equals(user.getUpwd())) {
                f = true;
            }
        } catch (Exception e) {
            f = false;
        }
```

```
            return f;
    }
```

把原来写在 JSP 文件中的登录验证代码写到这个 Servlet 文件中,并且通过访问数据库来判断用户名和密码是否有效。

在过滤器中实现用户没有登录则转到登录页面,如果从 Cookie 中能获取有效的用户名和密码,则自动登录。文件 LoginFilter 代码如下:

```
package cn.edu.sau.web.ch6.filter;
...
//对于访问路径/admin 开头的所有资源进行过滤
@WebFilter(filterName = "LoginFilter", urlPatterns = {"/admin/*"})
public class LoginFilter implements Filter {
    ...
    private void doBeforeProcessing(ServletRequest request, ServletResponse response)
            throws IOException, ServletException {
        HttpServletRequest req = (HttpServletRequest) request;
        HttpServletResponse res = (HttpServletResponse) response;
        HttpSession session = req.getSession();
        String qstr = req.getQueryString();
        if(qstr == null)
            qstr = "";
        //如果是进行登录验证的请求,则不需要过滤
        if (qstr.contains("myaction=" + IConstants.LOGIN_ACTION)||
                qstr.contains("myaction=" + IConstants.LOGOUT_ACTION)) {
            return;
        }
        //判断用户是否已经登录,如果已登录则直接返回
        if (session.getAttribute(IConstants.SESSION_USER) != null) {
            return;
        }
        //判断是否是注销登录,如果注销登录的请求则不进行自动登录判断
        String logout = request.getParameter("logout");
        if (logout == null || ! logout.equals("1")) {
            //从本地 Cookie 中获取以前保存的用户名和密码
            Cookie[] cookies = req.getCookies();
            String uname = "";
            String upwd = "";
            for (int i = 0; cookies != null && i < cookies.length; i++) {
                Cookie c = cookies[i];
                String name = c.getName();
                if (name.equals(IConstants.COOKIE_UNAME)) {
```

```
                uname = c.getValue();
            } else if (name.equals(IConstants.COOKIE_UPWD)) {
                upwd = c.getValue();
            }
        }
        //如果从 Cookie 中获取了有效的登录名和密码,则发出登录验证
        if (! uname.equals("") && ! upwd.equals("")) {
            res.sendRedirect("/admin? page = user&myaction = " + IConstants.LOGIN_ACTION + "&uname = " + uname
                + "&upwd = " + upwd + "&checkcode = - 1");
        }
    }
    //用户没有登录,则转向登录页面
    req.getRequestDispatcher("/login.jsp").forward(request, response);
}
public void doFilter(ServletRequest request, ServletResponse response,FilterChain chain)
        throws IOException, ServletException {
    doBeforeProcessing(request, response);
    ...
    chain.doFilter(request, response);
    ...
}
...
```

在登录文件中不需要出现验证代码并且提交给 Servlet,符合 MVC 模式。

```
<form id = "myfrm" action = "/admin? myaction = login&page = user" method = "post">
```

其中获取验证码图片也修改成了 Servlet,一般来说,这种返回二进制流的调用,都应该由 Servlet 完成,例如显示 Word 文件、Excel 文件、PDF 文件或图片文件等。

6.4 习 题

1. 什么是 Servlet 过滤器?
2. 简述 JSP 中文编码问题以及解决方案。
3. 开发一个敏感词过滤器,对过滤器配置两个初始化参数,一个初始化参数为需要过滤的参数名串(用逗号分隔),另一个为敏感词串(用逗号分隔)。过滤器的功能是对指定参数值进行扫描,所有敏感词替换为"﹡"。配置文件的例子代码如下:

```
<filter>
```

```
    <filter-name>WordFilter</filter-name>
    <filter-class>cn.edu.sau.web.ch6.filter.WordFilter</filter-class>
    <init-param>
        <param-name>paraName</param-name>
        <param-value>msg,desc</param-value>
    </init-param>
    <init-param>
        <param-name>wordName</param-name>
        <param-value>xxx,sex,国军</param-value>
    </init-param>
</filter>
<filter-mapping>
    <filter-name>WordFilter</filter-name>
    <url-pattern>/*</url-pattern>
</filter-mapping>
```

4. 简述有哪些 Servlet 监听器,每个监听器的作用是什么。
5. 关联在同一个资源上的 Servlet 监听器是按什么顺序执行的?
6. 采用 HttpSession 属性绑定监听器实现统计在线人数的功能。
7. 简述 Ajax 的优点,并列出一些应用 Ajax 的例子。
8. 简述 XMLHttpRequest 对象的几种状态含义。

参考文献

[1] 胡艳洁. HTML 标准教程[M]. 北京：中国青年出版社，2004.

[2] 邹天思. JavaScript 程序设计[M]. 北京：人民邮电出版社，2009.

[3] 郭真，王国辉. JSP 程序设计教程[M]. 北京：人民邮电出版社，2008.

[4] 何致亿. SCWCD 认证专家应考指南[M]. 北京：电子工业出版社，2004.

[5] 林上杰，林康司. JSP2.0 技术手册[M]. 北京：电子工业出版社，2004.

[6] 林信良. JSP&Servlet 学习笔记[M]. 2 版. 北京：清华大学出版社，2012.

[7] 王珊，萨师煊. 数据库系统概论[M]. 4 版. 北京：高等教育出版社，2006.

[8] Lee Tim Berners，Masinter L，McCahill M. Uniform Resource Locators（URL）[EB/OL].[2015-08-02]. https://www.rfc-editor.org/rfc/rfc1738.txt.

[9] Fielding R，Gettys J，Mogul J，et al. Hypertext Transfer Protocol——HTTP/1.1[EB/OL].[2015-08-15]. https://www.rfc-editor.org/rfc/rfc2616.txt.

[10] Oracle,Inc. JSR-000340，Java Servlet 3.1，2013.

[11] Oracle,Inc. JSR-000245，JavaServer Pages 2.1，2013.

[12] Sun Microsystems. JSR-000221，JDBC 4.0 API，2006.

[13] Oracle,Inc. JSR-000341，Expression Language，2013.

[14] Oracle,Inc. Java Platform，Standard Edition 7 API Specification，2013.

[15] Oracle,Inc. Java Platform，Enterprise Edition 6 API Specification，2011.